职业技能鉴定教材

钳工（初级、中级、高级）

（第2版）

人力资源和社会保障部教材办公室组织编写

编 审 人 员

主　编　徐洪文　　陈　刚　　杨举銮

编　者　裴孝东　　唐　力　　张　静　　张丽慧　　陈　刚

　　　　杨举銮　　范乐健　　李家平　　尤大恒

审　稿　李广舰　　王连欣　　冯智义

U0208299

中国劳动社会保障出版社

图书在版编目（CIP）数据

钳工：初级、中级、高级/人力资源和社会保障部教材办公室组织编写. —2版. —北京：中国劳动社会保障出版社，2014

职业技能鉴定教材

ISBN 978 - 7 - 5167 - 0958 - 0

I. ①钳… II. ①人… III. ①钳工-职业技能-鉴定-教材 IV. ①TG9

中国版本图书馆 CIP 数据核字（2014）第 076895 号

中国劳动社会保障出版社出版发行

（北京市惠新东街 1 号　邮政编码：100029）

*

三河市华骏印务包装有限公司印刷装订　新华书店经销

787 毫米×1092 毫米　16 开本　21.5 印张　474 千字

2014 年 4 月第 2 版　2022 年 8 月第 13 次印刷

定价：39.00 元

修订说明

1994 年以来，人力资源和社会保障部职业技能鉴定中心、教材办公室和中国劳动社会保障出版社组织有关方面专家，依据《中华人民共和国职业技能鉴定规范》，编写出版了《职业技能鉴定教材》（以下简称《教材》）及其配套的《职业技能鉴定指导》（以下简称《指导》）200 余种，作为考前培训的权威性教材，受到全国各级培训、鉴定机构的欢迎，有力地推动了职业技能鉴定工作的开展。

人力资源和社会保障部从 2000 年开始陆续制定并颁布了《国家职业技能标准》。同时，社会经济、技术不断发展，企业对劳动力素质提出了更高的要求。为适应新形势，为各级培训、鉴定部门和广大受培训者提供优质服务，教材办公室组织有关专家、技术人员和职业培训教学管理人员、教师，依据新颁布《国家职业技能标准》和企业对各类技能人才的需求，针对市场反响较好、长销不衰的《教材》和《指导》进行了修订工作。这次修订包括维修电工、焊工、钳工、电工、无线电装接工 5 个职业的《教材》和《指导》，共 10 种书。

本次修订的《教材》和《指导》主要有以下几个特点：

第一，依然贯彻"考什么，编什么"的原则，保持原有《教材》和《指导》的编写模式，并保留了大部分内容，力求不改变培训机构、教师的使用习惯，便于读者快速掌握知识点和技能点。

第二，体现新版《国家职业技能标准》的知识要求和技能要求。由于《中华人民共和国职业技能鉴定规范》已经作废，取而代之的是《国家职业技能标准》，所以，修订时，在保证原有教材结构和大部分内容的同时增加了新版《国家职业技能标准》增加的知识要求和技能要求，以满足鉴定考核的需要。

第三，体现目前主流技术设备水平。由于旧版教材编写已经十几年，当今技术有很大进步、技术标准也有更新，因此，修订时，删除淘汰过时技术、装备，采用新的技术，同时按照最新的技术标准修改有关术语、图表和符号等。

第四，改善教材内容的呈现方式。在修订时，不仅将原有教材的疏漏一一订正，同时，对原有教材的呈现形式进行丰富，增加了部分图表，使教材更直观、易懂。

　　本书修订工作由天津市职业技能培训研究室组织，由天津市职业技能培训研究室徐洪义、天津市机电工艺学院裘孝东、唐力、张静、张丽慧完成具体的修订工作，由天津市机电工艺学院李广舰、王连欣完成修订后的审定工作。

　　编写《教材》和《指导》有相当的难度，是一项探索性工作，不足之处在所难免，欢迎各使用单位和个人提出宝贵意见和建议，以使教材日渐完善。

人力资源和社会保障部教材办公室

目　　录

第3部分　中级钳工知识要求

第4部分　中级钳工技能要求

第5部分　高级钳工知识要求

第 6 部分　高级钳工技能要求

第**1**部分

初级钳工知识要求

第一章 初级钳工基础知识

第一节 识 图 知 识

一、正投影的基本概念及三视图

1. 投影法

日光照射物体，在地上或墙上产生影子，这种现象叫做投影。一组互相平行的投射线与投影面垂直的投影称为正投影。正投影的投影图能表达物体的真实形状，如图1—1所示。

2. 三视图的形成及投影规律

（1）三视图的形成 图1—2a中，将物体放在三个互相垂直的投影面中，使物体上的主要平面平行于投影面，然后分别向三个投影面作正投影，得到的三个图形称为三视图。三个视图的名称分别为：主视图，即向正前方投影，在正面（V）上所得到的视图；俯视图，即由上向下投影，在水平面（H）上所得到的视图；左视图，即由左向右投影，在侧面（W）上所得到的视图。

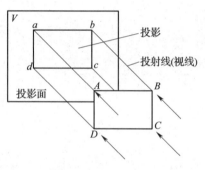

图1—1 正投影法

在三个投影面上得到物体的三视图后，须将空间互相垂直的三个投影展开摊平在一个平面上。展开投影面时规定：正面保持不动，将水平面和侧面按图1—2b中箭头所示的方向旋转90°得图1—2c。为使图形清晰，再去掉投影轴和投影面线框，就成为常用的三视图，如图1—2d所示。

（2）投影规律

1）视图间的对应关系 从三视图中可以看出，主视图反映了物体的长度和高度；俯视图反映了物体的长度和宽度；左视图反映了物体的高度和宽度。由此可以得出如下投影规律：主视图、俯视图中相应投影的长度相等，并且对正；主视图、左视图中相应投影的高度相等，并且平齐；俯视图、左视图中相应投影的宽度相等。

归纳起来，即："长对正、高平齐、宽相等"，如图1—3所示。

2）物体与视图的方位关系 物体各结构之间，都具有六个方向的互相位置关系，如图1—4所示。它与三视图的方位关系如下：

主视图反映出物体的上、下、左、右位置关系；俯视图反映出物体的前、后、左、右位置关系；左视图反映出物体的前、后、上、下位置关系。

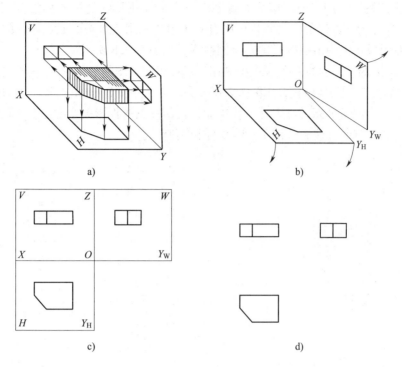

图1—2　三视图的形成

a）直观图　b）按箭头方向展开投影面　c）投影面展开后的投影图　d）三视图

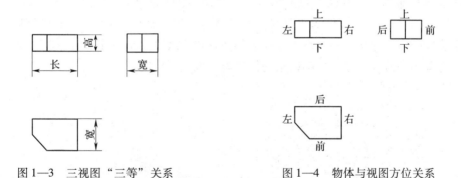

图1—3　三视图"三等"关系　　　图1—4　物体与视图方位关系

注意：俯视图与左视图中，远离主视图的一方为物体的前方；靠近主视图的一方为物体的后方。

总之，以主视图为准，在俯视图和左视图中存在"近后远前"的方位关系。

以上是看图、画图时运用的最基本的投影规律。

二、简单零件剖视、剖面的表达方法

1. 剖视图

为表达零件内部结构，用一假想剖切平面剖开零件，投影所得到的图形称为剖视图。

（1）全剖视图　用一个剖切平面将零件完全切开所得的剖视图称为全剖视图。图1—5a 所示外形为长方体的模具零件中间有一 T 形槽。用一水平面通过零件的 T 形槽完全切开，在俯视图中画出的投影图是全剖视图，如图 1—5b 所示。

全剖视的标注，一般应在剖视图上方用字母标出剖视图的名称"×—×"，在相应视图上用剖切符号表示剖切位置，用箭头表示投影方向，并注上同样的字母，如图 1—5b 中俯视图所示。当剖切平面通过零件对称平面，且剖视图按投影关系配置，中间又无其他视图隔开时，可省略标注，如图 1—5b 中左视图所示。

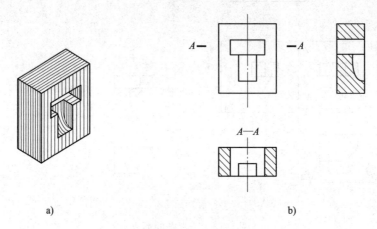

a)　　　　　　　　　　　　　　　　b)

图 1—5　全剖视

（2）半剖视图　以对称中心线为界，一半画成剖视，另一半画成视图，称为半剖视图。图 1—6 所示的俯视图为半剖视，其剖切方法如立体图所示，半剖视图既充分地表达了零件的内部形状，又保留了零件的外部形状，所以它是内外形状都比较复杂的对称零件常采用的表示方法。半剖视图的标注与全剖视图相同。

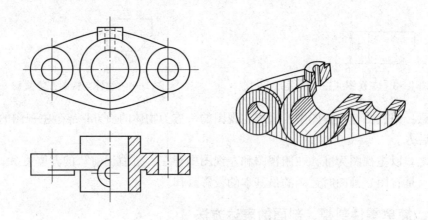

图 1—6　半剖视

（3）局部剖视图　用剖切平面局部地剖开零件，所得的剖视图，称为局部剖视图。图 1—7 所示零件的主视图采用了局部剖视图画法。局部剖视既能把零件局部的内部形状表达清楚，又能保留零件的某些外形，其剖切范围可根据需要而定，是一种灵活的表达方法。

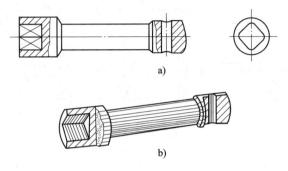

图 1—7　局部剖视

局部剖视以波浪线为界，波浪线不应与轮廓线重合（或用轮廓线代替），也不能超出轮廓线之外。

2. 断面图

假想用剖切平面将零件的某处切断，仅画出断面的图形，称为断面图。

（1）移出断面　画在视图轮廓之外的断面称移出断面。图 1—8 所示的断面即为移出断面。

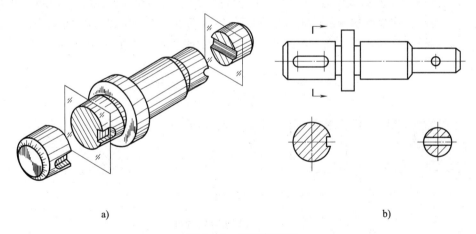

a)　　　　　　　　　　　　　　　　　　　　　　　b)

图 1—8　移出断面图

移出断面的轮廓线用粗实线画出，断面上画出断面符号。移出断面应尽量配置在剖切平面的延长线上，必要时也可画在其他位置。

移出断面的标注一般应用剖切符号表示剖切位置，用箭头指明投影方向，并注上字母，在断面图上方用同样的字母标出相应的名称"×—×"。但可根据断面图是否对称及其配置位置的不同作相应的省略。

（2）重合断面　画在视图轮廓之内的断面称重合断面，如图 1—9 所示。

重合断面的轮廓线用细实线绘制。当视图中的轮廓线与重合断面的图形重叠时，视图中的轮廓线仍应连续画出，不可间断。

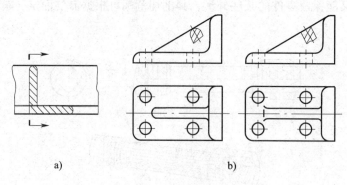

a)　　　　　　　　　　　b)

图1—9　重合断面图

重合断面的标注，当重合断面图形不对称时，需用箭头标注其投影方向，如图1—9a所示。

三、常用零件的规定画法及代号

在机器中广泛应用的螺栓、螺母、键、销、滚动轴承、齿轮、弹簧等零件称为常用件。其中有些常用件的整体结构和尺寸已标准化，称为标准件。

1. 螺纹的规定画法

（1）外螺纹　外螺纹的牙顶（大径）及螺纹终止线用粗实线表示；牙底（小径）用细实线表示，并画到螺杆的倒角或倒圆部分。在垂直于螺纹轴线方向的视图中，表示牙底的细实线圆只画约3/4圈，此时不画螺杆端面倒角圆，如图1—10所示。

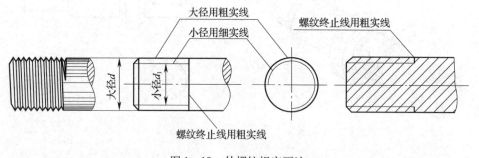

图1—10　外螺纹规定画法

（2）内螺纹　在螺孔作剖视时，牙底（大径）为细实线，牙顶（小径）及螺纹终止线为粗实线。不作剖视时，牙底、牙顶和螺纹终止线皆为虚线。在垂直于螺纹轴线方向的视图中，牙底画成约3/4圈的细实线圆，不画螺纹孔口的倒角圆，如图1—11所示。

（3）内、外螺纹连接　国标规定，在剖视图中表示螺纹连接时，其旋合部分应按外螺纹的画法表示，其余部分仍按各自的画法表示，如图1—12所示。

2. 螺纹标记

为区别螺纹的种类及参数，应在图样上按规定格式进行标记，以表示该螺纹的牙型、公称直径、螺距、公差带等。

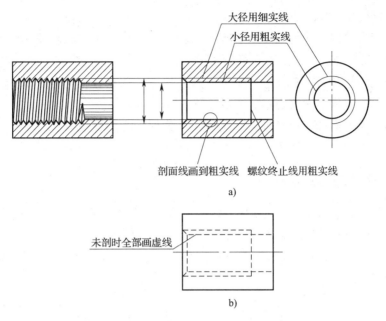

图 1—11　内螺纹规定画法

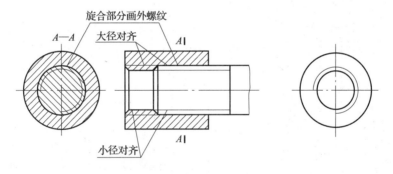

图 1—12　螺纹连接规定画法

完整的标记由螺纹代号、螺纹公差带代号和旋合长度代号组成，中间用"—"分开。

例如：

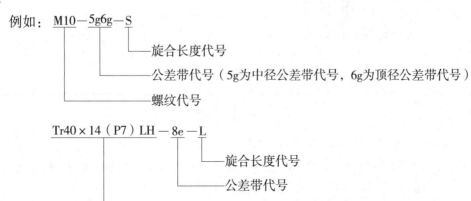

在标注螺纹标记时注意：

（1）普通螺纹旋合长度代号用字母 S（短）、N（中）、L（长）或数值表示。一般情况下，按中等旋合长度考虑时，可不加标注。

（2）单线螺纹和右旋螺纹应用十分普遍，故单线数和右旋均省略不注。左旋螺纹应标注"左"字，梯形螺纹为左旋时用符号"LH"表示。

（3）粗牙普通螺纹应用最多，对应每一个公称直径的螺距只有一个，故不必标注螺距。

四、简单装配图的识读

读装配图要求了解装配体的名称、性能、结构、工作原理、装配关系，以及各主要零件的作用、结构形状、传动路线和装拆顺序。

现以图 1—13 所示的支顶装配图为例，对照支顶立体图（见图 1—14）说明读装配图的方法和步骤：

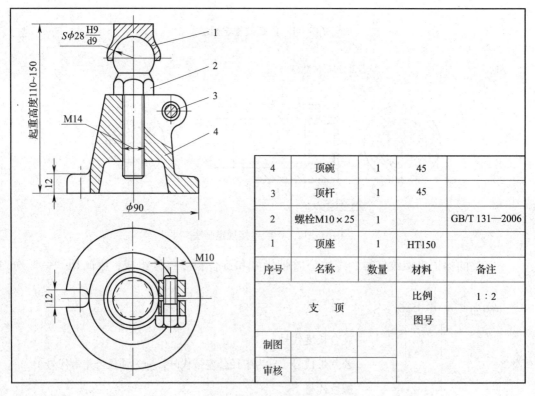

4	顶碗	1	45	
3	顶杆	1	45	
2	螺栓M10×25	1		GB/T 131—2006
1	顶座	1	HT150	
序号	名称	数量	材料	备注

支 顶	比例	1：2
	图号	
制图		
审核		

图 1—13　支顶装配图

1. 概括了解

从标题栏与明细表中，了解部件名称、性能、零件种类，大致了解全图、尺寸及技术要求等，即可对部件的总体情况有个初步的认识。

图 1—13 所示的支顶，从名称联想到是用于支撑工件，以进行划线或检验的一种工

具，其起重高度范围为 110～150 mm；外形尺寸为 ϕ90 mm 与 110 mm；支顶由四种零件装配而成，其中螺栓是标准件。

2. 深入分析

（1）分析部件　进一步了解部件的结构，即由哪些零件所组成以及零件之间采用的配合或连接方式等。

图 1—13 采用了两个基本视图。主视图用全剖视表示。由图形上方未注剖视名称可联想到主视图是剖切平面通过支顶的前后对称平面切开而得的剖视图。联系俯视图看出，除用局部剖视表达的装有螺栓的凸耳结构外，就其总体看来，支顶是一个回转体。主视图及自它引出标注的零件序号，明显地反映出支顶的结构特征及组成它的四个零件——顶座、螺栓、顶杆、顶碗的相互位置。

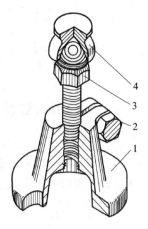

图 1—14　支顶立体图
1—顶座　2—螺栓
3—顶杆　4—顶碗

零件间的螺纹连接有：螺栓 M10、顶杆 M14 与顶座连接。配合尺寸 $S\phi$28H9/d9，表示顶碗的球体内表面 ϕ28 mm，基本偏差代号 H，9 级公差，为基准件；顶杆的球体外表面 ϕ28 mm，基本偏差代号 d，9 级公差，为配合件。装配后是间隙配合。

（2）分析主要零件　利用"三等"关系，采用形体分析法，特别是根据剖面线的方向与间隔的明显标志，区分不同零件，找出同一零件在视图中的内外轮廓，推想出该零件的结构形状后，再分析、推想另一零件。若将一个部件的一两个主要零件的结构形状弄懂后，其余零件与整个部件的结构形状，就迎刃而解了。

图 1—13 中顶座的内外轮廓在主视图中反映得比较明显。对照主、俯视图可知，顶座由下部空心的圆锥台、带铣切槽的圆柱体底板及右上角的凸耳三个主要部分组成。顶座的中央有上下穿通的螺纹孔 M14。在零件的对称平面上凸耳被铣切成两半，半且切槽与螺纹孔 M14 的上半部分连通。细看俯视图，螺栓穿过凸耳前一半的光孔，直接旋入后一半 M10 的螺孔内。这样凸耳的前后两半的光孔与螺孔，就分辨清楚了。

顶杆、顶碗的结构及形状请读者自行分析。

3. 归纳总结

对支顶的装配图来说，其零件结构形状的分析仍是在局部的范围内进行的。为了全面认识装配图，还须了解支顶的功能和各零件在工作状态下所起的作用，以及支顶的拆卸或装配过程等。

（1）支顶的工作情况　将顶座放在工作台上，把工件放在顶碗上，松动螺栓，用扳手扳动顶杆的六方部分，调整到工件所需的高度后，再旋紧螺栓以固定顶杆位置，使支顶支承住工件，以便在工件上划线或检验工件。

（2）支顶的拆卸过程　卸下螺栓，将顶杆自顶座的螺孔中卸去，再将顶碗自顶杆上拆除，支顶便全部拆卸成零件。

第二节　常用量具的结构和使用方法

一、0.02 mm 游标卡尺的结构和使用方法

1. 结构

图 1—15 所示的分度值为 0.02 mm 的游标卡尺，由尺身、制成刀口形的内外量爪、尺框、游标和深度尺组成。它的测量范围为 0 ~ 125 mm。

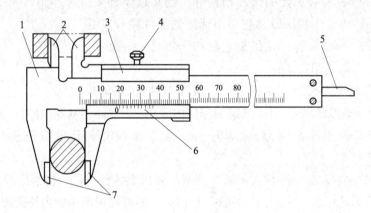

图 1—15　0.02 mm 游标卡尺

1—尺身　2—内量爪　3—尺框　4—紧固螺钉　5—深度尺　6—游标　7—外量爪

2. 刻线原理

图 1—16 所示的尺身上每小格为 1 mm。当两测量爪并拢时，尺身上的 49 mm 刻度线正好对准游标上的第 50 格的刻度线，则：

$$游标每格长度 = 49 \div 50 = 0.98 \text{ mm}$$
$$尺身与游标每格长度相差 = 1 - 0.98 = 0.02 \text{ mm}$$

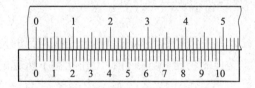

图 1—16　0.02 mm 游标卡尺刻线原理

3. 使用方法

（1）测量前应将游标卡尺擦干净，量爪贴合后游标的零线应和尺身的零线对齐。

（2）测量时，所用的测力应使两量爪刚好接触零件表面为宜。

（3）测量时，防止卡尺歪斜。

（4）在游标上读数时，避免视线误差。

二、千分尺的结构和使用方法

1. 结构

图 1—17 所示是测量范围为 0～25 mm 的千分尺，它由尺架、测微螺杆、测力装置等组成。

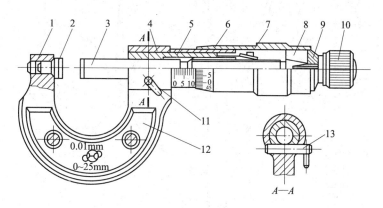

图 1—17　千分尺

1—尺架　2—测砧　3—测微螺杆　4—螺纹轴套　5—固定套筒　6—微分筒　7—调节螺母

8—接头　9—垫片　10—测力装置　11—锁紧机构　12—绝热片　13—锁紧轴

2. 刻线原理

千分尺测微螺杆上的螺纹，其螺距为 0.5 mm。当微分筒 6 转一周时，测微螺杆 3 就轴向移进 0.5 mm。固定套筒 5 上刻有间隔为 0.5 mm 的刻线，微分筒圆周上均匀刻有 50 格。因此，当微分筒每转一格时，测微螺杆就移进：

$$0.5 \div 50 = 0.01 \text{ mm}$$

故该千分尺的分度值为 0.01 mm。

3. 使用方法

（1）测量前，转动千分尺的测力装置，使两测砧面靠合，并检查是否密合；同时看微分筒与固定套筒的零线是否对齐，如有偏差应调整固定套筒对零。

（2）测量时，用手转动测力装置，控制测力，不允许用冲力转动微分筒。千分尺测微螺杆的轴线应与零件表面贴合垂直。

（3）读数时，最好不要取下千分尺进行读数。如需要取下读数，应先锁紧测微螺杆，然后轻轻取下千分尺，防止尺寸变动。读数时要看清刻度，不要错读 0.5 mm。

三、百分表的结构和使用方法

1. 结构与传动原理

图 1—18 所示百分表的传动系统由齿轮、齿条等组成。测量时，当带有齿条的测量杆上升，带动小齿轮 z_2 转动，与 z_2 同轴的大齿轮 z_3 及小指针也跟着转动，而 z_3 又带动小齿轮 z_1 及其轴上的大指针偏转。游丝的作用是迫使所有齿轮作单向啮合，以消除由于齿侧间隙而引起的测量误差。弹簧是用来控制测量力的。

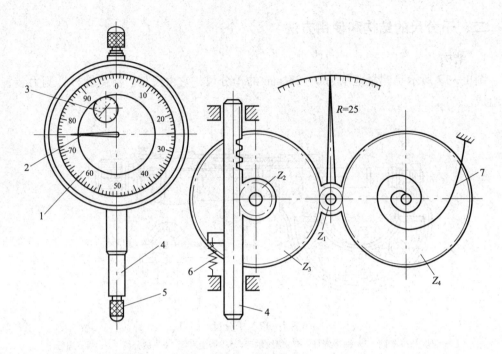

图1—18　百分表

1—表盘　2—大指针　3—小指针　4—测量杆　5—测量头　6—弹簧　7—游丝

2. 刻线原理

测量杆移动 1 mm 时，大指针正好回转一圈。而在百分表的表盘上沿圆周刻有 100 个等分格，则其刻度值为 1/100 = 0.01 mm。测量时当大指针转过 1 格刻度时，表示零件尺寸变化 0.01 mm。该百分表的分度值为 0.01 mm。

3. 使用方法

（1）测量前，检查表盘和指针有无松动现象。检查指针的平稳性和稳定性。

（2）测量时，测量杆应垂直零件表面。如果测圆柱，测量杆还应对准圆柱轴中心。测量头与被测表面接触时，测量杆应预先有 0.3 ~ 1 mm 的压缩量，保持一定的初始测力，以免由于存在负偏差而测不出值。

四、2′万能角度尺的结构和使用方法

1. 结构

图1—19 所示是读数值为 2′ 的万能角度尺。在它的扇形板 2 上刻有间隔 1° 的刻线。游标 1 固定在底板 5 上，它可以沿着扇形板转动。用夹紧块 8 可以把角尺 6 和直尺 7 固定在底板 5 上，从而使可测量角度的范围为 0° ~ 320°。

2. 刻线原理

扇形板上刻有 120 格刻线，间隔为 1°。游标上刻有 30 格刻线，对应扇形板上的度数为 29°，则：

$$游标上每格度数 = \frac{29°}{30} = 58′$$

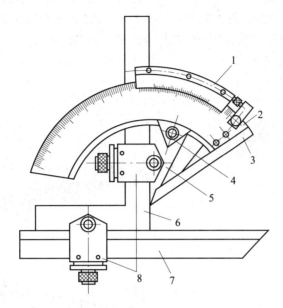

图 1—19　2′万能角度尺

1—游标　2—扇形板　3—基尺　4—制动器
5—底板　6—角尺　7—直尺　8—夹紧块

扇形板与游标每格角度相差 $= 1° - 58' = 2'$

3. 使用方法

（1）使用前检查零位。

（2）测量时，应使万能角度尺的两个测量面与被测件表面在全长上保持良好接触。然后拧紧制动器上的螺母进行读数。

（3）测量角度在 0°~50°时，应装上角尺和直尺；在 50°~140°时，应装上直尺；在 140°~230°时，应装上角尺；在 230°~320°时，不装角尺和直尺。

第三节　公差与极限配合知识

一、基本概念

1. 尺寸公差

尺寸公差是指允许的尺寸变动量，简称公差。

2. 标准公差与基本偏差

（1）标准公差　用以确定公差带大小的任一公差。国标规定，对于一定的公称尺寸，其标准公差共有 20 个公差等级，即 IT01、IT0、IT1、IT2 至 IT18。"IT"表示标准公差，后面的数字是公差等级代号。IT01 为最高一级（即精度最高，公差值最小），IT18 为最低一级（即精度最低，公差值最大）。

（2）基本偏差　确定公差带相对于零线位置的上偏差或下偏差，一般为靠近零线的那个偏差。国家标准规定孔和轴的每一基本尺寸段有 28 个基本偏差，并规定分别用大、小写拉丁字母作孔和轴的基本偏差代号，如图 1—20 所示。

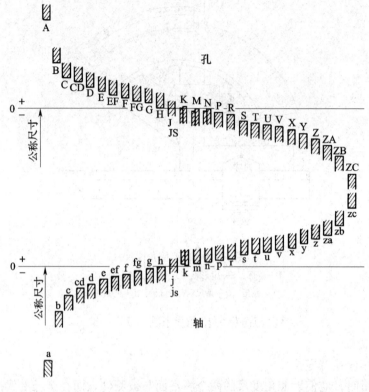

图 1—20　基本偏差系列

3. 配合与基准制

（1）配合　公称尺寸相同、相互接合的孔和轴的公差之间的关系称为配合。配合有三种类型，即间隙配合、过盈配合和过渡配合。

（2）基准制　国标对孔与轴公差带之间的相互关系，规定了两种基准制，即基孔制与基轴制。

1）基孔制配合　基孔制中的孔称为基准孔，其基本偏差规定为 H，下偏差为零。轴的基本偏差在 a～h 为间隙配合；在 j～n 为过渡配合；在 p～zc 为过盈配合。

2）基轴制配合　基轴制中的轴称为基准轴，其基本偏差规定为 h，上偏差为零。孔的基本偏差在 A～H 为间隙配合；在 J～N 为过渡配合；在 P～ZC 为过盈配合。

二、公差带代号识读

1. 孔、轴公差带代号

孔、轴公差带代号均由基本偏差代号与标准公差等级代号组成。例如，$\phi 12H8$ 表示公称尺寸为 $\phi 12$ mm，公差等级为 8 级的基准孔，也可简读成：公称尺寸 $\phi 12$，H8 孔。$\phi 12f7$ 表示公称尺寸为 $\phi 12$ mm，公差等级为 7 级，基本偏差为 f 的轴，也可简读成：公称尺寸 $\phi12$，f7 轴。

2. 配合代号

配合代号由孔与轴的公差带代号组合而成，并写成分数形式。分子代表孔的公差带代号，分母代表轴的公差带代号。$\phi12\dfrac{H8}{f7}$ 表示孔、轴的公称尺寸为 $\phi12$ mm，孔公差等级为 8 级的基准孔，轴公差等级为 7 级且基本偏差为 f 的轴。它属于基孔制间隙配合，也可简读成：公称尺寸 $\phi12$，基孔制 H8 孔与 f7 轴的配合。

三、几何公差

1. 基本概念

（1）形状误差 指被测实际要素相对其理想要素的变动量。

（2）形状公差 指单一实际要素的形状相对基准所被允许的变动全量。

（3）位置误差 指关联实际要素相对其理想要素的变动量。

（4）位置公差 指关联实际要素的位置相对基准所被允许的变动全量。

形状误差、公差和位置误差、公差如图 1—21 所示。

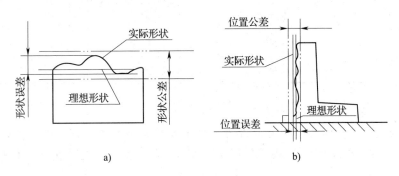

图 1—21 几何公差

a）直线度误差、公差 b）垂直度误差、公差

2. 几何公差种类

几何公差共分四大类。其符号见表 1—1。

表 1—1　　　　　　　　　　几何公差各项目的名称和符号

公差类型	几何特征	符号	有无基准
形状公差	直线度	—	无
	平面度	▱	无
	圆度	○	无
	圆柱度	⌯	无
	线轮廓度	⌒	无
	面轮廓度	⌓	无

公差类型	几何特征	符号	有无基准
方向公差	平行度	∥	有
	垂直度	⊥	有
	倾斜度	∠	有
	线轮廓度	⌒	有
	面轮廓度	⌓	有
位置公差	位置度	⊕	有或无
	同心度（用于中心点）	◎	有
	同轴度（用于轴线）	◎	有
	对称度	⩰	有
	线轮廓度	⌒	有
	面轮廓度	⌓	有
跳动公差	圆跳动	↗	有
	全跳动	⌁	有

3. 几何公差的公差带及识读

（1）公差带 几何公差的公差带比尺寸公差带复杂得多。它是由公差带大小、公差带形状、公差带方向和公差带位置四个要素确定的。公差带的形状见表 1—2。

表 1—2 几何公差带的形状

序号	公差带形状名称	形式	实用示例
1	两平行线		给定平面内线的直线度
2	两等距曲线		线轮廓度
3	两同心圆		圆度
4	一个圆		平面内点的位置度
5	一个球		空间内点的位置度

序号	公差带形状名称	形式	实用示例
6	一个圆柱		轴线的直线度、垂直度
7	一个四棱柱		给定两个方向的轴线位置度
8	两同轴圆柱		圆柱度
9	两平行平面		面的平面度
10	两等距曲面		面的轮廓度

（2）几何公差识读　识读图样中几何公差标注，需了解公差项目符号的意义及公差带、被测要素与基准要素的关系，以便选择零件的加工和测量方法。几何公差标注综合示例如图 1—22 所示。

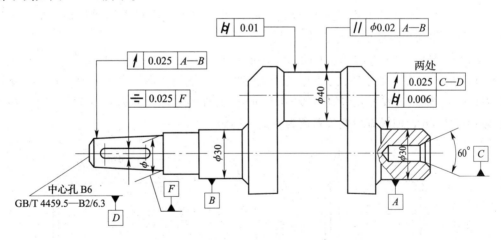

图 1—22　几何公差标注示例

$\boxed{\nearrow}$ $\boxed{0.025}$ $\boxed{A—B}$ 表示：左端锥体对组合基准有圆跳动公差要求，公差带形状为两同心圆。任意测量平面内对基准轴线的圆跳动误差不得大于 0. 025 mm。

$\boxed{=}$ $\boxed{0.025}$ $\boxed{F}$ 表示：左端锥体上的键槽中心平面对 F 基准轴线有对称度公差要求，公差带形状为两平行平面。测量时对称度误差不得大于 0. 025 mm。

$\boxed{\mathcal{H}}$ $\boxed{0.01}$ 表示：ϕ40 mm 圆柱面有圆柱度公差要求，公差带形状为两同轴圆柱。测量时圆柱度误差不得大于 0. 01 mm。

$\boxed{//}\ \boxed{\phi 0.02}\ \boxed{A-B}$ 表示：$\phi 40$ mm 圆柱的轴线对组合基准 $A-B$ 有平行度要求，公差带形状为一个圆柱体。测量时实际轴线对基准轴线在任何方向的倾斜或弯曲误差都不得超出 $\phi 0.02$ mm 的圆柱体。

4. 几何公差和尺寸公差的相互关系

为了正确处理图样上尺寸公差与几何公差之间的关系，必须遵循一定的公差原则，即独立原则和相关原则。相关原则包括最大实体原则和包容原则。

（1）独立原则　图样上给定的几何公差与尺寸公差相互无关，分别满足要求。

图 1—23 所示销轴应遵守独立原则。此时尺寸公差控制销轴的局部实际尺寸，即要求局部实际尺寸必须在 $\phi 9.97 \sim \phi 10$ mm。直线度公差控制轴线的直线度误差，要求轴线的直线度误差必须控制在 $\phi 0.015$ mm 以内。

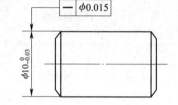

图 1—23　公差独立原则

（2）相关原则　包括包容原则和最大实体原则。

1）包容原则 $\boxed{E}$　要求实际要素处处位于具有理想形状的包容面内。而该理想形状的尺寸应为最大实体尺寸。

当图 1—24 所示销轴的直径为最大实体尺寸（$\phi 20$ mm）时，其几何公差为零，不允许有形状误差存在；当销轴直径偏离最大实体尺寸时，才允许有相应的形状误差存在；当销轴直径为最小实体尺寸（$\phi 19.95$ mm）时，允许有最大的形状误差（为 0.05 mm）。

2）最大实体原则 $\boxed{M}$　被测要素或（和）基准要素偏离最大实体状态，而形状公差和位置公差获得补偿的一种公差原则。

图 1—25 所示轴的局部实际尺寸必须在 $\phi 9.97 \sim \phi 10$ mm。轴线直线度公差是 $\phi 0.015$ mm，是在轴处于最大实体状态下给定的。当轴的实际尺寸为 $\phi 10$ mm 时，补偿值为 0 mm，轴线直线度公差值为 $\phi 0.015$ mm；当轴的实际尺寸为 $\phi 9.97$ mm 时，补偿值为 $\phi 0.03$ mm，轴线直线度公差值为 $\phi 0.045$ mm。

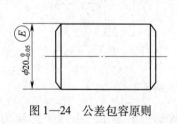

图 1—24　公差包容原则

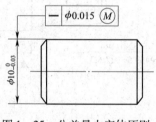

图 1—25　公差最大实体原则

四、表面粗糙度

表面粗糙度是指加工表面上具有较小间距和微小峰谷所组成的微观几何形状特性。它与形状误差、表面波度都是指表面本身的几何形状误差。三者之间通常可按相邻两波峰或波谷之间的距离（即波距）加以区分：波距在 1 mm 以下，大致呈周期性变化的属于表面粗糙度范围；波距在 1 ~ 10 mm，并呈周期性变化的属于表面波度范围；波距在 10 mm 以上，而无明显周期性变化的属于形状误差的范围。

1. 评定参数

国家标准中规定常用高度方向的表面粗糙度评定参数有：轮廓算术平均偏差（Ra）、轮廓最大高度（Rz）。一般情况下，优先选用 Ra 评定参数。

图 1—26 中，在取样长度 l 内，被测轮廓上各点至轮廓中线（算术平均中线 mm'）偏移距离绝对值的平均值，称为轮廓算术平均偏差。被测轮廓一般需包括五个以上的轮廓峰和轮廓谷。各点的偏移距离为 y_1、y_2、$\cdots$、y_n，则：

$$Ra = \frac{|y_1| + |y_2| + \cdots + |y_n|}{n} \tag{1—1}$$

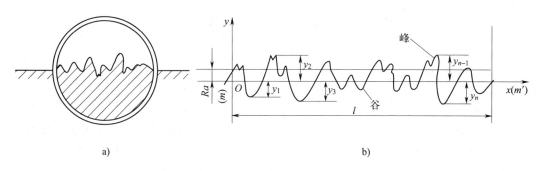

a)　　　　　　　　　　　　　　　　b)

图 1—26　轮廓算术平均偏差

2. 表面粗糙度代（符）号

（1）表面粗糙度符号　若仅表示需要加工而对表面特征的规定没有其他要求时，在图样上可只标注表面粗糙度符号。即基本符号"√"；去除材料符号"▽"；不去除材料符号"◊"。

（2）表面粗糙度代号　在表面粗糙度符号的基础上，注上其他必要的表面特征的规定项目后组成了表面粗糙度代号。表面特征各项规定在符号上注写的位置如图 1—27 所示。

表面粗糙度标注示例及其意义见表 1—3。

图 1—27　表面粗糙度符号
画法及意义

a——表面结构的单一要求
b——注写两个或多个表面结构要求
c——注写加工方法
d——注写表面纹理和加工方向
e——注写加工余量

表 1—3　　　　　　　　　　表面粗糙度标注示例及其意义

代号	意义
$\sqrt[铣]{Ra\,3.2}$	用去除材料的方法获得的表面，Ra 的上限值为 3.2 μm，加工方法为铣削
$\sqrt{Rz\,0.4}$	采用不去除材料的方法获得的表面，Rz 的上限值为 0.4 μm

代号	意义
$\sqrt{}$ Rzmax 0.4	用去除材料的方法获得的表面，Rz 的最大值为 0.4 μm
$\sqrt{}$ Ra 25 Ra 6.3	用去除材料的方法获得的表面，Ra 的上限值为 25 μm，Ra 的下限值为 6.3 μm

第四节　机械传动基本知识

一、基本概念和定义

1. 机器

机器就是人工的物体组合。它的各部分之间具有一定的相对运动，并能用来做有效的机械功或转换机械能。

2. 机构

在机器中有传递运动或转变运动形式（如将转动变为移动）的部分，称为机构，如机器中的带传动机构、齿轮传动机构等。机构是机器的重要组成部分。通常所说的机械，是机构和机器的总称。

3. 运动副

（1）低副　两构件之间作面接触的运动副称为低副，如滑动轴承、铰链连接、滑块与导槽、螺母与螺杆等。

（2）高副　两构件作点或线接触的运动副称为高副，如滚动轴承、凸轮机构和齿轮啮合等。

高副的显著特点是它能传递较复杂的运动。然而，因为它是点或线接触，所以在承受载荷时接触处单位面积上的压力较高。因此组成高副的构件易磨损、寿命短。

由于低副是面接触，承受载荷时接触处单位面积压力较低，因此低副比高副的承载能力大。另外，低副的接触表面一般都是圆柱面和平面，因而容易制造和维修。但是，低副不能传递较复杂的运动。并且，低副是滑动摩擦，摩擦损失比高副大，效率低。因此，在机器及机构中常用滚动轴承来代替滑动轴承，用滚动导轨来代替滑动导轨。

二、带传动

1. 平带传动的形式及使用特点

（1）平带传动形式　平带传动有下面几种形式，见表1—4。

表 1—4 常用平带的传动形式

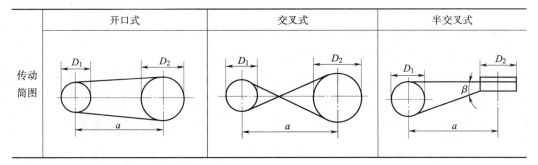

	开口式	交叉式	半交叉式
传动简图			

1）开口式传动 用于两轴轴线平行且旋转方向相同的场合。

2）交叉式传动 用于两轴轴线平行且旋转方向相反的场合。

3）半交叉式传动 用于两轴轴线互不平行且在空间交错的场合。

（2）平带传动的使用特点 结构简单，适用于两轴中心距较大的场合；富有弹性，能缓冲、吸振、传动平稳无噪声；在过载时可产生打滑，因此能防止薄弱零部件的损坏，起到安全保护作用；不能保持准确的传动比；外廓尺寸较大，效率较低。

（3）传动比 平带传动的传动比为主、从动带轮的转速之比，等于两带轮直径的反比，即：

$$i_{12} = \frac{n_1}{n_2} = \frac{D_2}{D_1} \qquad (1—2)$$

式中 n_1、n_2——带轮的转速，r/min；

D_1、D_2——带轮的直径，mm。

通常平带传动采用的传动比 $i \leqslant 5$。

2. V 带传动特点与型号

V 带是一种没有接头的环状带，通常几根同时使用。V 带同平带相比，主要特点是传动能力强（在相同条件下，约为平带的三倍）。因为平带的工作面是内表面，而 V 带的工作面则是两个侧面。

V 带的剖面尺寸按国家标准，共分为 O、A、B、C、D、E、F 七种型号。而线绳结构的 V 带，目前只生产 O、A 、B 、C 四种型号。O 型 V 带的截面积最小，F 型的截面积最大。V 带的截面积越大，其传递的功率也越大。

V 带具有一定的厚度，为了制造与测量的方便，以其内周长作为标准长度 L_0，但是在传动计算和设计时，则要用计算长度 L，即 V 带中性层的长度。计算长度 L 与标准长度 L_0 相差一个修正值 ΔL，即：

$$L = L_0 + \Delta L \qquad (1—3)$$

ΔL 值可查 GB/T 24619—2009。

V 带的型号和标准长度都压印在胶带的外表面上，以供识别和选用。例如："B2240" 即表示 B 型 V 带，标准长度为 2 240 mm。

三、螺旋传动

所谓螺旋传动机构是用内、外螺纹组成的螺旋副来传递运动和动力的传动装置。螺旋传动可方便地把主动件的回转运动转变为从动件的直线往复运动。例如，车床的床鞍借助开合螺母与长螺杆的啮合，实现其纵向直线往复运动，如图 1—28 所示；转运刨床刀架螺杆可使刨刀上下移动；转动铣床工作台丝杠，可使工作台作直线移动等。

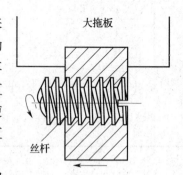

图 1—28　车床的丝杆螺母传动

螺旋传动机构与其他将回转运动转变为直线运动的传动装置（如曲柄滑块机构）相比，具有结构简单、工作连续平稳、承载能力大、传动精度高等优点。其缺点是由于螺纹之间产生较大的相对滑动，因而磨损大、效率低。

常用的螺旋传动有普通螺旋传动、差动螺旋传动和滚珠螺旋传动等。

1. 螺母位移

螺母位移的传动，应用在机床滑板位移上的实例如图 1—29 所示。螺杆 1 在机架 3 中可以转动而不能移动，螺母 2 与螺杆 1 啮合并与滑板（工作台）4 相连接，螺母 2 只能移动而不能转动。当摇动手轮使螺杆 1 转动时，螺母 2 即可带动滑板（工作台）4 沿机架 3 的导轨而移动。螺杆每转一周，螺母带动滑板（工作台）位移一个导程。

螺母位移的传动，多应用于进给机构等传动机构中。

2. 螺杆位移

螺杆位移的传动，应用在台虎钳上的实例如图 1—30 所示。螺杆 1 上装有活动钳口 2 并与螺母相啮合，螺母 4 与固定钳口 3 连接。当转动手柄时，螺杆 1 相对螺母 4 作螺旋运动，产生的位移带动活动钳口 2 一起位移。这样，活动钳口 2 相对固定钳口 3 之间可做合拢或张开的动作，从而可以夹紧或松开工件。

螺杆位移的传动，通常应用于千分尺、千斤顶、螺旋压力机等传动机构中。

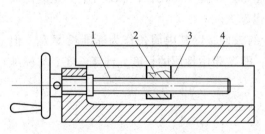

图 1—29　螺母位移的机床滑板

1—螺杆　2—螺母　3—机架　4—滑板（工作台）

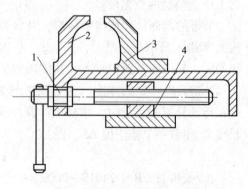

图 1—30　螺杆位移的台虎钳

1—螺杆　2—活动钳口　3—固定钳口　4—螺母

3. 螺旋传动时转速与位移量的关系

螺旋传动主要是把旋转运动变换为直线运动。不管是螺母位移或螺杆位移，其位移量 L 和螺旋传动时的转速 n 之间的关系为：

$$L = nst \tag{1—4}$$

式中　s——螺纹的导程（如螺纹线数为 1，则可将螺距代入），mm/r；

　　　n——螺杆（或螺母）转速，r/mim；

　　　t——时间，min。

例 1—1　图 1—29 所示的螺母位移滑板（工作台）机构中，假设其螺纹的导程 $s = 4$ mm/r，螺杆的转速 $n = 50$ r/min。试求螺母 1 min 带动滑板（工作台）的位移量 L。

解　已知 $s = 4$ mm/r，$n = 50$ r/min，则螺母 1 min 带动滑板（工作台）的位移量 L，按公式计算为：

$$L = nst = 50 \times 4 \times 1 = 200 \text{ mm}$$

四、链传动

1. 链传动的类型

（1）链传动及其传动比　链传动机构是由一个具有特殊齿形的主动链轮，通过链条带动另一个具有特殊齿形的从动链轮传递运动和动力的一套传动装置。图 1—31 所示的链传动是由主动链轮 1、链条 2 和从动链轮 3 组成的。当主动链轮转动时，从动链轮也跟着旋转。

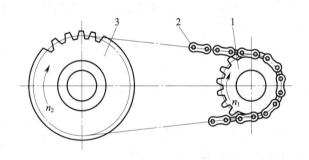

图 1—31　链传动
1—主动链轮　2—链条　3—从动链轮

链传动的传动比，就是主动链轮的转速 n_1 与从动链轮的转速 n_2 之比，等于两链轮齿数 z_1、z_2 的反比。即：

$$i_{12} = \frac{n_1}{n_2} = \frac{z_2}{z_1} \tag{1—5}$$

（2）链传动的类型　链传动的类型很多，按用途不同分为三类：传动链传动，在一般机械中用来传递运动和动力；起重链传动，用于起重机械中提升重物；牵引链传动，用于运输机械驱动输送带等。

2. 链传动的应用特点

当两轴平行，中心距较远，传递功率较大且平均传动比要求较准确时，不宜采用带传动和齿轮传动，应采用链传动。

链传动一般控制在传动比 $i_{12} \le 6$，推荐采用 $i_{12} = 2 \sim 3.5$，低速时 i_{12} 可达 10；两轴中心距 a 为 5 ~ 6 m，最大中心距可达 15 m。传递的功率 $P < 100$ kW。

链传动与带传动、齿轮传动相比，具有下列特点：

（1）与齿轮传动比较，它可以在两轴中心相距较远的情况下传递运动和动力。

（2）能在低速、重载和高温条件下及尘土飞扬的不良环境中工作。

（3）与带传动比较，它能保证准确的平均传动比，传递功率较大，且作用在轴和轴承上的力较小。

（4）传递效率较高，一般可达 0.95 ~ 0.97。

（5）链条的铰链磨损后，使得齿距变大，易造成脱落现象。

（6）安装和维护要求较高。

五、齿轮传动

1. 齿轮传动的应用特点

齿轮传动机构是由齿轮副组成的传递运动和动力的一套装置。图 1—32 所示为一对齿轮相互啮合工作的情况。主动轮 O_1 的轮齿（1、2、3……）通过啮合点法向力 F_n 的作用逐个地推动从动轮 O_2 的轮齿（1′、2′、3′……），使从动轮转动，从而将主动轴的动力和运动传递给从动轴。

（1）传动比 图 1—32 所示的一对齿轮传动中，设主动齿轮转速为 n_1，齿数为 z_1，从动齿轮的转速为 n_2，齿数为 z_2，单位时间内两轮转过的齿数应相等，即 $z_1 n_1 = z_2 n_2$。由此可得一对齿轮的传动比为：

$$i_{12} = \frac{n_1}{n_2} = \frac{z_2}{z_1} \tag{1—6}$$

以上公式说明一对齿轮传动比 i_{12}，就是主动齿轮与从动齿轮转速之比，等于两齿轮的齿数的反比。

例 1—2 有一对齿轮传动，已知主动齿轮转速 $n_1 = 960$ r/min，齿数 $z_1 = 20$，从动轮齿数 $z_2 = 50$，试计算传动比 i_{12} 和从动轮转速 n_2。

解 由公式可得传动比 $i_{12} = \dfrac{z_2}{z_1} = \dfrac{50}{20} = 2.5$

从动轮转速 $n_2 = \dfrac{n_1}{i_{12}} = \dfrac{960}{2.5} = 384$ r/min

（2）应用特点 齿轮传动与螺旋传动、带传动和链传动等相比，有如下特点：

1）能保证瞬时传动比恒定，平稳性较高，传递运动准确可靠。

2）传递的功率和速度范围较大。

3）结构紧凑，工作可靠，可实现较大的传动比。

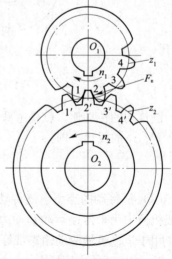

图 1—32 齿轮传动

4）传动效率高，使用寿命长。

5）齿轮的制造、安装要求较高。

（3）渐开线齿轮啮合特性　渐开线齿轮的轮齿由两条对称的渐开线作齿廓而组成，如图1—33所示。

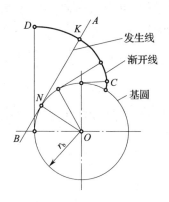 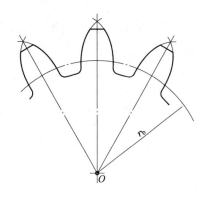

图1—33　渐开线齿廓的形成

1）传动平稳性　传动平稳就是瞬时速比不变。两齿轮在啮合传动时，$i_{12} = \dfrac{\omega_1}{\omega_2} = \dfrac{r_2'}{r_1'} =$ 常数，即传动比与角速度成正比，与节圆半径成反比。而齿轮加工后的节圆半径是不变的，所以传动比保持恒定不变。也就是说，一对渐开线的轮齿是能够平稳啮合的。

2）正确啮合条件　要使一对渐开线齿轮各对轮齿依次正确啮合传动，它们的模数 m_1、m_2 和压力角 α_1、α_2 就必须分别相等。即：

$$m_1 = m_2 = m \tag{1—7}$$

$$\alpha_1 = \alpha_2 = \alpha \tag{1—8}$$

3）连续传动条件　一对齿轮传动时，当这对轮齿还没有脱离啮合以前，后一对轮齿就应进入啮合，否则齿轮传动就会中断并产生冲击。保证连续传动的条件是重合度 $\varepsilon_a > 1$。重合度 ε_a 表示同时接触的轮齿对数。如果 $\varepsilon_a = 2$，则表示任意瞬间都有两对轮齿同时进入啮合传动。ε_a 越大，表示同时进入啮合的轮齿对数越多，每对轮齿分担的载荷也越小。

2. 齿轮传动的常用类型

根据齿轮轮齿的形态和两齿轮轴线的相互位置，可以分为如下类型：两轴线平行的直齿圆柱齿轮传动、斜齿圆柱齿轮传动和人字齿轮传动；两轴线相交的直齿圆锥齿轮传动；两轴线交错的螺旋齿轮传动。

第五节　液压传动知识（一）

液压传动是以液体（通常是油液）作为工作介质，利用液体压力来传递动力和进行控制的一种传动方式。

一、液压传动的基本原理

液压传动借助处在密闭容器内的液体的压力来传递动力和能量。众所周知，液体虽然没有一定的几何形状，但却有几乎不变的容积。因此，当它被容纳于密闭的几何形体中时，就可以将压力由一处传递到另一处。当高压液体在几何形体内（如管道、油缸、液动机等）被迫流动时，它就能将液压能转换成机械能。

二、液体静力学

1. 液体的压强

压强（常称为压力）是液体在静止状态下单位面积上所受到的作用力，即

$$p = \frac{F}{A} \tag{1—9}$$

式中　p——压力，N/m^2；

　　　F——作用力，N；

　　　A——作用面积，m^2。

2. 静压力的传递（帕斯卡定理）

加在密闭液体上的压力，能够大小不变地被液体向各个方向传递，这个规律叫帕斯卡定理。

图1—34所示两个相互连通的密闭的液压缸中装着油液（工作介质）。液压缸上部装有活塞，小活塞和大活塞的面积分别为 A_1 和 A_2。如果在小活塞上作用一外力 F_1，则由 F_1 所形成的压强为 F_1/A_1。根据帕斯卡定理，在大活塞的底面上也将作用有同样的压强 F_1/A_1，则作用于大活塞上的力 $F_2 = F_1A_2/A_1$。设 $A_2/A_1 = n$，则大活塞输出的力为 nF_1。两活塞的面积比 A_2/A_1 越大，大活塞输出的力也越大。

三、液体动学

1. 液体流动的连续性

液体的可压缩性很小，一般可忽略不计。因此，液体在管内作稳定流动（流体中任一点的压力、速度和密度都不随时间改变而变化），则在单位时间内管中每一个横截面的液体质量一定是相等的，这就是液体流动的连续性原理。图1—35所示液体在不等横截面的管中流动。设横截面1和2的直径各为 d_1 和 d_2，面积各为 A_1 和 A_2，平均流速分别为 v_1 和 v_2，两个横截面处液体的密度都为 ρ。根据液流的连续性原理，流经横截面1和2的液体质量都相等。

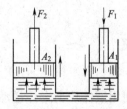
图1—34　水压机工作原理

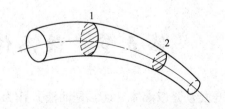
图1—35　液流的连续性简图

$$\rho v_1 A_1 = \rho v_2 A_2 = \rho v A = 常量 \tag{1—10}$$

式（1—10）称为液体流动的连续性方程式，若除以液体的密度 ρ，则：

$$v_1 A_1 = v_2 A_2 = v A = 常量 \tag{1—11}$$

或

$$v_1 / v_2 = A_2 / A_1 \tag{1—12}$$

这说明通过管内不同截面的液体流动的速度与其横截面积的大小成反比，即管子细的地方流速大，管子粗的地方流速小。

流速 v 和横截面积 A 的乘积表示单位时间内流过管路的液体容积，即为流量，用 Q 表示，单位为 L/min。公式为：

$$Q = v A \tag{1—13}$$

从而，液体流动连续性方程式也可写成：

$$Q_1 = Q_2 = 常量 \tag{1—14}$$

2. 伯努利定理

液压传动是借助于有压力的流动液体来传递能量的。液体能量的表现形式有三种，即压力能、势能和动能。它们之间可以互相转化，并且液体在管道内任一处的三种能量之和为常数，这就是伯努利定理。它的方程式为：

$$p_1 / \gamma + h_1 + v_1^2 / 2g = p_2 / \gamma + h_2 + v_2^2 / 2g \tag{1—15}$$

式中　p——压力，N/m^2；

　　　　v——流速，m/s；

　　　　h——高度，m；

　　　　γ——液体的重度（$\gamma = \rho g$），$kg/(m^2 s^2)$。

从伯努利定理的方程式中看出，液体的流速越高，压力就越低。反之，液体的流速越低，压力也就越高。

3. 液体流动中的压力损失

（1）液体在直径相同的直管中流动时的压力损失，称为沿程损失，主要由液体流动时的摩擦所引起。

（2）由于管道截面形状的突然变化（如突然扩大、收缩、分流、集流等）和液流方向突然改变引起的压力损失，称为局部损失。

四、功及功率

图 1—36 中，活塞在时间 t 内以力 F 推动负载移动距离 S，所做的功 W 为：

$$W = F S \tag{1—16}$$

功率 P 是单位时间内所做的功，即：

$$P = W / t = F S / t = F v \tag{1—17}$$

因为　　　　　　　　　$F = p A, v = Q / A$

所以　　　　　　　　　$P = p A Q / A = p Q \tag{1—18}$

经单位换算后得到　　　$P = p Q / 60 \tag{1—19}$

式中　p——压力，MPa；

Q——流量，L/min；

P——功率，kW。

由于液压系统在实际工作中存在容积损失 η_v 和机械损失 η_m，所以液压泵实际需要输入的功率 $P_入$ 为：

$$P_入 = pQ/60\eta \qquad (1\text{—}20)$$

式中　$\eta = \eta_v\eta_m$，即泵的总效率。

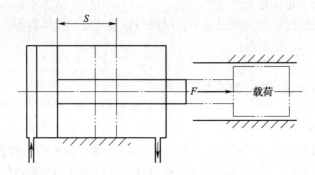

图1—36　液压传动装置做功示意图

第六节　金属切削与刀具（一）

一、常用刀具材料的种类、牌号、规格和性能

1. 刀具材料的基本要求

刀具材料一般应满足以下几点要求：

（1）高硬度和耐磨性好　刀具材料应比被切削加工工件材料的硬度高，一般硬度指标均达60HRC以上。耐磨性是材料抵抗磨损的能力。一般地说，刀具材料硬度越高则耐磨性越好。

（2）有足够的强度和韧性　强度和韧性是衡量刀具在切削过程中承受各种应力和冲击的能力，一般用抗弯强度和冲击韧度来表示。

（3）有高耐热性和良好的导热性。

（4）有良好的工艺性能　如热处理性能、可磨性、锻造性能、焊接性能等。

2. 刀具材料的种类、牌号、规格和性能

各种刀具材料的物理性能和力学性能见表1—5。

（1）碳素工具钢　是含碳量较高的优质钢，其优点是淬火后硬度较高，可达61～65HRC，且价格低廉。缺点是不耐高温，在200～250℃即失去原来的硬度，耐磨性差，淬透性差，只宜用来制造切削速度不高的手动刀具，如锉刀、锯条、简易冲模、剪切刀片等。常用的牌号有T10、T10A、T12、T12A等。

表1—5　　　　　　　　　各种刀具材料的物理性能和力学性能

材料性能 \\ 材料种类	密度 /(g/cm³)	硬度	抗弯强度 /GPa(kgf/ mm²)	抗压强度 /GPa(kgf/ mm²)	冲击韧度 /(kJ/m²) (kgf·m /cm²)	弹性模量 GPa(kgf /mm²)	导热系数 /[W/(m·℃)] [cal/(cm· s·℃)]	线膨胀 系数 (1/℃) ×10⁻⁶	耐热性 /℃
碳素工具钢	7.6~7.8	60~64HRC	2.2 (220)	4 (400)	—	210 (21 000)	41.8 (0.1)	11.72	220~250
合金工具钢	7.7~7.9	60~65HRC	2.4 (240)	4 (400)	—	210 (21 000)	41.8 (0.1)	—	300~400
高速工具钢 W18Cr4V	8.7	63~66HRC	3~3.4 (300~340)	4 (400)	180~320 (1.8~3.2)	210 (21 000)	20.9 (0.05)	11	620
硬质合金 K10（YG6）	11.6~15	89.5HRA	1.45 (145)	4.6 (460)	30 (0.3)	630~640 (63 000~ 64 000)	79.4 (0.19)	4.5	900
硬质合金 P10（YT15）	11.1~12	90.5HRA	1.2 (120)	4.2 (420)	7 (0.07)	—	33.5 (0.08)	6.21	900
陶瓷 Al₂O₃ 陶瓷 AM	3.95	>91HRA	0.45~0.55 (45~55)	5 (500)	5 (0.05)	350~400 (35 000~ 40 000)	19.2 (0.046)	7.9	1 200
陶瓷 Al₂O₃+TiC 陶瓷 T8	4.5	93~94HRA	0.55~0.65 (55~65)						
陶瓷 Si₃N₄ 陶瓷 SM	3.26	91~93HRA	0.75~0.85 (75~85)	3.6 (360)	4 (0.04)	300 (30 000)	38.2 (0.0914)	1.75	1 300
金刚石 天然金刚石	3.47~3.56	10 000HV	0.21~0.49 (21~49)	2 (200)	—	900 (90 000)	146.5 (0.35)	0.9~ 1.18	700~800
金刚石 聚晶金刚石 复合刀片		6 500~ 8 000HV	2.8 (280)	4.2 (420)		560 (56 000)	100~108.7 (0.24~ 0.26)	5.4~ 6.48	700~800
立方氮化硼 烧结体	3.45	6 000~ 8 000HV	1.0 (100)	1.5 150		720 (72 000)	41.8 (0.1)	2.5~3	1 000~ 1 200
立方氮化硼 立方氮化硼 复合刀片 FD		≥4 000HV	1.5 (150)						>1 000

（2）合金工具钢　是在碳素工具钢中加入一定量的铬（Cr）、钨（W）、锰（Mn）等合金元素，以提高材料的耐热性、耐磨性和韧性。其淬透性较好，热处理变形小。淬

火硬度可达 61～65HRC，能耐 350～400℃ 的高温。可用来制造形状比较复杂、要求淬火后变形小的刀具，如铰刀、拉刀等。常用的牌号有 9SiCr、CrWMn 等。

（3）高速钢　是含 W 和 Cr 较多的合金工具钢。常用的牌号有 W18Cr4V 和 W9Cr4V2，能在 600℃ 左右的高温下保持硬度，淬火后硬度可达 62～65HRC。用来制造形状复杂的特殊刀具，如铣刀、钻头等。

（4）硬质合金　其主要成分是碳化钨（WC）和钴（Co）。硬度可达 89～93HRA。在 900～1 000℃ 仍能进行正常切削，切削速度比高速钢高 4～10 倍。目前国产硬质合金分为两类：一类是由 WC 和 Co 组成的钨钴类，即 K 类（YG 类）；一类是由 WC、TiC（碳化钛）和 Co 组成的钨钛钴类，即 P 类（YT 类）。

K 类韧性较好，适宜加工铸铁、青铜等脆性材料。常用的牌号有 K01、K10、K20 等。其中数字表示 Co 含量的高低。含 Co 量较少者，较脆较耐磨，适宜精加工用。

P 类比 YG 类硬度高、耐热性好，适宜加工钢件。常用牌号有 P01、P10、P20 等，其中数字表示 TiC 含量的高低。TiC 含量越高，韧性越小，而耐磨性和耐热性越高，故适宜精加工用。

二、刀具几何参数及其对切削性能的影响

1. 切削加工运动分析及切削要素

刀具如錾子、刮刀、车刀、钻头、铣刀、铰刀、丝锥、板牙、锉刀和拉刀等是在金属表面进行切削的工具。用于磨削加工的砂轮和用于磨料加工的磨料，也具备切削用工具的性质。

（1）切削过程中工件上形成的三个表面，如图 1—37 所示。

1）已加工表面——已经切去多余金属层而形成的新表面。

2）待加工表面——即将被切去金属层的表面。

3）过渡表面——工件上正被切削刃切削的表面。

（2）切削运动　按切削过程的作用可分为主运动和进给运动。

1）主运动　直接切除工件上的切削层，使之转变为切屑，形成工件新表面的运动，称为主运动。例如，车削时，工件的旋转运动是主运动；刨削、拉削时，刀具的直线运动是主运动；钻削和铣削时，刀具的旋转运动是主运动。通常主运动的速度高，消耗的切削功率较大。

2）进给运动　不断地把切削层投入切削的运动，称为进给运动。图 1—38 中，f 表示进给运动，v 表示主运动。

（3）切削要素　切削要素包括切削用量的三要素及切削层的几何参数等。这里只介绍切削用量三要素。

1）切削速度（v_c）　主运动的线速度即切削速度。计算公式如下：

$$v_c = \frac{\pi dn}{1\ 000} \tag{1—21}$$

式中　v_c——切削速度，m/min；

　　　　d——工件直径或刀具（砂轮）直径，mm；

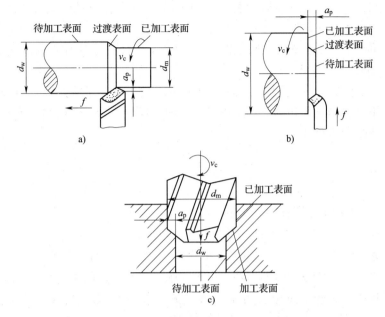

图 1—37　切削过程中工件上的三个表面

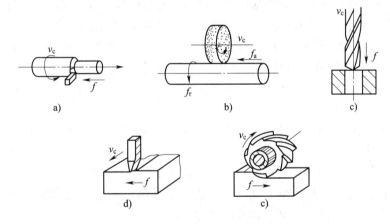

图 1—38　零件不同表面加工时的切削运动
a）车外圆面　b）磨外圆面　c）钻孔　d）刨平面　e）铣平面

n——工件或刀具（砂轮）的转速，r/min。

计算时应以最大切削速度为准，如车削大径时应计算待加工表面处的速度，钻削时计算大径处的速度。

如主运动为往复运动，则其平均速度计算公式为：

$$v_c = \frac{2Ln_r}{1\,000} \tag{1—22}$$

式中　v_c——切削速度，m/min；

　　　L——往复运动行程长度，mm/次；

　　　n_r——主运动每分钟往复的次数，次/min。

2）进给量（f）　在工件或刀具运动的一个循环内，刀具与工件之间沿进给方向的相对位移。例如，车削时，工件每转一转，刀具沿工件轴向所移动的距离，即为进给量，单位是 mm/r（毫米/转）。刨削时，刀具往复一次，工件移动的距离，即为进给量，单位是 mm/次（毫米/次）。

3）背吃刀量（a_p）　待加工表面和已加工表面之间的垂直距离，单位是 mm。背吃刀量的大小直接影响主切削刃的工作长度，同时反映了切削负荷的大小。对车削工件直径来说，背吃刀量公式为：

$$a_p = \frac{D - d}{2} \qquad (1\text{—}23)$$

式中　a_p——背吃刀量，mm；

　　　D——工件待加工表面直径，mm；

　　　d——工件已加工表面直径，mm。

（4）切削用量的选择　应考虑刀具的寿命、机床工艺性系统刚度、机床功率、工件材料的加工性质等诸多因素的影响。由于切削三要素对切削温度和刀具寿命影响大小不同，选择顺序是：先尽量选大的 a_p，再尽量选大的 f，最后尽量选大的 v_c。具体地讲，a_p 的选择：在粗加工阶段，一般是把精加工余量留出来，剩下的粗加工余量分一次或几次切完；精加工时，则根据加工精度和表面粗糙度要求来确定。f 的选择：当 a_p 确定之后，增大 f 往往受到机床工艺性刚度、刀具强度的限制，可根据进给量来选定；精加工时，f 主要受表面粗糙度要求的限制。v_c 的选择：粗加工时，由于 a_p 和 f 较大，切削力大，v_c 受刀具寿命（耐用度）和机床功率的限制；而精加工时，则受工件尺寸精度要求、表面粗糙度要求和刀具耐用度的限制。因此，v_c 可通过计算、查表或凭经验确定。

2. 刀具切削部分的组成和主要角度　各种刀具不论其结构如何，其切削部分都可近似地看成是外圆车刀的演变。

（1）切削部分的组成　普通外圆车刀的组成如图 1—39 所示。

（2）确定切削角度的辅助平面　为了确定上述刀面和切削刃的空间位置，特引进下面三个相互垂直的辅助平面，如图 1—40 所示。

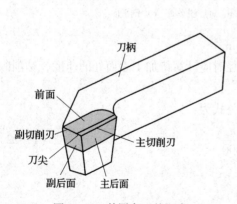

图 1—39　外圆车刀的组成

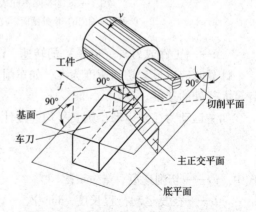

图 1—40　确定车刀几何角度的辅助平面

1）切削平面　通过主切削刃上某一任选点，又与工件加工表面相切的平面。

2）基面　通过主切削刃上某一任选点，又与该点切削速度方向垂直的平面。切削平面与基面相互垂直。

3）主正交平面　通过主切削刃上某一任选点，又与主切削刃在基面上的投影相垂直的平面。

（3）刀具切削部分的主要角度　切削部分共有六个基本角度，如图 1—41 所示。

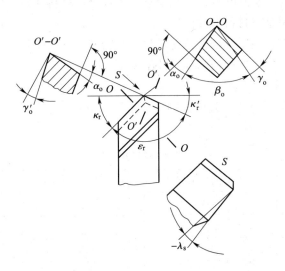

图 1—41　外圆车刀角度的标注

1）前角（γ_o）　是前面与基面之间的夹角，在主正交平面内测量。前角的作用是使切削刃锋利，切削省力，易于排屑。

2）后角（α_o）　是主后面与切削平面间的夹角，在主正交平面内测量。其作用是减小主后面与工件的摩擦。

3）副后角（α_o'）　是副后面与副切削平面间的夹角，在副正交平面内测量。其作用是减少副后面与已加工表面的摩擦。

4）主偏角（κ_r）　是主切削刃在基面上的投影与进给方向之间的夹角，在基面内测量。它能改变主切削刃与刀头的受力及散热状况。

5）副偏角（κ_r'）　是副切削刃在基面上的投影与进给方向间的夹角，在基面内测量。其作用是减小副切削刃与工件已加工表面间的摩擦。

6）刃倾角（λ_s）　是主切削刃与基面之间的夹角，在切削平面内测量。它影响刀尖的强度，并能控制切屑流出的方向。当刀尖在切削刃上最低点时，λ_s 为负值；反之，为正值；当主切削刃与基面平行时，λ_s 为零值。λ_s 为负值时，切屑流向已加工表面，易擦伤已加工表面；λ_s 为正值时，切屑流向待加工表面；λ_s 为零值时，切屑向垂直于主切削刃的方向流出。

第七节　金属材料与热处理

一、金属材料的性能

在机械制造中为了达到既保证产品质量又发挥金属材料性能潜力的目的，需要合理选择金属材料，掌握金属材料的性能。

金属材料的性能，主要有物理性能、化学性能、力学性能和工艺性能，这里我们主要介绍物理性能、力学性能和切削加工性能。

1. 金属材料的物理性能

（1）密度　物体的质量和其体积的比值，称为密度。符号为 ρ，单位是 g/cm^3。表1—6所列是常用材料的密度。

表1—6　　　　　　　　　　　常用材料的密度

材料名称	密度/（g/cm^3）	材料名称	密度/（g/cm^3）
铁	7.85	铅	11.3
铜	8.89	锡	7.3
铝	2.7	灰铸铁	6.8~7.4
镁	1.7	白口铁	7.2~7.5
锌	7.19	青铜	7.5~8.9
镍	8.9	黄铜	8.5~8.85

密度的计算公式为：

$$\rho = \frac{m}{V} \tag{1—24}$$

式中　ρ——密度，g/cm^3；

　　　m——质量，g；

　　　V——体积，cm^3。

（2）熔点　物体在加热过程中，开始由固体熔化为液体的温度称为熔点，用摄氏温度（℃）来表示。每种金属都有其固有的熔点。常用金属材料的熔点见表1—7。

表1—7　　　　　　　　　　　几种常用金属材料的熔点

材料名称	熔点/℃	材料名称	熔点/℃
纯铁	1 538	铬	1 765
铜	1 083	钒	1 900
铝	658	锰	1 230
钛	1 668	镁	627
镍	1 455	青铜	865~900

（3）导电性　金属材料传导电流的能力叫导电性。金属材料中，银的导电性最好，铜、铝次之。

（4）导热性　金属传导热量的能力称为导热性。金属中，纯金属导热性最好，合金稍差。

（5）热膨胀性　金属材料在加热时，体积增大的性质称为热膨胀性。

2．金属材料的力学性能

金属材料的力学性能，是指金属材料在载荷（外力）作用下所反映出来的抵抗形变的性能。外力不同，产生的变形也不同，一般分为拉伸、压缩、扭转、剪切和弯曲五种，如图 1—42 所示。

常用的力学性能有弹性、塑性、强度、硬度和韧性。

（1）弹性　金属在受到外力作用时发生变形，外力取消后其变形逐渐消失的性质称为弹性。

（2）塑性　金属材料在受外力时产生显著的变形而不断裂的性能称为塑性。塑性可用拉伸试验中试棒的伸长率和断面收缩率来衡量。

1）伸长率　伸长率是试样拉断后标距增大量与试样拉伸前的原始标距长度之比，用百分数表示。拉伸试样如图 1—43 所示。伸长率符号为 δ，其计算公式如下：

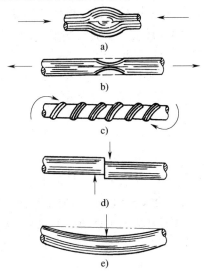

图 1—42　金属材料的变形形式
a）压缩　b）拉伸　c）扭转
d）剪切　e）弯曲

$$\delta = \frac{L_1 - L_0}{L_0} \times 100\% \qquad (1—25)$$

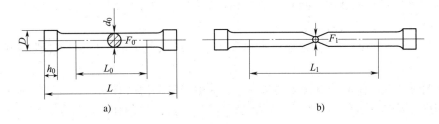

a）　　　　　　　　　　　　　b）

图 1—43　试样
a）拉伸前试样　b）拉伸后试样

L_0——试样标距长度，mm　L_1——试样拉抻长度，mm　d_0——试样原直径，mm

F_0——试样原横截面积，mm^2　F_1——试样拉断后横截面积，mm^2

2）断面收缩率　断面收缩率是指试样断口面积的缩减量与拉伸前原始横截面的百分比。符号为 ψ。计算公式为：

$$\psi = \frac{F_0 - F_1}{F_0} \times 100\% \qquad (1—26)$$

（3）强度 金属在外力作用下，抵抗变形和破坏的能力称为金属的强度，常以抗拉强度为代表，用 R_m 表示，单位为 MPa 或 N/mm²。其计算公式如下：

$$R_m = \frac{P_b}{F_0} \tag{1—27}$$

式中 P_b——试样拉断前承受的最大载荷，N；

F_0——拉伸前，试样的横截面积，mm²。

（4）硬度 金属表面抵抗硬物压入的能力叫硬度。硬度值越大，表明材料的硬度越高。根据压头和压力不同，常用的硬度有布氏硬度（HB）和洛氏硬度（HRC）。

（5）韧性 金属材料抵抗冲击载荷而不被破坏的能力称为冲击韧性（又称韧性），以 a_K 表示，单位为 J/cm²，其计算式为：

$$a_K = \frac{A_K}{F_1} \tag{1—28}$$

式中 A_K——冲击功，J；

F_1——试样断口处的横截面积，cm²。

3. 金属材料的可切削加工性

金属材料的可切削加工性是指材料可被切削加工的难易程度。它的评定标准通常由切削时的生产率、刀具寿命的长短及获得规定的加工精度和表面粗糙度的难易程度来衡量。

影响金属材料的可切削加工性的因素有工件材料的硬度、强度、塑性、韧性、导热系数等力学性能和物理性能。

（1）工件材料的硬度（含高温硬度）越高，切削力就越大，导致切削温度也越高，刀具的磨损越快。因此，切削加工性越差。同理，工件材料强度越高，切削加工性也越差。

（2）工件材料的强度相同时，塑性和韧性大的，切削加工性更差；但工件材料的塑性太小，切削加工性也不好。

（3）工件材料的导热性用导热系数表示，导热系数大的，材料导热性能好；反之则差。

切削时，在产生的热量相等的条件下，导热系数高的工件材料，其切削加工性就好些；相反，导热系数低的材料，刀具也容易磨损，因此切削加工性就差。

二、碳素钢

含碳量小于 2.11% 的铁碳合金称为碳素钢，简称碳钢。碳钢中除铁、碳外，还有硅、锰等有益元素和硫、磷等有害元素。

1. 碳钢的分类

（1）按含碳量分类 低碳钢（含碳量≤0.25%的钢）、中碳钢（含碳量0.25%~0.60%的钢）、高碳钢（含碳量>0.60%的钢）。

（2）按质量分类 普通碳素钢（含硫、磷量较高）、优质碳素钢（含硫、磷量较低）、高级优质碳素钢（含硫、磷很低）。

（3）按用途分类 碳素结构钢（一般属于低碳钢和中碳钢，按质量又分为普通碳素结构钢和优质碳素结构钢）、碳素工具钢（属于高碳钢）。

2．碳素钢的牌号表示方法、代号及符号

（1）碳素结构钢 按照国标GB/T 700—2006规定，碳素结构钢的牌号由代表屈服强度的字母，屈服强度的数值，质量等级符号，退氧方法符号等四个部分按顺序组成。如Q235—A·F牌号中："Q"表示钢材屈服强度"屈"字汉语拼音首位字母；"235"表示屈服强度为235 MPa；"A"表示质量等级为A；"F"表示沸腾钢。

碳素结构钢的力学性能、化学成分和新旧对照见表1—8、表1—9和表1—10。

表1—8　　　　　　　　碳素结构钢的力学性能（GB/T 700—2006）

牌号	等级	屈服强度 R_{eH}/（N/mm²），不小于						抗拉强度 R_m/（N/mm²）	断后伸长率 A/%，不小于					冲击试验(V形缺口)	
		厚度（或直径）/mm							厚度（或直径）/mm					温度/℃	冲击吸收功（纵向）/J 不小于
		≤16	>16~40	>40~60	>60~100	>100~150	>150~200		≤40	>40~60	>60~100	>100~150	>150~200		
Q195	—	195	185	—	—	—	—	315~430	33	—	—	—	—	—	—
Q215	A	215	205	195	185	175	165	335~450	31	30	29	27	26	—	—
	B													+20	27
Q235	A	235	225	215	215	195	185	370~500	26	25	24	22	21	—	27
	B													+20	
	C													0	
	D													-20	
Q275	A	275	265	255	245	225	215	410~540	22	21	20	18	17	—	27
	B													+20	
	C													0	
	D													-20	

注：1．Q195的屈服强度值仅供参考，不作交货条件。

2．厚度大于100 mm的钢材，抗拉强度下限允许降低20 N/mm²。宽带钢（包括剪切钢板）抗拉强度上限不作交货条件。

3．厚度小于25 mm的Q235B级钢材，如供方能保证冲击吸收功值合格，经需方同意，可不作检验。

表1—9　　　　　　　　碳素结构钢的化学成分（GB/T 700—2006）

牌号	等级	化学成分/%					退氧方法
		C	Mn	Si	S	P	
				不大于			
Q195	—	0.06~0.12	0.25~0.50	0.30	0.050	0.045	F、b、Z
Q215	A	0.09~0.15	0.25~0.55	0.30	0.050	0.045	F、b、Z
	B				0.045		

牌号	等级	化学成分/%					退氧方法
		C	Mn	Si	S	P	
				不大于			
Q235	A	0.14~0.22	0.30~0.65	0.30	0.050	0.045	F、b、Z
	B	0.12~0.20	0.30~0.70		0.045		
	C	≤0.18	0.35~0.80		0.040	0.040	Z
	D	≤0.17			0.035	0.035	TZ
Q255	A	0.18~0.28	0.40~0.70	0.30	0.050	0.045	Z
	B				0.045		
Q275	—	0.28~0.38	0.50~0.80	0.35	0.050	0.045	Z

注：1. Q235A、B级沸腾钢锰含量上限为0.60%。

2. A、B、C、D为质量等级。

3. F是沸腾钢"沸"字汉语拼音首位字母；b是半镇静钢"半"字汉语拼音首位字母；Z是镇静钢"镇"字汉语拼音首位字母；TZ是特殊镇静钢"特镇"两汉语拼音首位字母。

表1—10   **碳素结构钢的新旧牌号对照**

GB 700—79	GB/T 700—2006
A1，B1	Q195
A2，C2	Q215A，Q215B
A3，C3	Q235A，Q235B
A4，C4	Q255A，Q255B
A5	Q275
A6	—
A7	—

注：1. 本表仅是牌号类比，只供参考。

2. 表中"—"表示无此牌号。

碳素结构钢中 Q195、Q215A、Q215B、Q235A、Q235B 常用于制造受力不大的零件，如螺钉、螺母、垫圈等以及焊接件、冲压件和桥梁建筑等结构件；Q255A、Q255B、Q275 用于制造承受中等负荷的零件，如一般小轴、销子、连杆、农机零件等。

（2）优质碳素结构钢   优质碳素结构钢是严格按化学成分和力学性能制造的，质量比碳素结构钢高。钢号用两位数字表示，它表示钢平均含碳量的万分之几。如钢号"30"表示钢中平均含碳量为 0.30%。

含锰量较高的优质碳素结构钢还应将锰元素在钢号后面标出，如 15Mn、30Mn 等。

优质碳素结构钢的牌号、力学性能见表1—11，用途见表1—12。

表 1—11   优质碳素结构钢的力学性能（GB/T 699—1999）

序号	牌号	试样毛坯尺寸/mm	推荐热处理,℃			力学性能					钢材交货状态硬度 10/3 000HBW 不大于	
			正火	淬火	回火	R_m /MPa	R_{eH} /MPa	δ_5 /%	ψ /%	A_{KU2} /J	未热处理钢	退火钢
						不小于						
1	08F	25	930			295	175	35	60		131	
2	10F	25	930			315	185	33	55		137	
3	15F	25	920			355	205	29	55		143	
4	08	25	930			325	195	33	60		131	
5	10	25	930			335	205	31	55		137	
6	15	25	920			375	225	27	55		143	
7	20	25	910			410	245	25	55		156	
8	25	25	900	870	600	450	275	23	50	71	170	
9	30	25	880	860	600	490	295	21	50	63	179	
10	35	25	870	850	600	530	315	20	45	55	194	
11	40	25	860	840	600	570	335	19	45	47	217	187
12	45	25	850	840	600	600	355	16	40	39	229	197
13	50	25	830	830	600	630	375	14	40	31	241	207
14	55	25	820	820	600	645	380	13	35		255	217
15	60	25	810			675	400	12	35		255	229
16	65	25	810			695	410	10	30		255	229
17	70	25	790			715	420	9	30		269	229
18	75	试样		820	480	1 080	880	7	30		285	241
19	80	试样		820	480	1 080	930	6	30		285	241
20	85	试样		820	480	1 130	980	6	30		302	255
21	15Mn	25	920			410	245	26	55		163	
22	20Mn	25	910			450	275	24	50		197	
23	25Mn	25	900	870	600	490	295	22	50	71	207	
24	30Mn	25	880	860	600	540	315	20	45	63	217	187
25	35Mn	25	870	850	600	560	335	18	45	55	229	197
26	40Mn	25	860	840	600	590	355	17	45	47	229	207
27	45Mn	25	850	840	600	620	375	15	40	39	241	217
28	50Mn	25	830	830	600	645	390	13	40	31	255	217
29	60Mn	25	810			695	410	11	35		269	229
30	65Mn	25	830			735	430	9	30		285	229
31	70Mn	25	790			785	450	8	30		285	229

注：1. 对于直径或厚度小于 25 mm 的钢材，热处理是在与成品截面尺寸相同的试样毛坯上进行。

2. 表中所列正火推荐保温时间不少于 30 min，空冷；淬火推荐保温时间不少于 30 min，75、80 和 85 钢油冷，其余钢水冷；回火推荐保温时间不少于 1 h。

表 1—12   优质碳素结构钢的用途

钢号	应用举例
08，08F，10，10F，15，20，25	用来制造冲压件、焊接件、紧固零件及渗碳零件，如螺栓、铆钉、垫圈、自行车链片等低负荷的零件
30，35，40，45，50，55	用来制造负荷较大的零件，如连杆、曲轴、主轴、活塞销、表面淬火齿轮、凸轮等
60，65，70，75	用来制造轧辊、弹簧、钢丝绳、偏心轮等高强度、耐磨或弹性零件

（3）碳素工具钢　碳素工具钢均为优质钢，含碳量在 0.60%～1.35%。碳素工具钢的牌号用"T"加数字表示，数字表示平均含碳量的千分之几。高级优质碳素工具钢在钢号后加注一个"A"字。例如，T7 表示平均含碳量为 0.7% 的碳素工具钢；T10A 表示平均含碳量为 1.0% 的高级优质碳素工具钢。

碳素工具钢的牌号、热处理及用途见表 1—13。

表 1—13   碳素工具钢的牌号、热处理及用途

序号	热处理					用途举例
	淬火			回火		
	温度/℃	介质	硬度（HRC）	温度/℃	硬度（HRC）不低于	
T7 T7A	780～800	水	61～63	180～200	60～62	制造承受振动与冲击及需要在适当硬度下具有较大韧性的工具，如錾子、打铁用模、各种锤子、木工工具、石砧（大岩石用）等
T8 T8A	760～780	水	61～63	180～200	60～62	制造承受振动及需要足够韧性而且具有较高硬度的各种工具，如简单模子、冲头、剪切金属用剪刀、木工工具、煤矿用錾等
T9 T9A	760～780	水	62～64	180～200	60～62	制造具有一定硬度及韧性的冲头、冲模、木工工具、凿岩石用錾子等
T10 T10A	760～780	水、油	62～64	180～200	60～62	制造不受振动及锋利刃口上有少许韧性的工具，如刨刀、拉丝模、冷冲模、手锯据条、硬岩石用砧子等
T12 T12A	760～780	水、油	62～64	180～200	60～62	制造不受振动及需要极高硬度和耐磨性的一种工具，如丝锥、锋利的外科刀具、锉刀、刮刀等

（4）铸钢　铸钢一般用于制造形状复杂、力学性能较高的零件。根据用途不同，又可分为工程用铸钢和铸造碳钢两类。

1）工程用铸钢　工程用铸钢的牌号用字母"ZG"加两组数字表示。"ZG"为"铸钢"两字的首位汉语拼音字母；第一组数字表示最低屈服点，第二组数字表示最低抗

拉强度。如 ZG270—500 表示屈服点为 270 N/mm^2，最低抗拉强度为 500 N/mm^2 的铸造碳钢。

2）铸造碳钢　铸造碳钢的牌号用 ZG 加一组数字表示。ZG 为铸钢的代号，后面的一组数字表示铸造碳钢的平均含碳量的万分之几。如 ZG25 表示平均含碳量为 0.25% 的铸造碳钢。

三、合金钢

合金钢是在碳钢中加入一些合金元素的钢。钢中加入的合金元素常有 Si、Mn、Cr、Ni、W、V、Mo、Ti 等。

1. 合金钢的分类

（1）按用途分类　合金结构钢，用于制造各种工程构件和重要机械零件，如齿轮、连杆、轴、桥梁等；合金工具钢，用于制造各种工具，如切削刀具、模具和量具；特殊性能钢，用于制造具有某种特殊性能的结构和零件，包括不锈钢、耐热钢、耐磨钢等。

（2）按钢中合金元素总量分类　有低合金钢（合金元素总量 <5%）、中合金钢（合金元素总量 5%~10%）、高合金钢（合金元素总量 >10%）。

2. 合金钢的编号及用途

（1）合金结构钢　合金结构钢的牌号用"两位数字＋元素符号＋数字"表示。前两位数字表示钢中平均含碳量的万分数；元素符号表示所含合金元素；后面数字表示合金元素平均含量的百分数，当合金元素的平均含量 <1.5% 时，只标明元素，不标明含量。如 60Si2Mn（60 硅 2 锰）表示平均含碳量为 0.60%，硅含量 2%，锰含量 <1.5%。

（2）合金工具钢　合金工具钢的平均含碳量比较高（0.8%~1.5%）。钢中还加入 Cr、Mo、W、V 等合金元素。

合金工具钢的牌号与合金结构钢大体相同。不同的是，合金工具钢的平均含碳量大于 1.0% 时不标出，小于 1.0% 时以千分数表示。如 9Mn2V 表示平均含碳量为 0.9%，锰含量 2%，钒含量小于 1.5%。

（3）特殊性能钢　特殊性能钢的编号方法基本与合金工具钢相同。如 2Cr13，表示平均含碳量 0.2%、平均含铬量 13% 的不锈钢。为了表示钢的特殊用途，有的在钢号前面加特殊字母。如 GCr15 中的 G 表示作滚动轴承用的钢，其平均含铬量为 1.5% 左右。

合金结构钢、合金工具钢的牌号、热处理及用途见表 1—14、表 1—15。

表 1—14　　　　　　　　合金结构的牌号、热处理、性能及用途

钢号	热处理			力学性能				用途
	淬火/℃	回火/℃	毛坯尺寸/mm	R_m/MPa	R_{eH}/MPa	δ/%	ψ/%	
40MnB	850　油	500 水、油	25	1 000	800	10	45	代替 40Cr 钢作转向节、半轴、花键轴等
40MnVB	850　油	500 水、油	25	1 000	800	10	45	可代替 40Cr 及部分代替 40CrNi 作重要零件，也可代替 38CrSi 作重要销钉

续表

钢号	热处理			力学性能				用途
	淬火/℃	回火/℃	毛坯尺寸/mm	R_m/MPa	R_{eH}/MPa	δ/%	ψ/%	
40Cr	850 油	500 水、油	25	1 000	800	9	45	作重要调质件，如轴类、连杆、螺栓、进气阀和重要齿轮等
38CrSi	900 油	600 水、油	25	1 000	850	12	50	作载荷大的轴类件及车辆上的重要调质件
30CrMnSi	880 油	520 水、油	25	1 100	900	10	45	高强度钢，作高速载荷砂轮轴、车辆内外摩擦片等

表1—15　　　　　　　　合金工具钢的牌号、热处理及用途

类别	牌号	热处理					应用举例
		淬火			回火		
		淬火加热温度/℃	冷却介质	硬度（HRC）	回火温度/℃	硬度（HRC）	
低合金刃具钢	9Mn2V	780~810	油	≥62	150~200	60~62	小冲模、冲模及剪刀、冷压模、雕刻模、料模、各种变形小的量规、样板、丝锥、板牙、铰刀等
	9SiCr	860~880	油	≥62	180~200	60~62	板牙、丝锥、钻头、铰刀、齿轮铣刀、冷冲模、冷轧辊等
	Cr	830~860	油	≥62	150~170	61~63	切削工具如车刀、刮刀、铰刀等，测量工具如样板等，凸轮销、偏心轮、冷轧辊等
	CrW5	800~820	水	≥65	150~160	64~65	慢速度切削硬金属用的刀具，如铣刀、车刀、刨刀等；高压力工件用的刻刀等
	CrMn	840~860	油	≥62	130~140	62~65	各种量规与量块等
	CrWMn	820~840	油	≥62	140~160	62~65	板牙、拉刀、量规、形状复杂高精度的冲模等
高速钢	W18Cr4V	1 200~1 280	油	≥63	550~570	63~66	制造一般高速切削用车刀、刨刀、钻头、铣刀等
	9W13Cr4V	1 260~1 230	油	≥63	570~580	67.5	在切削不锈钢及其他硬或韧的材料时，可显著提高刀具寿命与被加工零件的表面质量

续表

类别	牌号	热处理					应用举例
		淬火			回火		
		淬火加热温度/℃	冷却介质	硬度（HRC）	回火温度/℃	硬度（HRC）	
高速钢	W6Mo5Cr4V2	1 220～1 240	油	≥63	550～570	63～66	制造要求耐磨性和韧性很好配合的高速切削工具，如丝锥、钻头等；并适于采用轧制、扭制、热变形加工成形等工艺来制造钻头等刀具
	W6Mo5Cr4V3	1 220～1 240	油	≥63	550～570	>65	制造要求耐磨性和红硬性较高，耐磨性和韧性较好配合，形状较为复杂的刀具，如拉刀，铣刀等

四、铸铁

含碳量大于2.11%的铁碳合金称为铸铁。铸铁中除铁和碳以外，也含有硅、锰、磷、硫等元素。

1. 铸铁的分类

根据碳在铸铁中存在的形态不同，可将铸铁分为白口铸铁、灰铸铁、可锻铸铁及球墨铸铁。

（1）白口铸铁　这类铸铁中的碳绝大多数以 Fe_3C 的形式存在，断口呈亮白色，其硬度高、脆性大，很难进行切削加工，主要用作炼钢或制造可锻铸铁的原料。

（2）灰铸铁　铸铁中的碳大部分以片状石墨形式存在，其断口呈暗灰色，故称灰铸铁。

（3）球墨铸铁　铸铁中的碳绝大部分以球状石墨存在，故称球墨铸铁。

（4）可锻铸铁　它由白口铸铁经高温石墨化退火而制得，其组织中的碳呈团絮状。

2. 铸铁的牌号及用途

灰铸铁的牌号由"HT"及后面的一组数字组成，数字表示其最低抗拉强度；可锻铸铁由"KT"或"KTZ"及两组数字组成，"KT"是铁素体可锻铸铁的代号，"KTZ"是珠光体可锻铸铁的代号，前、后两组数字分别表示最低抗拉强度和伸长率；球墨铸铁的牌号由"QT"和两组数字组成，其含义和可锻铸铁表示方法完全一致。灰铸铁、球墨铸铁、可锻铸铁的牌号、力学性能及用途见表1—16、表1—17和表1—18。

表1—16　　　　　　　　灰铸铁的牌号、力学性能及用途

牌号	铸件壁厚/mm	抗拉强度/MPa 不小于	适用范围及应用举例
HT100	10～20	100	低负荷和不重要的零件，如盖、外罩、手轮、支架、重锤等
HT150	<20	150	承受中等负荷的零件，如汽轮机泵体、轴承座、齿轮箱、工作台、底座、刀架等

续表

牌号	铸件壁厚/mm	抗拉强度/MPa 不小于	适用范围及应用举例
HT200 HT250	10～20	200 250	承受较大负荷的零件，如汽缸、齿轮、油缸、阀壳、床身、活塞、刹车轮、联轴器、轴承座等
HT300 HT350	10～20	300 350	承受高负荷的重要零件，如齿轮、凸轮、车床卡盘、压力机的机身、床身、高压液压筒、滑阀壳体等

表1—17　　　　　　　　球墨铸铁的牌号、力学性能及用途

牌号	R_m/MPa	R_{eH}/MPa	δ/%	应用举例
QT400—15 QT450—10	400 450	250 310	15 10	阀体；汽车、内燃机车零件；机床零件
QT500—7	500	320	7	机油泵齿轮；机车、车辆轴瓦
QT700—2 QT800—2	700 800	420 480	2	柴油机曲轴、凸轮轴；汽缸体、汽缸套；活塞环；部分磨床、铣床、车床的主轴等
QT900—2	900	600	2	汽车的曲线齿锥齿轮；拖拉机减速齿轮；柴油机凸轮轴

表1—18　　　　　　　　可锻铸铁的牌号、力学性能及用涂

类别	牌号	R_m/MPa	δ/%	应用举例
		不小于		
铁素体可锻铸铁	KT300—06 KT330—08 KT350—10 KT370—12	300 330 350 170	6 8 10 12	汽车、拖拉机的后桥外壳、转向机构、弹簧钢板支座等；机床上用的扳手；低压阀门、管接头和农具等
珠光体可锻铸铁	KTZ450—06 KTZ550—04 KTZ650—02 KTZ700—02	450 550 650 700	6 4 2 2	曲轴、连杆、齿轮、凸轮轴、摇臂、活塞环等

五、钢的热处理

1. 概述

钢的热处理是将钢在固态下，通过加热、保温和冷却的方式来改变其内部组织，从而获得所需性能的一种工艺方法。

2. 热处理的种类

（1）退火　把钢加热到一定温度并在此温度下进行保温，然后缓慢地冷却到室温，这一热处理工艺称为退火。常用的退火方法有完全退火、球化退火和去应力退火。

1）完全退火 是将钢加热到预定温度，保温一定时间，然后随炉缓慢冷却的热处理方法。它的目的是降低钢的硬度，消除钢中的不均匀组织和内应力。

2）球化退火 是把钢加热到 750℃ 左右，保温一段时间，然后缓慢冷却至 500℃ 以下，最后在空气中冷却的热处理方法。其目的是降低钢的硬度，改善切削加工性能。它主要用于高碳钢。

3）去应力退火 亦称低温退火。它是将钢加热到 500～600℃，经一段时间保温后，随炉缓冷至 300℃ 以下出炉的热处理方法。退火过程中，组织不发生变化。它主要用于消除金属材料的内应力。

（2）正火 将钢加热到一定温度，保温一段时间，然后在空气中冷却的热处理方法称为正火。正火与退火的目的基本相同，但正火的冷却速度比退火快，得到的组织较细，硬度、强度较退火高。

（3）淬火 是将钢加热到一定温度，经保温后快速在水（或油）中冷却的热处理方法。它是提高材料的强度、硬度、耐磨性的重要热处理方法。

1）淬火介质 淬火过程中的冷却介质称为淬火介质，有水、油或盐、碱的水溶液。

2）常用淬火方法

①单介质淬火法 将加热保温后的钢放入一种淬火介质中，冷却至转变结束，此法称为单介质淬火法。

②双介质淬火法 淬火时，先将加热保温后的钢件放入水中急冷，冷却到一定温度再放入油中冷却，此法称为双介质淬火。

③分级淬火 它是将加热保温后的钢件直接放入温度 150～260℃ 的盐液或碱液内淬火，在该温度下，停留一定时间，然后取出在空气中冷却的一种方法。

（4）回火 将淬火后的钢重新加热到某一温度，并保温一定时间，然后以一定的方式冷却至室温，这种热处理方法称回火。回火是淬火的继续，经淬火的钢件须进行回火处理。

1）回火目的 减少或消除工件淬火时产生的内应力，防止工件在使用过程中的变形和开裂；适当调整钢的强度和硬度，使零件获得所需要的力学性能；稳定组织，使工件在使用过程中不发生组织转变。

2）回火种类

①低温回火（150～250℃） 其目的是降低内应力、脆性，保持钢淬火后的高硬度和高耐磨性。

②中温回火（350～500℃） 目的是提高弹性、强度，获得较好的韧性。

③高温回火（500～650℃） 即"淬火 + 高温回火"，也叫"调质处理"。经调质处理的零件具有良好的综合力学性能（足够的强度与高韧度）。

（5）钢的表面淬火 它是通过快速加热，使工件表层迅速达到淬火温度，不等到热量传到心部就立即冷却的热处理方法。常用的方法有：

1）火焰加热表面淬火法 它是用"乙炔—氧"或"煤气—氧"的混合气体燃烧的火焰直接喷射在工作表面，迅速达到淬火温度，立即喷水冷却的淬火方法。

2）感应加热表面淬火法 这种淬火方法是采用高频（中频或工频）电流，使工件的表面产生一定频率的感应电流，将零件表面迅速加热，然后迅速喷水冷却的热处理方法。

（6）化学热处理 钢的化学热处理是将工件置于化学介质中加热保温，改变表层的化学成分和组织，从而改变表层性能的热处理工艺。常见的化学热处理有以下几种：

1）渗碳 将钢件放入含碳的介质中，并加热到 900～950℃ 高温下保温，使钢件表面含碳量提高，这一工艺称为渗碳。

2）渗氮 将氮渗入钢件表层的过程称为渗氮。其目的是提高零件表面的硬度、耐磨性。

3）液体碳氮共渗 碳氮共渗是向钢的表面同时渗入碳和氮的过程。

六、有色金属及其合金

工业上把钢与铸铁叫黑色金属，其他金属及合金叫有色金属。机械制造中广泛应用的有色金属主要有：铝及铝合金，铜及铜合金，轴承合金和硬质合金。

1. 铝及铝合金

（1）纯铝 纯铝为银白色，熔点 660℃，密度为 2.7 g/cm^3，导电性、导热性好，强度和硬度低，切削加工性好。铝的牌号由"L + 数字"表示，数字表示顺序号（1～6），数字越大，纯度越低。

（2）铝合金 在铝中加入铜、锰、硅、镁等合金元素就成为铝合金。铝合金根据加工方法不同，可分为形变铝合金和铸造铝合金两大类。形变铝合金具有良好的塑性，适于压力加工；铸造铝合金塑性较差，不适于压力加工，只用于成型铸造。

2. 铜及铜合金

（1）纯铜 纯铜又称为紫铜，密度为 8.9 g/cm^3，熔点为 1 083℃，具有很高的导电性、导热性和优良的塑性、耐腐蚀性，但强度不高，主要用作导电材料和导热材料。纯铜的牌号用字母"T"作为代号，代号后为顺序号（1～4），数字越大，纯度越低。

（2）铜合金 在铜中加入锌、锡、镍、铅、铝等合金元素即可得到铜合金。铜合金可以分为黄铜、青铜两大类。黄铜是铜—锌合金；青铜是铜—锡合金。

第八节 专业数学计算知识

在钳工的日常加工和装配中，经常需要对一些几何形体进行间接测量和计算，如锥度、斜度、V 形槽及燕尾槽等。现将这些常见的几何形体的测量与计算简单介绍如下。

一、锥度、斜度计算

1. 锥度的计算

圆锥形零件的大端直径和小端直径之差与锥长之比叫锥度。一些直径较大的钻头和立铣刀的柄部均采用圆锥形。它具有配合紧密，定位准确和装卸方便等优点。锥度无单位，常用分数或比例的形式写出，如 1/5 或 1:5。

锥度 C（见图 1—44）的计算公式如下：

$$C = \frac{D - d}{L} = \tan 2\alpha \qquad (1—29)$$

式中　D——大端直径，mm；

　　　d——小端直径，mm；

　　　L——锥长，mm；

　　　2α——锥角，（°）。

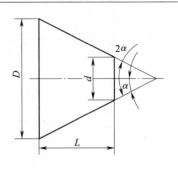

图 1—44　锥度

2. 锥度的测量

（1）直接测量法　用万能角度尺直接测量被测角度。万能角度尺的测量和读数原理类似游标卡尺，其分度值通常为 5′ 和 2′，故只能应用于检测较低精度要求的角度。

对于中、高精度的角度，则常用光学分度头或测角仪进行测量。测角仪的检测精度较高，主要用于检定角度基准，一般机械制造业中应用较少。

（2）间接测量法　即通过测量与锥度、角度有关的各项尺寸，按几何关系换算出被测角度的大小。常用工具有平板、正弦规、钢球、圆柱、量块及通用量具等。可对锥度、角度进行中、高精度等级测量的量具有锥度量规等。

表 1—19 为对内、外锥度进行间接测量的方法和计算公式。

表 1—19　　　　　　　　　　　　　锥度的测量

项目	简图	计算式
正弦规测量外锥度	（图）	$\sin 2\alpha = \dfrac{h}{L}$ 锥度误差：$\Delta k = \dfrac{n}{l}$（弧度） n：a、b 两点读数差 l：a、b 两点间的距离 $\Delta(2\alpha) = \Delta k \times 2 \times 10^5$（″）
正弦规测量内锥度	（图）	$2\alpha = \alpha_1 + \alpha_2$ $\sin \alpha_1 = \dfrac{h_1}{L}$ $\sin \alpha_2 = \dfrac{h_2}{L}$ 锥度误差：与测量外锥度同理

续表

项目	简图	计算式
圆柱测量外锥度	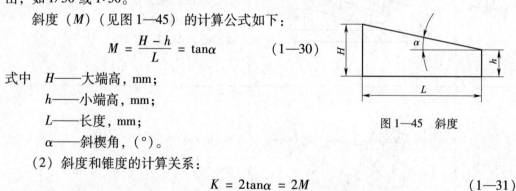	$\tan\dfrac{\alpha}{2}=\dfrac{M-N}{2H}$
钢球测量内锥度		$\sin\dfrac{\alpha}{2}=\dfrac{R_1-R_2}{H_1+H_2+R_2-R_1}$

3. 斜度

（1）斜度的计算　工件上某面对于基面线的倾斜程度叫斜度。如常见夹具中的斜楔夹紧机构中的斜楔及某些样板都是斜度问题。斜度无单位，常用分数或比例的形式写出，如 1/50 或 1:50。

斜度（M）（见图1—45）的计算公式如下：

$$M=\frac{H-h}{L}=\tan\alpha \qquad (1—30)$$

式中　H——大端高，mm；

　　　h——小端高，mm；

　　　L——长度，mm；

　　　α——斜楔角，（°）。

（2）斜度和锥度的计算关系：

$$K=2\tan\alpha=2M \qquad (1—31)$$

截圆锥的斜度是其锥度的一半。

（3）斜度的测量　斜度的测量也就是角度的测量。测量方法与锥度的测量方法类似，对精度等级要求不高的斜度可用万能角度尺进行直接测量，对精度等级要求较高的斜度可用正弦规进行间接测量，测量方法与锥度的测量相同，如图1—46所示。

图1—45　斜度

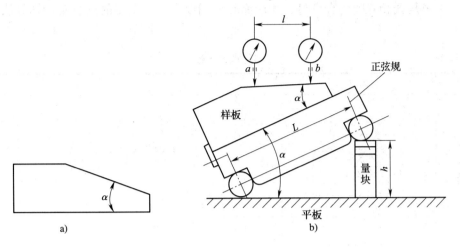

图 1—46　斜度的测量

二、V 形槽角度 α 的测量

V 形槽在夹具零件中是经常见到的，主要用于轴类零件的定位。其测量的方法除可用万能角度尺作一般的测量外，还可用表 1—20 所示方法进行较精确的间接测量和计算。常用工具有平板、圆柱、量块及通用量具等。

表 1—20　　　　　　　　　　　　　　　　　V 形槽角度 α 的测量

项目	简图	计算式
较小 V 形槽角度 α 的测量		$\sin \dfrac{\alpha}{2} = \dfrac{(D_1 - D_2)}{2\,(H_1 - H_2) - (D_1 - D_2)}$
较大 V 形槽角度 α 的测量		$\cos\alpha_2 = \dfrac{(H_2 - H_1)}{D}$ $\cos\alpha_1 = \dfrac{(H_3 - H_1)}{D}$ 注：三根圆柱量规直径为 D

三、燕尾槽的测量

燕尾槽常用于夹具或机床上的导轨，其导向性好，可以承受两个垂直方向的力。只有内、外燕尾槽相互间配合良好，才能满足使用要求。其主要的测量及计算方法见表1—21。

表1—21 燕尾槽的测量

项目	简图	计算式
外燕尾槽的测量		$$A = B - \frac{2H}{\tan\alpha} + \left(1 + \frac{1}{\tan\frac{\alpha}{2}}\right)d$$
内燕尾槽的测量		$$A = B - \left(1 + \frac{1}{\tan\frac{\alpha}{2}}\right)d$$ 或 $$A = b + \frac{2H}{\tan\alpha} - \left(1 + \frac{1}{\tan\frac{\alpha}{2}}\right)d$$

四、分度计算

钳工对工件进行分度划线时常常利用分度头。虽然分度机构的传动比为一定值（$i = 40$），但利用分度盘上均匀分布的一组组孔数的变化，固定不动的分度盘与差动、替换交换齿轮组的配合使用就可进行简单分度和差动分度。有关分度机构的种类、结构和使用方法（包括计算）详见第二章第二节。

第九节 电 工 常 识

一、自用设备电器的种类

1. 手电钻

手电钻的基本用途是对金属、塑料等材料钻孔。手电钻的规格是指对45钢加工的最大钻孔直径。手电钻有手枪式和手提式两种。通常采用220 V或36 V的交流电源。

2. 台式钻床（简称台钻）

它一般是用来加工直径小于12 mm的孔，能调节三挡或五挡转速。变速时必须停车。

3. Z3050型摇臂钻床

Z3050型摇臂钻床主要由底座、内立柱、外立柱、摇臂、主轴箱、工作台等组成。

其上共有四台电动机，它们分别是主轴电动机、摇臂升降电动机、液压油泵电动机和冷却泵电动机。

二、安全用电常识

1. 移动式电器具的安全使用

（1）手电钻　使用前应检查电源的引线和插头、插座是否完好无损，通电后用验电笔检查是否漏电。为保证安全，使用电压为 220 V 的手电钻时应戴绝缘手套；在潮湿环境中应采用电压为 36 V 的手电钻。

（2）电风扇　每年取出使用时，应先经过全面检查，其中包括检测绝缘电阻（应不小于 0.5 MΩ）。搬动电扇时，应先切断电源开关。

（3）工作灯　不准将 220 V 普通电灯作为工作灯使用。工作灯电压应为 36 V。工作灯应有绝缘手柄和金属护罩，灯泡铜头不准外露。工作灯禁用灯头开关。

2. 触电急救

（1）使触电者迅速脱离电源　出事地附近有电源开关时，应立即断开开关，以切断电源。若开关距离太远，可用干燥的木棒、竹杆等绝缘物将电线移掉，也可用带绝缘柄的钢丝钳等切断电线。

（2）急救措施　将脱离电源的触电者迅速移至比较通风干燥的地方，使其仰卧，将上衣与裤带放松。对有心跳而呼吸停止的触电者，应采用"口对口人工呼吸法"进行抢救，对有呼吸而心脏停止跳动的触电者应采用"胸外心脏挤压法"进行抢救。

第二章 初级钳工专业知识

第一节 初级钳工专业基础知识

一、划线

在毛坯或工件上，用划线工具划出待加工部位的轮廓线或作为基准的点、线称为划线。划线的作用：一是确定零件加工面的位置与加工余量，给下道工序划定加工的尺寸界线；二是检查毛坯的质量，补救或处理不合格的毛坯，避免不合格毛坯流入加工中造成损失。划线分为平面划线和立体划线两种。按在加工过程中的作用，又分为找正线、加工线和检验线。

1. 划线工具的种类及使用要点

划线工具按用途可分为以下四类：

（1）基准工具 划线时安放零件，利用其一个或几个尺寸精度及形状位置精度较高的表面作为引导划线并控制划线质量的工具，称基准工具。常用的划线基准工具有划线平台、方箱、直角铁、活角铁、中心规、曲线板、万能划线台等。

（2）量具 划线中常用的量具有钢卷尺、钢直尺、游标高度尺、万能角度尺等。

（3）划线工具 划线工具是直接用来在工件上划线的工具。常用划线工具有划针、划线盘、划规、单脚规、游标高度尺、样冲等。以下分别介绍几种划线工具的使用要点。

1）划针使用要点

①针尖磨成 15°~20°夹角。被淬硬的碳素工具钢的针尖刃磨时应及时浸水冷却，防止退火变软。

②划线时，针尖要紧靠导向面的边缘，并压紧导向工具。

③划线时，划针与划线方向倾斜约 45°~75°的夹角，上部向外侧倾斜 15°~20°。

2）划线盘和游标高度尺的使用要点

①划线盘的划针伸出夹紧位置以外不宜太长，应接近水平位置夹紧划针，保持较好的刚性，防止松动。

②划线盘和游标高度尺底面与平台接触面都应保持清洁，以减小阻力，拖动底座时应紧贴平台工作面，不能摆动、跳动。

③游标高度尺是精密划线工具，不得用于粗糙毛坯的划线；用完后应擦净，涂油装盒保管。

3）划规、单脚规使用要点

①划规、单脚规使用时应施较大压力于旋转中心一脚，而施较轻压力于另一脚在零件表面划线。

②划线时两脚尖要保持在同一平面上。

③单脚规使用时，弯脚离零件端面的距离始终保持一致。

4）样冲使用要点

①样冲尖磨成45°~60°夹角，磨时防止过热退火。

②打样冲时冲尖对准线条正中。

③样冲眼间距视划线长短曲直而定，线条长而直则间距可大些，短而曲则间距可小些，交叉、转折处必须打上样冲眼。

④样冲眼的深浅要视零件表面粗糙程度而定，表面光滑或薄壁零件的样冲眼打得浅些，粗糙表面上打得深些，精加工表面禁止打样冲眼。

（4）辅助工具　辅助工具是划线中起支撑、调整、装夹等辅助作用的工具，常用的有千斤顶、V形架、C形夹头、楔铁、定心架等。

2. 划线涂料

为使划出的线条清晰可见，划线前应在零件划线部位涂上一层薄而均匀的涂料，常用划线涂料配方和应用见表2—1。

表2—1　　　　　　　　　　常用划线涂料配方和应用

名称	配制比例	应用场合
石灰水	稀糊状熟石灰水加适量骨胶或桃胶	大、中型铸件和锻件毛坯
蓝油	品紫（青莲、普鲁士蓝）2%~4%加漆片（洋干漆）3%~5%和91%~95%酒精混合而成	已加工表面
硫酸铜溶液	100 g水中加1~1.5 g硫酸铜和少许硫酸	形状复杂的零件或已加工面

3. 平面划线

只需在零件一个表面上划线即能明确表示零件加工界线的称平面划线。平面划线分几何划线法和样板划线法两种。

（1）几何划线法　是根据零件图的要求，直接在毛坯或零件上利用平面几何作图的基本方法划出加工界线的方法。它的基本线条有平行线、垂直线、圆弧与直线或圆弧与圆弧的连接线、圆周等分线、角度等分线等，其划线方法都和平面几何作图方法一样，划线过程不再赘述。

（2）样板划线法　是将根据零件尺寸和形状要求划好线并加工成形的样板，放置在毛坯合适的位置划出加工界线的方法。它适用于平面形状复杂、批量大、精度要求一般的场合。其优点是容易对正基准，加工余量留得均匀，生产效率高。在板料上用样板划线，可以合理排料，提高材料利用率。

4. 立体划线

立体划线是在零件的两个以上的表面上划线。立体划线的方法一般采用零件直接翻转法。划线过程中涉及零件或毛坯的放置和找正、基准选择、借料等方面。

（1）零件或毛坯的放置　立体划线时，零件或毛坯放置位置的合理选择十分重要。这关系到划线的质量和划线效率。一般较复杂的零件都要经过三次或三次以上的放置，才可能将全部线条划出，而其中特别要重视第一划线位置的选择。其选择原则如下：

1）第一划线位置的选择原则　优先选择如下表面：零件上主要的孔、凸台中心线或重要的加工面。相互关系最复杂及所划线条最多的一组尺寸线；零件中面积最大的一面。

2）第二划线位置的选择原则　要使主要的孔、凸台的另一中心线在第二划线位置划出。

3）第三划线位置选择　通常选择与第一和第二划线位置相垂直的表面，该面一般是次要的、面积较小的、线条相互关系较简单且线条较少的表面。

（2）划线基准的选择　零件图上用来确定其他点、线、面位置的基准称设计基准，而划线中用来确定零件各部分尺寸、几何形状及相对位置的依据称划线基准。立体划线的每一划线位置都有一个划线基准，而且划线往往是在这一划线位置开始的。它的选择原则是：

1）尽量与设计基准重合。

2）对称形状的零件，应以对称中心线为划线基准。

3）有孔或凸台的零件，应以主要孔或凸台的中心线为划线基准。

4）未加工的毛坯件，应以主要的、面积较大的不加工面为划线基准。

5）加工过的零件，应以加工后的较大表面作划线基准。

（3）零件或毛坯的找正　找正是利用划线工具使零件或毛坯上有关表面与基准面（如划线平台）之间调整到合适的位置。零件找正是依照零件选择划线基准的要求进行的。零件的划线基准又是通过找正的途径来最后确定它在零件上的准确位置。所以零件和毛坯的找正和划线基准选择原则是一致的。

（4）零件的借料　借料即通过试划和调整，将各部位的加工余量在允许的范围内重新分配，使各加工表面都有足够的加工余量，从而消除铸件或锻件毛坯尺寸、形状和位置上的某些误差和缺陷。对一般较复杂的工作，往往要经过多次试划，才能最后确定合理的借料方案。它的一般步骤是：

1）测量毛坯或零件各部分尺寸，找出偏移部位和偏移量。

2）合理分配各部位加工余量，确定借料方向和大小，划出基准线。

3）以基准线为依据，按图划出其余各线。

4）检查各加工表面加工余量，若发现余量不足，则应调整各部位加工余量，重新划线。

（5）立体划线的步骤　了解以上要求和原则后，立体划线步骤如下：

1）看清图样，详细了解零件加工工艺过程，并确定需要划线的部位；明确零件及其划线的有关部分的作用和要求；判定零件划线的次数和每次划线的位置范围。

2）选定划线基准，确定装夹位置和装夹方法。

3）检查毛坯的误差情况，并确定是否需要借料，如需借料，则应初步确定借料的方向与距离，然后在划线部位涂上涂料。

4）找正。

5）划线。

6）详细检查划线的准确性和是否有漏划线条。

7）在划好的线条上打出样冲眼。

二、锯削

用手锯把材料或零件进行分割或切槽等的加工方法称锯削。钳工常用的手锯是在锯弓上装夹锯条构成的。一般使用装夹孔中心距为 300 mm 的锯条。

1. 锯条的选用

锯条的一边有交叉形或波浪形排列的锯齿。锯齿的前角为 0°，后角为 40°，楔角为 50°（制造厂家出厂时已确定）。钳工对锯条的选用，主要是针对零件的材质和断面几何形状选择锯条的齿距。

齿距粗大的锯条容屑槽大，适用于锯削软材质、断面较大的零件。齿距细小的锯条则适用于硬材质和薄壁零件、管件的锯削。

2. 锯削方法

（1）锯削的操作要点

1）装夹锯条时齿尖向前，松紧适中，不宜太紧或太松。

2）零件装夹要牢固，伸出钳口不宜过长；锯缝靠近装夹部位。

3）起锯角度要小，一般不超过 15°。

4）锯削时，左右手配合协调，推力和扶锯压力不宜太大、太猛，回程不加压力。

5）锯削速度一般以每分钟 20～40 次为宜。锯软材料快些，锯硬材料慢些。锯削时尽量使用全长锯齿部位。

6）锯削硬材料时宜加适量切削液。

（2）不同几何断面零件的锯削方法

1）棒料的锯削　要求断面平整的棒料，从起锯到锯断，要一锯到底。只要求切断的棒料，可以从周边几个方向切入而不过中心，然后折断。

2）管件的锯削　薄壁管件应从周边旋转切入到管件内壁处，至切断为止。旋转方向应使已锯部分转向锯条推进方向。厚壁管件同棒料的锯削方法。

3）薄板料的锯削　狭长薄板应夹在两木板间一同锯断。较宽大的板料，可从大面上锯下去。

4）深缝锯削　高于锯弓高度的深缝，锯削时可将锯条旋转 90° 装夹在锯弓上进行锯削。

3. 锯削时常见缺陷分析和安全技术

（1）锯削时常出现锯条损坏和零件报废等缺陷，其原因见表 2—2。

表2—2   锯削时常见缺陷分析

缺陷形式	原因分析
锯条折断	1. 锯条选用不当或起锯角度不当 2. 锯条装夹过紧或过松 3. 零件未夹紧 4. 锯削压力太大或推锯过猛 5. 换上的新锯条在原锯缝中受卡 6. 锯缝歪斜后强行矫正 7. 零件锯断时锯条撞击其他硬物
锯齿崩裂	1. 锯条选择不对 2. 锯条装夹过紧 3. 起锯角度太大 4. 锯削中遇到材料组织缺陷，如杂质、砂眼等 5. 锯薄壁零件采用方法不当
锯缝歪斜	1. 零件装夹不正 2. 锯条装夹过松 3. 锯削时双手操作不协调，推力、压力和方向掌握不好

（2）锯削安全技术

1）要防止锯条折断后弹出锯弓伤人。

2）零件装夹牢固，在它即将被锯断时，要防止断料掉下来砸脚，同时防止用力过猛，将手撞到零件或台虎钳上受伤。

三、錾削

用锤子击打錾子对金属零件进行切削加工的方法称錾削，它主要用于不便于机械加工的场合。

1. 錾子楔角和后角的选用

图2—1所示为錾削时的几何角度。切削部分由前面、后面和切削刃组成。

（1）楔角（β_0） 錾子前面与后面之间的夹角称为楔角。楔角和后角是影响錾削质量和切削效率的主要参数。楔角参数选择见表2—3。

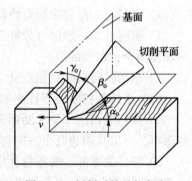

图2—1 錾削时的几何角度

表2—3   錾子楔角的选择

零件材料	楔角值	零件材料	楔角值
硬钢	60°~70°	铜合金	40°~55°
结构钢	50°~60°	纯铜、铝、锌	30°~40°

（2）后角（α_o） 錾子后角 α_o 的选取以 5°～8° 为宜。后角太大会使錾子切入零件表面过深，錾削困难；后角太小会造成錾子滑出零件表面，不能切入。

（3）前角（γ_o） 錾削时的前角是錾子前面与基面之间的夹角。其作用是减少錾削时切屑变形，使切削省力。前角越大，切削越省力。由于基面垂直于切削平面，于是存在 $\alpha_o + \beta_o + \gamma_o = 90°$ 的关系。当 α_o 一定时，γ_o 由 β_o 的大小决定。

2. 錾削方法

（1）錾子的种类及选用 錾削前首先应根据錾削面的形状、大小、宽窄选用錾子。錾子按使用场合不同可分为扁錾、尖錾、油槽錾三种。

（2）錾削的起錾 窄槽起錾时将錾子刃口抵紧开槽部位一端边缘，较宽平面起錾将錾子刃口抵紧零件边缘尖角处，如图 2—2 所示。先取后角 α_o 为 0°，轻击錾子，卷起切屑后，后角逐渐变换为 5°～8° 进行正常錾削。有些情况下，起錾时可取较大的负后角，将工件边缘尖角处剔出斜面后，再从斜面处起錾。

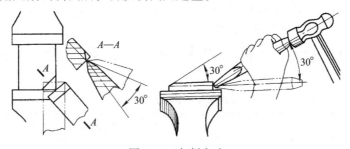

图 2—2 起錾方法

（3）錾削余量 錾削余量以选取 0.5～2 mm 为宜，錾削余量 >2 mm 时，可分几次錾削。

（4）錾削的收尾 每次錾削距终端 10 mm 左右时，为防止边缘崩裂，应掉头錾去剩余部分。

（5）錾削平面 较窄平面錾削时，錾子切削刃与前进方向倾斜适当角度，如图 2—3 所示。倾角大小视錾削面而定，以錾子容易掌稳为好。较宽平面錾削时，通常选用尖錾开槽数条，然后用扁錾錾去剩余部分，如图 2—4 所示。

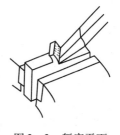

图 2—3 錾窄平面

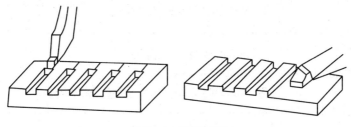

图 2—4 錾宽平面

（6）錾削板材 对于薄板小件，可装夹在台虎钳上，用扁錾的切削刃自右向左錾削，如图 2—5 所示。厚度 4 mm 以下的较大型板材可在铁砧上垫软铁后錾削，如图 2—6 所示。形状复杂的工件，应先沿轮廓线钻排孔后，用扁錾或尖錾逐步錾削。

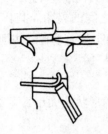 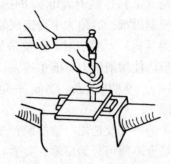

图2—5 錾薄板件　　　　　　　　图2—6 较大型板材錾削

（7）錾削油槽　首先将油槽錾子切削刃磨成图样要求的油槽断面形状。錾削平面上油槽同平面錾削方法。曲面上的油槽錾削应保持錾子后角不变，錾子随曲面曲率而改变倾角。錾后用锉刀、油石修整毛刺。

3．錾削时常见缺陷分析和安全技术

（1）錾子切削刃损坏和錾削零件报废是錾削过程中常见的问题，其原因分析见表2—4。

表2—4　　　　　　　　　　　　錾削常见缺陷及原因分析

缺陷形式	原因分析
錾子刃口崩裂	1．錾子刃部淬火硬度过高，回火不好 2．零件材质硬度过高或硬度不均匀 3．锤击力太猛
錾子刃口卷边	1．錾子刃口淬火硬度偏低 2．錾子楔角太小 3．一次錾削量太大
錾削超越尺寸线	1．工件装夹不牢 2．起錾超线 3．錾子方向掌握不正，偏斜越线
零件棱边、棱角崩缺	1．錾子刃口后部宽于切削刃部 2．錾削收尾未掉头錾削 3．錾削过程中，錾子方向掌握不稳，錾子左右摇晃
錾削表面凸凹不平	1．錾子刃口不锋利 2．錾子掌握不正，左右、上下摆动 3．錾削时后角过大或时大时小 4．锤击力不均匀

（2）錾削安全技术

1）零件装夹牢固，预防击飞伤人。

2）锤头、锤柄要装牢，防止锤头飞出伤人。

3）錾子尾部的毛刺和卷边（俗称帽花）应及时磨掉。

4）錾子刃口经常修磨锋利，避免打滑。

5）触拿零件时，要防止錾削面锐角划伤手指。

6）錾削的前方应加防护网，防止铁屑伤人。

7）应用毛刷清扫铁屑，不得用手擦或用嘴吹。

四、锉削

用锉刀对零件进行切削加工的方法称为锉削。它广泛应用于零件加工、修理和装配中。

1. 锉刀的种类及选择

锉刀的品种、规格及选用见表2—5、表2—6。从表中可见锉刀的选择原则有：

表 2—5　　　　　　　　　　　　锉刀的品种及用途

品种		外形及截面形状	用途
钳工锉	齐头扁锉 尖头扁锉	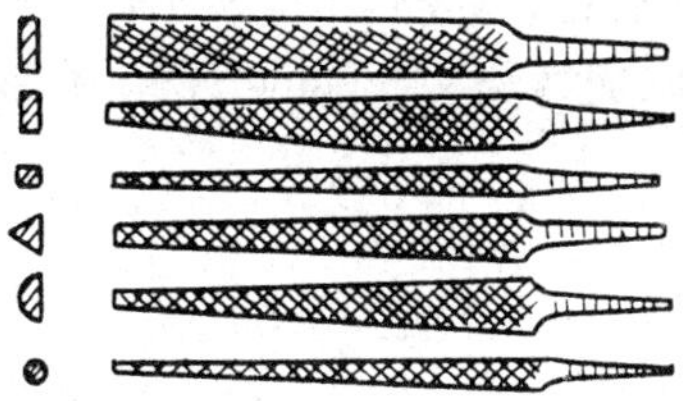	锉削平面、外曲面
	方锉		锉削凹槽、方孔
	三角锉		锉削三角槽、大于60°内角面
	半圆锉		锉削内曲面、大圆孔
	圆锉		锉削圆孔、小半径内曲面
特种锉	直锉	 截面	锉削成形表面，如各种异形沟槽、内凹面等
	弯锉	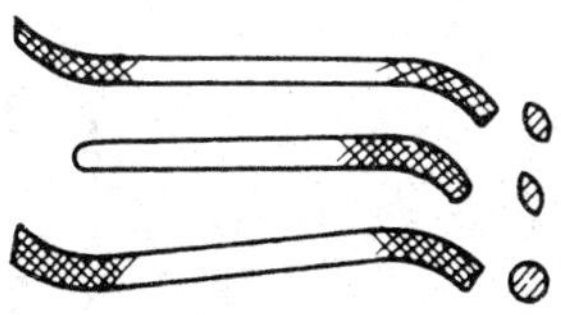	
整形锉	普通整形锉	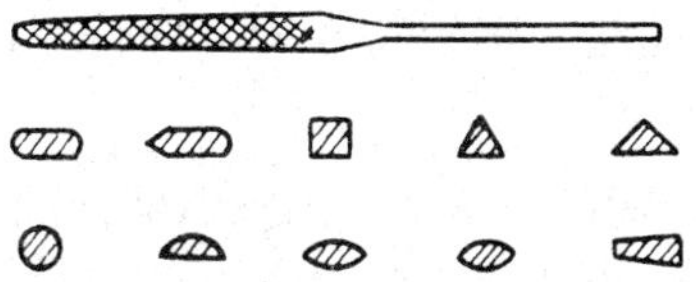	修整零件上的细小部位，工具、夹具、模具制造中锉削小而精细的零件
	人造金刚石整形锉	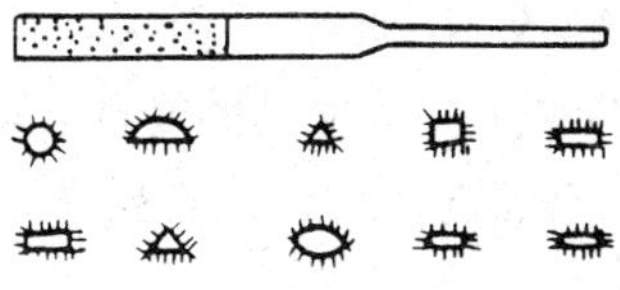	锉削硬度较高的金属，如硬质合金、淬硬钢

表2—6　　　　　　　　　　　　　　　锉刀的规格及适用范围

类别	锉纹号	长度/mm									加工余量/mm	能达到的表面粗糙度值 $Ra/\mu m$
		100	125	150	200	250	300	350	400	450		
		每100 mm 长度内主要锉纹条数										
粗齿锉	Ⅰ	14	12	11	10	9	8	7	6	5.5	0.5～1.0	12.5
中齿锉	Ⅱ	20	18	16	14	12	11	10	9	8	0.2～0.5	6.3～12.5
细齿锉	Ⅲ	28	25	22	20	18	16	14	14	/	0.1～0.2	3.2～6.3
粗油光锉	Ⅳ	40	36	32	28	25	22	20	/	/	0.05～0.1	1.6～3.2
细油光锉	Ⅴ	56	50	45	40	36	32	/	/	/	0.02～0.05	0.8～1.6

（1）锉刀断面形状的选择取决于零件加工面形状。

（2）锉刀齿纹号的选择取决于零件加工余量大小、精度等级和表面粗糙度要求。

（3）锉刀长度规格选择取决于零件锉削面积的大小。

2．锉削方法

（1）平面锉削方法　平面锉削方法有顺向锉、交叉锉和推锉三种。

1）顺向锉　是锉刀顺一个方向锉削的方法，具有锉纹清晰、美观和表面质量较高的特点，适用于小平面和粗锉后精锉的场合，如图2—7所示。

2）交叉锉　是从两个以上不同方向交替交叉锉削的方法。有锉削平面度好的特点，但表面质量稍差，如图2—8所示。

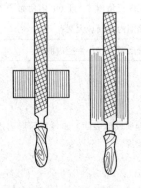

图2—7　顺向锉

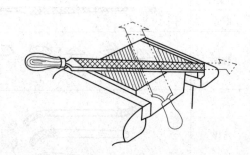

图2—8　交叉锉

3）推锉　是双手横握锉刀往复锉削法。锉纹特点同顺向锉，适用于狭长平面和修整时余量较小的场合，如图2—9所示。

（2）曲面锉削方法　曲面锉削有外圆弧面锉削、内圆弧面锉削和球面锉削三种。

1）外圆弧面锉削　可以采用锉刀顺着或横着圆弧面锉削，当加工余量较大时，采用横着圆弧面锉的方法，按圆弧要求先锉成多棱形后，再顺着圆弧锉的方法精锉成圆弧。锉刀必须同时完成前进运动和绕工件圆弧中心摆动的复合运动，如图2—10所示。

2）内圆弧面锉削　锉刀必须同时完成前进运动、左右摆动和绕内弧中心转运三个运动的复合运动，如图2—11所示。

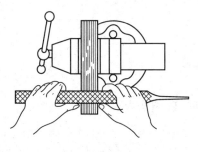

图2—9 推锉

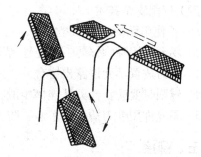

图2—10 外圆弧面锉削

3）球面锉削 锉刀完成外圆弧锉削复合运动的同时，还必须环绕球心作周向摆动，如图2—12所示。

图2—11 内圆弧面锉削

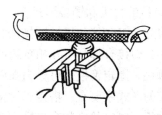

图2—12 球面锉削

（3）配锉方法 配锉是用锉削加工使两个或两个以上的零件达到一定配合精度的方法。通常先锉好配合零件中的外表面零件，然后以该零件为标准，配锉内表面零件使之达到配合精度要求。

3. 锉削时常见废品原因分析和锉削安全技术

（1）锉削时产生废品的原因分析见表2—7。

表2—7　　　　　　　　　　　锉削常见废品原因分析

废品形式	产生原因
零件夹伤表面或变形	1. 虎钳未装软钳口 2. 夹紧力过大
零件尺寸偏小超差	1. 划线不准确 2. 未及时测量尺寸或测量不准确
零件平面度超差（中凸、塌边或塌角）	1. 选用锉刀不当或锉刀面中凹 2. 锉削时双手推力、压力应用不协调 3. 未及时检查平面度就改变锉削方法
零件表面质量超差	1. 锉刀齿纹选用不当 2. 锉纹中间嵌有锉屑未及时清除 3. 粗、精锉削加工余量选用不当 4. 直角边锉削时未选用光边锉刀

（2）锉削安全技术

1）不使用无柄或裂柄锉刀。

2）不允许用嘴吹锉屑，避免锉屑飞入眼内。

3）锉刀放置不允许露出钳台外，避免砸伤腿脚。

4）锉削时要防止锉刀从锉柄中滑脱出伤人。

5）不允许用锉刀撬、击东西，防止锉刀折断、碎裂伤人。

五、铆接

借助铆钉形成的不可拆连接称为铆接。目前虽然在很多零件连接方法中，铆接已被焊接所代替，但因铆接有使用方便、工艺简单可靠等特点，所以在桥梁制造、机车制造、船舶制造等方面仍有较多的使用。

1. 铆接的种类和铆接形式

铆接分手工铆接和机械铆接两种（本节只介绍手工铆接）。按使用要求又可分为：活动铆接，即接合部分可互相转运的铆接，也称铰链铆接；固定铆接，即接合部分不能活动的铆接。固定铆接又可分为强固铆接、紧密铆接和强密铆接三种类型。

铆接的形式主要有：搭接、对接和角接三种。它们的接头形式如图 2—13 所示。每种根据主板上铆钉的排数有单排、双排、多排之分。排列形式有并列和交错两种。

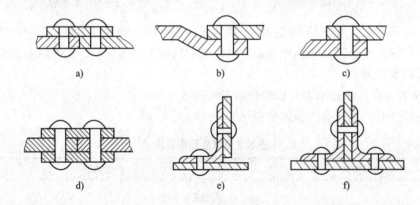

图 2—13　铆接的形式

a）单盖板对接　b）同平面搭接　c）一般搭接　c）双盖板对接　e）单边角接　f）双边角接

2. 铆钉直径和长度的确定

（1）铆钉直径的确定　铆钉直径的大小与被连接板的厚度、连接形式以及被连接板的材料等多种因素有关。当被连接板材厚度相同时，铆钉直径等于板厚的1.8倍；当被连接板材厚度不同，而搭连连接时，铆钉直径等于最小板厚的1.7倍。标准铆钉直径可在计算后按 GB 152.1—88 表中参数对照圆整。

（2）铆钉长度的确定　铆钉长度与铆接板料厚度和铆合头的形状有关。不同形状铆合头所用铆钉长度不同。通常钉杆长度可按下式确定：

半圆头铆钉　　　　　　　　$L = \Sigma\delta + (1.25 \sim 1.5)d$　　　　　　　　（2—1）

沉头铆钉　　　　　　　　　$L = \Sigma\delta + (0.8 \sim 1.2)d$　　　　　　　　（2—2）

式中　$\Sigma\delta$——铆接板厚之和，mm；

　　　　L——钉杆长度，mm；

　　　　d——铆钉直径，mm。

当铆合头质量要求较高时，应通过试铆来确定。

3. 铆接方法及常见故障分析

（1）铆接方法　铆接分热铆、冷铆和混合铆三类。8 mm 以下钢质铆钉或铝质铆钉、铜质铆钉采用冷铆。8 mm 以上的钢质铆钉采用热铆，细长铆钉采用混合铆。

1）单孔铆接步骤

①把板料相互贴合。

②划线钻孔，孔口倒角。

③灌装铆钉入孔内。

④用压紧冲头压紧板料，如图 2—14a 所示。

⑤半圆头铆钉用锤子镦粗伸出部分，初打制成形，如图 2—14b、c 所示；空心铆钉用样冲冲压，使钉口扩张与板料孔口贴紧，如图 2—15a 所示；圆柱沉头铆钉则镦粗铆钉两端，如图 2—16 所示。

⑥用罩模修整铆合头，沉头铆钉还须铲除高出部分，如图 2—14d、图 2—15b、图 2—16 所示。

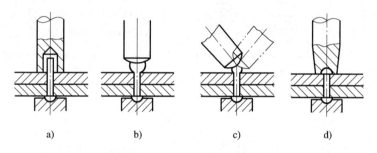

a)　　　　　　b)　　　　　　c)　　　　　　d)

图 2—14　半圆头铆钉的铆接过程

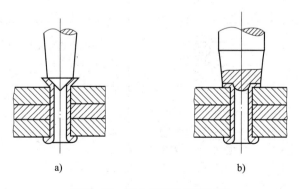

a)　　　　　　　　　　　b)

图 2—15　空心铆钉的铆接过程

2）多孔铆接步骤

①把板料相互贴合。

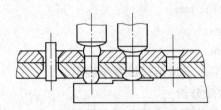

图2—16　圆柱沉头铆钉铆接过程

②划线后，先钻1~2个孔，孔口倒角。

③用螺栓紧固铆合板料或铆紧1~2个孔。

④按划线钻完其余各孔，孔口倒角。

⑤从板料的中心位置的钉孔向四周逐步铆紧其余各孔。

⑥清理和修整各铆合头。

（2）铆接废品原因分析　铆接废品产生原因见表2—8。

表2—8　　　　　　　　　　　铆接时常见废品原因分析

废品形式	图示	产生原因
铆合头偏斜		1. 铆钉太长 2. 铆钉孔未对准，铆钉歪斜 3. 镦粗铆合头时不垂直
铆合头不光洁	—	1. 罩模工作面有印痕 2. 铆接锤击力太大，罩模弹回时棱角碰伤铆合头
铆钉头未贴紧零件		1. 铆钉孔直径太小 2. 孔口未倒角
铆钉杆在孔内弯曲		1. 铆钉孔直径太大 2. 铆钉杆直径小
零件表面有凹痕		1. 罩模歪斜 2. 罩模凹坑太大
板材之间有间隙		1. 板料不平整 2. 板料未压紧

六、锡焊

锡焊是用加热的烙铁粘上锡合金作为填充材料将零件连接的锡基软钎焊。焊接时焊料熔化，而零件材料不熔化，零件一般不产生变形，常用于焊接强度要求不高或密封性要求好的连接。

1. 锡焊剂的种类及用途

（1）焊料　锡焊用的焊料是一种锡合金，又称焊锡。焊锡熔点随含锡量变化一般在180～300℃之间。含锡量越高，则熔点越低，焊接流动性越好。

（2）焊剂　常用锡焊剂有稀盐酸、氯化锌溶液、焊膏三种。其作用是清除零件焊缝处的金属氧化膜，提高焊锡的黏附能力和流动性，增加焊接强度。三种焊剂用途见表2—9。

表2—9　　　　　　　　　　　常用焊剂的用途

种类	用途
稀盐酸	只适用于锌皮或镀锌铁皮
氯化锌溶液	一般锡焊均可使用
焊膏	适用于镀锌铁皮和小零件锡焊，如铜电线接头等

2. 锡焊方法

（1）焊前准备

1）针对被焊材质，选择好焊剂。若自配稀盐酸，应将盐酸慢慢倒入水中，防止飞溅烧伤皮肤和腐蚀衣服。

2）针对大小不同的零件，选择不同功率的电烙铁。

3）用锉刀和砂布清除焊道处的锈蚀和油污。

（2）施焊

1）将烙铁加热至250～550℃，在氯化锌溶液或焊膏中浸一下，粘上一层焊锡。烙铁加热切忌过热，否则烙铁头部产生氧化铜而失去粘锡作用。若出现该现象，应用锉刀锉去氧化铜表层。

2）用木片或毛刷在零件焊道上涂上焊剂。

3）粘好锡的热烙铁，放在焊道上稍停至零件发热，焊锡黏附上焊道后缓慢而均匀地移动，使焊缝填满焊锡。

（3）清理焊缝

1）用锉刀清除余锡、毛刺。

2）用热水清洗焊剂，然后擦净烘干。

3. 锡焊常见缺陷原因分析

锡焊常见缺陷的产生原因见表2—10。

表 2—10　　　　　　　　　　　　　锡焊常见缺陷原因分析

缺陷形式	产生原因
焊缝不牢	焊剂选用不当，焊道不清洁
烙铁不粘锡	1. 烙铁温度低，焊锡不能熔化 2. 烙铁温度太高，表面形成氧化铜
焊缝中锡呈渣状	1. 烙铁温度太低 2. 焊锡含锡量太低，熔化后流动性差 3. 焊道清洁未做好

七、粘接

借助黏结剂形成的连接称为粘接。粘接是一种先进的工艺方法，具有工艺简单、操作方便、连接可靠的特点，能解决过去某些连接方式不能解决的问题，在机械设备修理及装配、工具制造等方面应用广泛。

按照基料化学结构分类，黏结剂可分为无机黏结剂和有机黏结剂两大类。

1. 无机黏结剂及其使用

无机黏结剂主要有磷酸盐型和硅酸盐型两类。钳工多使用磷酸盐型黏结剂连接零件。该黏结剂分甲、乙两组分，甲组分为氧化铜，乙组分为磷酸，都经过一定方法处理。粘接后零件能经受 -70~1 300℃的温度变化，能承受的抗剪强度也较高。

在黏结剂中，也可加入某些辅助填料，以得到所需要的各种性能。加入还原铁粉，可改善黏结剂导电性；加入碳化硼，可增加黏结剂硬度；加入不与黏结剂发生化学反应的抗压强度高的材料，可适当增加黏结剂的强度；加入氧化铝、氧化锆，可提高耐热性。

使用无机黏结剂必须选择好接头的结构形式，尽量使用套接和槽榫接，避免搭接和对接。接合处配合间隙取 0.1~0.2 mm，表面粗糙度取 Ra 50~12.5 μm 为宜。连接表面滚花和加工成沟纹，可提高粘接强度。粘接时，经过对被粘接面的除锈、脱脂和清洗操作，即可进行涂黏结剂和组装粘接，粘接后的零件经过烘干固化才能使用。

无机黏结剂虽然有操作方便、成本低的优点，但存在脆性大和应用范围小的缺点。

2. 有机黏结剂及常用配方

有机黏结剂是一种高分子有机化合物。它常以富有黏性的合成树脂或弹性材料作为基体（黏结剂的基本材料），再添加增塑剂（增加树脂的柔韧性、耐寒性和抗冲击性）、固化剂（改变固化时间）、稀释剂（降低黏度、便于操作）、填料（改善性能、降低成本）、促进剂（缩短固化周期）等配制而成。一般有机黏结剂由使用者根据实际需要自己配制，有些品种也有专门厂家供应。

有机黏结剂品种很多，现只介绍常见的两种：

（1）环氧黏结剂　　凡含有环氧基团的高分子聚合物，统称环氧黏结剂或环氧树脂。它具有优良的黏附性能、较高的机械强度、较小的收缩性、耐化学腐蚀、较好的电绝缘性能和工艺性能，能粘接许多金属和非金属材料，因而得到了广泛的应用。主要缺点是耐热性差及脆性大。使用时添加适量的增韧剂也可达到较好的粘接效果。

常用的环氧黏结剂的配方见表 2—11。

表 2—11　　　　　　　　　　　　常用环氧树脂黏结剂典型配方

序号	主要成分及比例/% 质量比		固化工艺			备注
			温度/℃	时间/h	压力/Pa	
1	E—44 环氧树脂（基体） 200 号聚酰胺（固化剂） 600 号稀释剂 间苯二甲胺（固化剂）	100 80 24 0.7	25	24	5×10^4	用于120℃以下仪器、仪表装修及固定，调胶后，在20℃下使用期为 3 h
2	E—44 环氧树脂（基体） 聚乙烯醇缩丁醛（增塑剂） 间苯二甲胺（固化剂） 丙酮（稀释剂）	100 30 15 适量	150	3		适用于黑色金属粘接，如镶片、齿轮刀具、铣刀的黏合及快速应急修补等

（2）聚丙烯酸脂黏结剂　其常用的牌号有 501、502 等。这类黏结剂的优点是透明性好，黏度低，固化速度快，有良好的粘接强度，气密性好。可用于粘接金属和非金属小零件，不适于大面积粘接。其缺点是耐水、耐极性溶剂较差，性能较脆，不耐振动和冲击，价格较高，对眼睛、鼻黏膜有刺激，使用时要防止与皮肤接触。

八、矫正和弯形

1. 矫正的方法

消除材料或工件的弯曲、翘曲、凹凸不平等缺陷的加工方法称矫正。按矫正时产生矫正力的方法可分为手工矫正、机械矫正、火焰矫正和高频热点矫正等。根据变形的类型常采用扭转法、弯曲法、延展法和伸张法等。

（1）扭转法　是用来矫正条料扭曲变形的方法。小型条料常夹持在台虎钳上，用扳手将其扭转恢复到原状即可。

（2）弯曲法　是用来矫正各种棒料和条料弯曲变形的方法。直径小的棒料和厚度薄的条料，直线度要求不高时，可夹在台虎钳上用扳手矫正。直径大的棒料和厚的条料，则常在压力机上矫正。

（3）延展法　是用来矫正各种翘曲的型钢和板料的方法。通过用锤子敲击材料适当部位，使其局部延长和展开，达到矫正的目的。

（4）伸张法　是用来矫正各种细长的线材的方法。矫正时将一线头固定，然后从固定处开始，将弯曲线绕圆木棒一圈，紧捏圆木棒向后拉，线材就可以伸长而校直。

2. 弯形的方法

将坯料弯成所需形状的加工方法称弯形。弯形分热弯和冷弯两种，热弯是将材料预热后进行的，冷弯则是材料在室温下进行弯曲成形的。按加工手段不同，弯形分机械弯形和手工弯形两种，钳工主要进行手工弯形。

（1）弯制钢板

1）弯制直角形零件　对材料厚度大于 5 mm 的直角形零件，可在台虎钳上进行弯曲成形。将划好线的零件与软钳口平线夹紧，锤击后成形即得。弯制各种多直角零件时，可用适当尺寸的垫块作辅助工具，分步进行弯曲成形。图 2—17a 所示零件，可按图 2—17b、c、d 三个步骤进行弯曲成形。

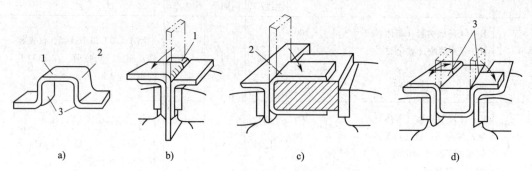

图 2—17　多直角形零件弯形过程

1—夹持板料的部分　2—弯制零件的凸起部分　3—弯制零件的边缘部分

2）弯制圆弧形零件　弯制如图 2—18a 所示半圆形抱箍时，先在坯料弯曲处划好线，按划线将工件夹在台虎钳两角铁衬垫之间，用方头锤子的窄头，经过 b、c、d 所示三步锤击初步成形，然后用如图 2—18e 所示半圆形模修整圆弧，使其符合要求。

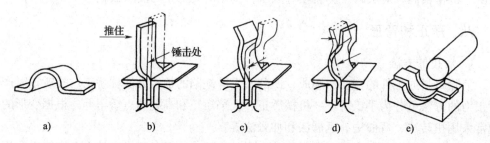

图 2—18　圆弧形零件的弯形过程

（2）弯制管件　直径大于 12 mm 的管子一般采用热弯，直径小于 12 mm 的管子则采用冷弯。弯曲前必须向管内灌满干黄沙，并用轴向带小孔的木塞堵住管口，以防止弯曲部位发生凹瘪缺陷。焊管弯曲时，应注意将焊缝放在中性层位置，防止弯形开裂。手工弯管通常在专用工具上进行，如图 2—19 所示。

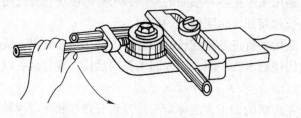

图 2—19　弯管工具

3. 弯形前毛坯尺寸计算

毛坯弯曲后外层材料受拉力而伸长，内层受挤压而缩短，中间有一层材料则不变形，称为中性层，如图 2—20 中的 "c—c" 层。计算弯形前毛坯长度时，可按中性层计算。中性层的位置一般不在材料厚度的中间，它的位置取决于材料弯形半径 r 和材料厚度 δ 的比值 r/δ。设 x_0 为中性层位置系数，不同的比值 r/δ，对应的 x_0 不同，见表 2—12。一般情况下，当比值 $r/\delta \geqslant 8$ 时，可取 $x_0 = 0.5$。

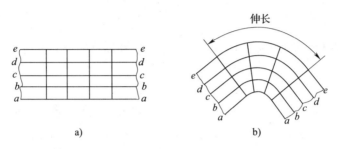

图 2—20   钢板弯形前后的断面

表 2—12 弯形中性层位置系数 x_0

r/δ	0.25	0.5	0.8	1	2	3	4	5	6	7	8	10	12	14	>16
x_0	0.2	0.25	0.3	0.35	0.37	0.4	0.41	0.43	0.44	0.45	0.46	0.47	0.48	0.49	0.5

当零件材料的厚度 δ 确定之后，中性层至内层面的距离为 $x_0\delta$，中性层曲率半径（见图 2—21）为：

$$R = r + x_0\delta \tag{2—3}$$

弯形前毛坯展开长度的计算可按下列步骤进行：

（1）将零件的弯曲形状（中性层）分解成 n 段简单的几何曲线及直线。

（2）计算弯形半径和材料厚度的比值 r/δ，然后查出中性层位置系数 x_0。

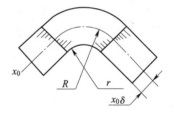

图 2—21   弯形时中性层位置

（3）按中性层分别计算几何曲线的长度。

（4）各曲线展开长度和直线长度相加之和即为毛坯的展开长度。

弯形圆弧部分的展开长度可按下式计算：

$$L_n = \pi(r + x_0\delta)\frac{\alpha}{180} \tag{2—4}$$

式中 L_n——某段曲线长度，mm（n 为分段代号）；

   r——零件弯曲内圆弧半径，mm；

   x_0——中性层位置系数；

   δ——材料厚度，mm；

α——弯形角（弯形整圆时 $\alpha = 360°$，弯形直角时 $\alpha = 90°$）。

当内边弯曲成直角不带圆弧的零件时，直角部分中性层长度可按下面简化公式计算

$$L_{n} = 0.5\delta \tag{2—5}$$

式中　L_{n}——直角部分中性层长度，mm；

　　　δ——材料厚度，mm。

九、弹簧

弹簧是利用材料的弹性和结构特点，通过变形和储存能量来进行工作的一种机械零件。

1. 弹簧的种类及用途

弹簧的种类很多，常见的有螺旋弹簧、碟形弹簧、环形弹簧、平面涡卷弹簧、板弹簧等，其中螺旋弹簧按外载荷作用方式不同可分为拉伸弹簧、压缩弹簧和扭转弹簧等。

螺旋弹簧是用弹簧丝卷制而成的，广泛用于各类机械中。碟形弹簧的刚性很大，能承受很大冲击载荷，吸振能力强，常用作缓冲弹簧；环形弹簧是目前吸振能力最强的压缩弹簧，用作机车车辆、锻压设备和起重机械的重型缓冲器；平面涡卷弹簧用于储能，当所受转矩不大，而轴向尺寸受限制时可采用此弹簧，常用作仪器、钟表中的储能弹簧；板弹簧变形大、吸振能力很强，多用于各种车辆及重型锻压设备中。

2. 圆柱形螺旋压缩弹簧各部分尺寸和作用力的确定

为了清楚地表示圆柱形螺旋压缩弹簧工作时作用力与变形或高度之间的关系，要在零件图中绘出载荷与变形的特性线图，作为检验和试验的依据。

图 2—22 中，H_0 为弹簧未受载荷（$P = 0$）时的高度，H_1 为弹簧受到最小工作载荷 P_1 作用时的高度。载荷 P_1 使弹簧可靠地稳定在安装位置上，并使弹簧产生变形量 F_1。H_2 为弹簧在最大工作载荷 P_2 作用下的高度。载荷 P_2 使弹簧产生变形量 F_2。两变形量之差为 $F_2 - F_1 = h$，h 为弹簧的工作行程。P_j 为弹簧的工作极限载荷，在 P_j 的作用下弹簧丝应力应小于或等于材料的弹性极限，这时相应变形量为 F_j，弹簧高度为 H_j。最大

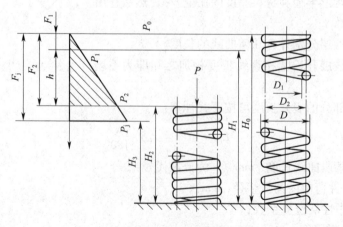

图 2—22　圆柱形压缩弹簧特性线图

工作载荷 P_2 一般由机构功能需要确定，而且通常取 $P_2 \leqslant$ P_j 或 $P_j \geqslant 1.25P_2$，取 $P_1 = (0.1 \sim 0.5)P_2$。

3. 手工绕制圆柱形压缩（或拉伸）弹簧的步骤

手工绕制圆柱形压缩（或拉伸）弹簧应先做一根一端开有通槽或钻有小孔的心棒，另一端弯成直角形弯头，如图 2—23 所示。

图 2—23　手工盘制弹簧

通常心棒直径可用下式确定：

$$D = Pd \qquad\qquad (2—6)$$

式中　D——心棒直径，mm；

　　　d——弹簧内径，mm；

　　　P——弹性系数，常取 $P = 0.75 \sim 0.8$。

心棒做好后，可用推距法绕制弹簧，其步骤如下：

首先，把钢丝一端插入心棒通槽或小孔内，并预留一小段长度（相当于心棒直径尺寸）后，将钢丝夹持于台虎钳软钳口中，夹紧力不宜太大。然后，转动心棒 2～3 圈，将已绕制的部分松开，检测其外径是否满足尺寸要求，若不符合要求，可通过调整弹簧丝在虎钳中的夹紧力使之满足要求，绕制总圈数应多出 2～3 圈作为修整余量。再将钢丝尾端夹紧在台虎钳上，逐渐向前推心棒，控制节距均匀成形（拉伸弹簧则弯曲端部钩环）。最后，按弹簧总长要求截断，在砂轮上磨平两端（拉伸弹簧则修整好弹簧丝端部毛刺）。

十、钻孔

用钻头在实体材料上加工孔的方法称钻孔。

1. 钻头的种类和用途

钻头种类较多，有扁钻、深孔钻、中心钻、麻花钻等数种。下面介绍中心钻和麻花钻。

（1）中心钻　中心钻主要用于加工轴类零件的中心孔。按结构可分为中心钻、弧形中心钻、中心锪钻和复合中心钻。复合中心钻由麻花钻和锪钻复合组成，有带护锥和不带护锥两种。中心锪钻是一种多齿钻头，它一般与直柄短麻花钻配合使用，加工直径较大的中心孔。

（2）麻花钻　麻花钻按柄部结构分为直柄和锥柄两种，锥柄为莫氏锥度。麻花钻广泛应用于孔的加工中，钳工经常使用。

1）麻花钻的组成　麻花钻由柄部、颈部和工作部分组成。柄部是麻花钻的夹持部分，钻孔时用来传递转矩和轴向力。颈部是焊接接头部位，供磨制钻头时砂轮退刀用。一般钻头的规格、材料、商标也刻印在颈部上。工作部分由切削部分和导向部分组成。切削部分指两条螺旋槽形成的主切削刃和横刃，起主要切削作用。螺旋槽部分是钻头的导向部分，也是钻头的备磨部分，用来保持钻头钻削的正确方向和排屑。

2）麻花钻切削部分的几何参数和刃磨要点　麻花钻切削部分的几何角度如图 2—24 所示。

①顶角（2φ）　钻头两主切削刃在其平行的轴向平面 M—M 上投影所夹的角。它的大小影响主切削刃上轴向力的大小。顶角小，轴向阻力小，刀尖角增大，有利于散热和提高钻头使用寿命。但该角减小后，在相同条件下，钻头所受到的切削转矩会增大，切屑变形加剧，排屑不易，影响切削液进入。

标准麻花钻出厂时的顶角 $2\varphi = 118° \pm 2°$，使用量一般在 $80° \sim 140°$。按加工材质选用，钻硬材料取大值，反之取小值。

②前角（γ_{o}）　主切削刃上任意一点的前角是通过该点所作的主剖面 P_{o}—P_{o} 中前面与该点基面间的夹角。前角大小影响切屑的变形和主切削刃的强度，决定着切削的难易程度。主切削刃上各点处的前角是不相等的，外缘处最大，约为 $30°$，越接近中心越小，靠近横刃处约为 $-30°$。

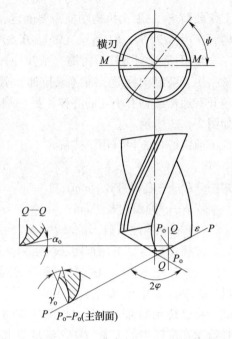

图 2—24　麻花钻切削部分的几何角度

③后角（α_{o}）　主切削刃上任意一点的后角是通过该点所作的平行于钻头轴线的平面内，后面与切削平面间的夹角。后角影响后面与切削平面的摩擦和主切削刃的强度。主切削刃上各点的后角大小也不相等，外缘处最小，为 $8° \sim 14°$，越接近中心越大，钻心处为 $20° \sim 26°$。

④横刃斜角（ψ）　横刃与主切削刃在钻头端面投影之间的夹角。当钻头后刀面磨出时，横刃斜角就自然形成了。可用来判别钻心处后角是否磨得正确，一般 ψ 取 $50° \sim 55°$。

3）麻花钻的刃磨要点

①麻花钻刃磨时，选择砂轮粒度为 $46 \sim 80$，硬度为中软级（K、L）为宜。

②刃磨时应注意冷却，特别是磨小钻头，更应防止切削部分过热退火。

③针对加工零件材料的硬度，磨出正确的顶角。

④两条主切削刃要磨得等长，且成直线，两条切削刃与轴线夹角应磨得相等。

⑤磨出恰当的后角，用确保横刃斜角 $\psi = 50° \sim 55°$ 来检验。

4）麻花钻结构上的主要缺点　实践证明，标准麻花钻的切削部分结构上存在以下几个缺点：

①横刃较长，横刃前角为负值，切削时横刃处于挤刮状态，使轴向力增大，钻头定心作用差，容易产生振动。

②主切削刃上各点的前角大小不一样，致使各点切削性能不同，靠近横刃处前角为负值，切削条件很差，也处于挤刮状态。

③主切削刃外缘处刀尖角较小，前角很大，刀齿薄弱。而钻削时，该处切削速度最高，容易磨损。

④主切削刃长，而且全部参加切削，各处切屑排出的速度相差较大，使切屑卷曲成螺旋卷，容易堵塞容屑槽，排屑困难，并影响切削液进入到切削区。

⑤导向部分棱边较宽，而且副后角为零，所以钻削时靠近切削部分棱边与孔壁摩擦严重，容易发热和磨损。

5）为克服标准麻花钻头切削部分结构上存在的缺点，通常要对其切削部分进行修磨，以改善切削性能。一般是按钻孔的具体要求，在以下几个方面有选择地对钻头进行修磨。

①修磨横刃　直径 5 mm 以上的钻头，要将横刃长度磨到原长度的 1/5～1/3，并增加靠近钻心处的前角，以减小轴向阻力，改善定心作用。

②修磨主切削刃　对于钻削铸铁大孔的钻头，为改善刀尖角处散热条件，强化刀尖角，要修磨出双重顶角（$2\varphi = 70° \sim 75°$），如图 2—25 所示。

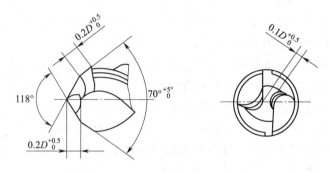

图 2—25　修磨主切削刃

③修磨前面　在钻削铜合金时，将主切削刃外缘处前面磨去一小块，可减小该处前角，避免钻削时"扎刀"，如图 2—26 所示。

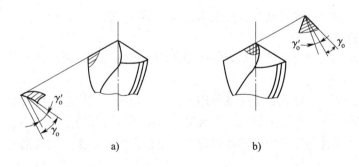

图 2—26　修磨前面

γ_0——原前角　γ_0'——修磨后的前角

④修磨棱边　直径较大的钻头，在棱边的前端修磨出副后角，使之由 0° 增大为 6°～8°，并保留棱边宽度为原来的 1/3～1/2，可减小棱边与孔壁的摩擦，提高钻头使用寿命，修磨要求如图 2—27 所示。

⑤修磨分屑槽　在两个主切削刃后面上修出错开的分屑槽有利于分屑、排屑，如图 2—28 所示。

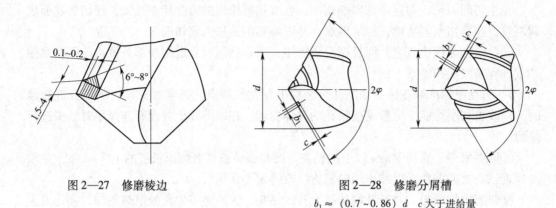

图 2—27　修磨棱边　　　　　　　　图 2—28　修磨分屑槽

$$b_1 \approx (0.7 \sim 0.86)\, d \quad c \text{ 大于进给量}$$

2. 钻孔时常用的辅助工具

钻头除小部分可直接装在钻床上使用外，大部分都需要借助辅具装夹，才能在钻床上使用。下面介绍几种常用辅具。

（1）扳手钻夹头（标准钻夹头）　　扳手钻夹头按夹头柄与夹头体的连接方式可分为锥孔连接和螺纹连接两种，用来装夹直柄钻头。

（2）快换钻夹头　　快换钻夹头具有更换钻头方便迅速的特点，适用单件多孔径加工或钻孔、锪孔、铰孔多顶加工及批量生产。

（3）中间套筒（钻头套）　　中间套筒用于锥柄不能直接与钻床主轴孔相配的连接。

3. 钻模钻孔的特点

钻模是一种钻孔用的专用夹具。使用其钻孔有以下特点：

（1）利用导向元件（钻套）不仅能确定刀具与零件相对位置，并且能防止刀具切入零件时引偏，保证刀具在钻削中始终保持准确的方向，从而提高加工精度。

（2）利用定位元件和夹紧装置，使工件装夹迅速方便，位置准确，减少划线、找正和装夹时间，提高生产率。

（3）钻模结构的变化能扩大钻床的使用范围，可加工结构复杂的零件。

4. 钻孔的方法

（1）零件的装夹　　钻孔时零件可使用平口钳、压板、V形架、角铁和C形夹头及专用夹具装夹，在钻床工作台上钻孔。装夹时，针对零件外形特点，选用合适的装夹方式和夹紧力；校正零件与主轴中心的相对位置；要保证各接触面间的清洁卫生；不允许用钻头撞击零件。

（2）切削用量的选用　　钻孔时，由于背吃刀量已由钻头直径确定，只需选择切削速度和进给量，两者对钻孔的生产率影响是等同的。对于钻头的使用寿命，切削速度比进给量影响大；对孔壁表面粗糙度的影响，进给量比切削速度大。因此，切削用量的选择原则是：在允许的范围内，尽量选择较大的进给量；当进给量受到零件表面粗糙度要求和钻头刚度限制时，再考虑选用较大的切削速度。

（3）钻孔切削液的选用　　切削液在钻削过程中起到冷却和润滑钻头、零件的作用，可提高钻头使用寿命和零件的加工质量。钻削时一般都要注入一定量的合适品种的切削液。

一般钻削碳钢、合金结构钢时，使用 15% ~ 20% 乳化液、硫化乳化液、硫化油或活性矿物油进行润滑冷却。钻铸铁和黄铜一般不用切削液，有时可用煤油进行润滑冷却。钻青铜时，使用 7% ~ 10% 乳化液或硫化乳化液进行润滑冷却。

（4）单件钻孔的方法　单件钻孔可根据零件某些特点采用下面方法钻孔。

1）划线钻孔　一般零件都可采用划线钻孔的方法。首先将零件的加工线划好，然后边装夹、借正，边钻孔，可采用直接调整其与钻床主轴中心相对位置来借正。

2）圆柱面上钻孔　圆柱零件一般用 V 形架装夹钻孔。钻孔前，先用百分表找正钻床主轴中心与 V 形架中心重合后，再装夹零件，换上钻头钻孔。

5. 钻孔常见缺陷分析及安全技术

（1）钻孔常见缺陷主要是钻头损坏和零件报废，主要原因见表 2—13。

表 2—13　　　　　　　　　　　　麻花钻钻孔中常见缺陷分析

缺陷形式	产生原因
孔径钻小超差	钻头切削刃磨损或钻出的孔不圆
孔径钻大超差	1. 钻头的两切削刃不对称，摆差大；钻头横刃太长；钻头弯曲或钻头切削刃口崩缺、有积屑瘤 2. 钻削时，进给量太大 3. 钻床主轴松动，摆差大
孔距超差、孔歪斜	1. 钻头的两切削刃不对称，摆差大；钻头横刃太长；钻头钻尖磨钝 2. 钻头与导向套配合间隙过大 3. 零件表面不平，有气孔、砂眼；零件内部有缺口、交叉孔等 4. 零件未夹紧，钻削振动 5. 进给量不均匀
孔壁表面粗糙	1. 钻头切削刃不锋利或后角太大 2. 进给量太大 3. 切削液供给量不足，润滑性差 4. 切屑堵塞在螺旋槽，擦伤孔壁
钻孔不圆、钻削时振动	1. 钻头的两切削刃不对称，摆差大；钻头后角太大 2. 零件未夹紧 3. 钻床主轴轴承松动 4. 零件内部有缺口、交叉口等
钻头折断或寿命低	1. 钻头崩刃或切削刃已钝，但仍继续使用 2. 切削用量选择过大 3. 钻削铸造件遇到缩孔 4. 导向套底端面与零件表面间距太小，造成排屑困难 5. 钻孔终了时，由于进给阻力下降，使进给量突然增加

（2）钻孔的安全技术

1）钻孔前，清理好工作场地，检查钻床安全防护设施及润滑状况，整理好装夹器具等。

2）扎紧衣袖，戴好工作帽。严禁戴手套操作。

3）零件要装夹牢固，不能手握零件钻孔。

4）清除切屑不允许用嘴吹、用手拉，要用毛刷清扫。卷绕在钻头上的切屑，应停车用铁钩拉掉。

5）钻通孔时，零件底部应加垫块。

6）钻床变速应停车。

十一、扩孔钻的种类、结构特点及扩孔方法

用扩孔工具扩大零件孔径的加工方法称扩孔。扩孔的精度可达 IT10 ~ IT9 级，表面粗糙度可达 $Ra3.2~\mu m$。

1. 扩孔钻的种类和结构特点

扩孔钻的种类按刀体结构可分为整体式和镶片式两种；按装夹方式分为直柄、锥柄和套式三种。部分扩孔钻的结构如图 2—29 所示。

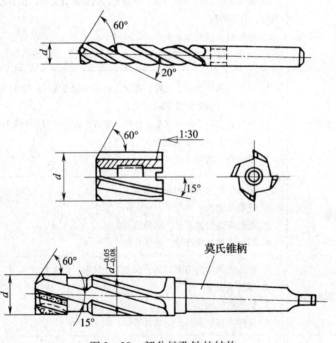

图 2—29　部分扩孔钻的结构

由于扩孔加工具有背吃刀量小的特点，因此扩孔钻切削性能比麻花钻切削性能大大改善，其结构特点如下：

（1）切削刃只有外边缘一小段，没有横刃，扩孔钻中心不切削。

（2）钻心粗，刚度高，切削平稳。

（3）扩孔钻容屑槽浅。切削时产生切屑体积小，使得排屑容易。

（4）切削刃齿数多，可增强扩孔钻导向作用。

2. 扩孔的方法

用扩孔钻扩孔时，必须选择合适的预钻孔直径和切削用量。一般预钻孔直径为扩孔直径的 0.9 倍；进给量比麻花钻扩孔时大 1.5～2 倍；切削速度可按钻孔时的 1/2 范围内选择。

在扩削直径较小、长度大的孔时，由于扩孔钻各切削刃的主偏角不一致，原有孔中心与扩孔钻头中心不重合，所以扩孔钻仍会产生位移，为此必须采取下列措施：

（1）利用夹具的导引套，引导扩孔钻扩孔。

（2）钻孔后，不改变零件和钻床主轴中心的相对位置，直接换扩孔钻进行扩孔。

（3）扩孔前用镗刀镗一段合适的导引孔，使扩孔钻在该段孔的引导下进行扩孔。

十二、锪孔钻的种类、结构特点及锪孔的要点

用锪钻（或改制的钻头）进行孔口形面加工，称为锪孔。常见锪孔加工形式如图 2—30 所示。

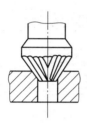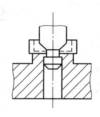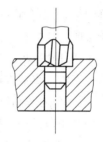

图 2—30　锪孔加工形式

1. 锪钻的种类和结构特点

锪钻有锥形锪钻、柱形锪钻和端面锪钻三种。按柄部结构有直柄和锥柄两种。

（1）锥形锪钻　按切削部分锥角分有 60°、75°、90°、120° 四种。锥形锪钻前角 $\gamma_o = 0°$，后角 $\alpha_o = 6°～8°$，刀齿齿数 4～12 个，钻尖处每隔一齿将刀刃切去一块，以增大容屑空间。锥形锪钻用于锥面沉孔的加工。

（2）柱形锪钻　按端部结构有带导柱、不带导柱和带可换导柱之分。导柱有定心导向作用。柱形锪钻螺旋槽斜角就是它的前角（$\gamma_o = \beta_o = 15°$），后角 $\alpha_o = 15°$，端面刀刃起主要切削作用，外圆刀刃起修光孔壁的作用。柱形锪钻主要用于紧固件柱形沉头孔的加工。

（3）端面锪钻　有片形端面锪钻和多齿形端面锪钻，其端面刀齿为切削刃，前端导柱用来导向定心，以保证端面与孔中心线的垂直度。

2. 锪孔工作要点

锪孔时存在的主要问题是锪钻的振动使锪出的端面出现振纹，为避免这种现象，必须注意以下事项：

（1）锪孔时，锪钻的前角、后角都不能太大。用麻花钻修磨锪钻要尽量选择短钻头，刃磨要对称，适当修磨前刀面，防止"扎刀"和振动。

（2）要选择较大的进给量和小的切削速度（一般取钻削速度的 1/3 ~ 1/2）进行锪孔。精锪时，可采用钻床停车惯性来锪孔。

（3）锪钢件时，要保证导柱和切削区有良好的冷却和润滑。

十三、铰孔

用铰刀从零件孔壁上切除微量金属层，以提高其尺寸精度和降低表面粗糙度的方法称铰孔。铰削内孔精度可达到 IT9 ~ IT7 级，表面粗糙度可达到 $Ra1.6 ~ Ra0.2~\mu m$。

1. 常用铰刀的种类、结构特点和用途

（1）铰刀的种类　铰刀按刀体结构可分为整体铰刀、焊接式铰刀、镶齿式铰刀和装配可调式铰刀等；按外形可分为圆柱铰刀和圆锥铰刀；按使用手段可分为机用铰刀和手用铰刀。部分铰刀的结构如图 2—31 所示。

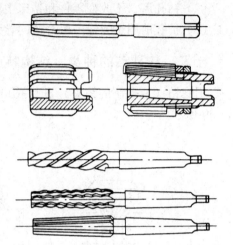

（2）铰刀的结构及作用　铰刀由柄部、颈部和工作部分组成。

1）柄部　柄部是用来装夹和传递转矩及轴向力的部分，有直柄、直柄方榫和锥柄三种。

2）颈部　颈部是为磨制铰刀时供砂轮退刀用的部分，也是刻印商标和规格之处。

图 2—31　部分铰刀的结构

3）工作部分　工作部分又分为切削部分和校准部分。

①切削部分磨有切削锥角 2φ，其半角相当于主偏角 κ_γ，它主要影响孔的加工精度、孔壁的表面粗糙度、切削时轴向力的大小和铰刀的寿命。

机用圆柱铰刀铰削碳钢及塑性材料通孔时，取 $\varphi = 15°$；铰削铸铁及脆性材料时取 $\varphi = 3° ~ 5°$；铰盲孔时，都取 $\varphi = 45°$；手用圆柱铰刀取 $\varphi = 30' ~ 1°30'$，以提高定心作用。

圆锥铰刀的切削锥角与铰刀的锥度是一致的。常用圆锥铰刀的锥度有：米制 1∶10 锥度铰刀，分粗、精铰刀两种，常用于铰削传动销的锥孔；米制 1∶30 锥度铰刀，用来铰削套式刀具上的锥孔；米制 1∶50 锥度铰刀，常用于铰削圆锥定位销的锥孔；莫氏锥度铰刀，其锥度近似于 1∶20，用来铰削 0 ~ 6 号莫氏锥孔。

②校准部分主要用来导向和校准铰孔的尺寸，也是铰刀磨损后的备磨部分。

③由于铰刀齿数较多，一般为 6 ~ 16 齿，可使铰刀切削平稳，导向性好。为避免铰削时出现周期性振纹，手用铰刀采用不等距分布刀齿。

4）可调节手用铰刀　可调节手用铰刀的结构如图 2—32 所示。通过调节铰刀两端的螺母，使楔形刀片沿刀体上的斜底槽移动，可改变铰刀直径尺寸。它主要用于修配或单件非标准尺寸孔的铰削。

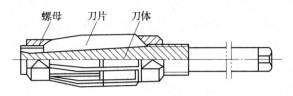

图2—32 可调节手用铰刀

2. 铰孔的方法

铰孔的方法分手工铰削和机动铰削两种。铰削时要选用合适的铰刀、铰削余量、切削用量和切削液，再加上正确的操作方法，即能保证铰孔的质量和较高的铰削效率。

（1）正确选用铰刀 铰孔时，除要选用直径规格符合铰孔的要求外，还应对铰刀精度进行选择。标准铰刀精度等级按 h7、h8、h9 三个级别提供，未经研磨的铰刀铰出的孔的精度较低。当铰削要求较高的孔时，必须对新铰刀进行研磨，再用于铰孔。

（2）铰削余量选用 铰削余量一般根据孔径尺寸和钻孔、扩孔、铰孔等工序安排而定，可参考表2—14选取。

表2—14 铰削余量选用表

铰刀直径/ mm	<8	8 ~20	21 ~32	33 ~50	51 ~70
铰削余量/ mm	0.1	0.15 ~0.25	0.20 ~0.30	0.35 ~0.5	0.5 ~0.8

（3）铰孔的切削用量 采用机动铰孔时，要选用合适的切削速度和进给量。铰削钢材，切削速度宜小于 8 m/min，进给量控制在 0.4 mm/r 左右；铰削铸铁，切削速度小于 10 m/min，进给量控制在 0.8 mm/r 左右。

（4）切削液的选用 铰孔时，要根据零件材质选用切削液进行润滑和冷却。具体选用参见表2—15。

表2—15 铰孔时切削液的选用

零件材料	切削液
钢	1. 10% ~15%乳化液或硫化乳化液 2. 铰孔要求较高时，采用30%菜油加70%乳化液 3. 高精度铰削时，用菜油、柴油、猪油
铸铁	1. 一般不用 2. 用煤油，使用时注意孔径收缩量最大可达到 0.02 ~0.04 mm 3. 低浓度乳化油水溶液
黄铜	1. 2 号锭子油 2. 菜油
铝和青铜	1. 2 号锭子油 2. 2 号锭子油与蓖麻油的混合油 3. 煤油和菜油的混合油

（5）铰削操作要点　手工铰削时要将零件夹持端正，对薄壁件的夹紧力不要太大，防止变形；两手旋转铰杠用力要均衡，速度要均匀。机动铰削时，应严格保证钻床主轴、铰刀和零件孔三者中心的同轴度。机动铰削高精度孔时，应用浮动装夹方式装夹铰刀；铰削盲孔时，应经常退出铰刀，清除铰刀和孔内切屑，防止因堵屑而刮伤孔壁。铰削过程中和退出铰刀时，均不允许铰刀反转。

3. 铰孔常见缺陷分析

铰孔常见废品原因和铰刀损坏原因见表2—16。

表2—16　　　　　　　　　　　　　铰孔缺陷分析

缺陷形式	产生原因
孔壁表面粗糙度超差	1. 铰削余量留得不合适 2. 切削液选用不当或量不够 3. 切削速度过高 4. 铰刀刃口崩裂，不锋利，刃口上粘有积屑瘤，刃口不光洁等 5. 铰完孔反转退刀，使切屑挤在后面与孔壁间划伤孔壁
孔表面有明显的棱面	1. 铰削余量过大 2. 铰刀切削部分后角过大或刃带过宽 3. 主轴径向圆跳动量大 4. 薄壁零件夹紧力过大 5. 零件前工序加工圆度差或孔表面有气孔、砂眼等缺陷
孔径铰大超差	1. 铰刀规格选用不当 2. 切削液选用不当或量不够 3. 铰削速度过高 4. 主轴偏摆过大或铰刀与主轴中心不同轴 5. 手工铰削两手用力不均，铰刀左右晃动 6. 铰锥孔时，铰孔过深
孔径铰小超差	1. 铰刀磨损，尺寸偏小或主偏角过小 2. 铰铸铁用煤油作切削液，铰刀尺寸未考虑收缩量 3. 铰削速度太低而进给量大 4. 钝刃铰刀铰削薄壁件产生挤压，铰削后零件弹性变形产生缩孔
铰刀刃崩、折断或过早磨损	1. 铰削余量过大或粗、精铰削余量分配不合适 2. 零件硬度太高，超出铰刀切削能力 3. 切削刃摆差大，切削负荷不均匀 4. 铰刀逆转，切屑卡在后刀面与孔壁间将刃口挤崩 5. 铰深孔或盲孔时，未及时清除积屑 6. 刃磨时刀齿已裂

十四、刮削

用刮刀刮去零件表面一层很薄金属的加工方法称为刮削。

1. 常用刮刀种类和刃磨方法

按加工零件表面形状可将刮刀分为平面刮刀和曲面刮刀。

（1）平面刮刀　按操作方式平面刮刀分为手刮刀、挺刮刀和拉刮刀。按所刮表面精度要求不同，可分为粗刮刀、细刮刀和精刮刀三种。刮刀一般采用碳素工具钢（如 T12A）和合金工具钢（GCr15）制成，当零件表面较硬时也可焊接高速钢或合金刀头。平面刮刀主要用于刮削平面，也可刮削外曲面。

（2）曲面刮刀　按外形曲面不同，刮刀可分为三角刮刀、蛇头刮刀和柳叶刮刀等几种。曲面刮刀主要用于刮削内曲面。

（3）平面刮刀的刃磨　平面刮刀的刃磨分粗磨和精磨两步进行。

1）平面刮刀在砂轮上粗磨时可磨掉外表面氧化层，并磨出刮刀头刃部楔角 β_o，如图 2—33 所示。粗刮刀 $\beta_o \approx 90° \sim 92.5°$，刀刃必须平直；细刮刀 $\beta_o \approx 95°$，刀刃稍带圆弧；精刮刀 $\beta_o \approx 97.5°$ 左右，刀刃圆弧半径比细刮刀小些。

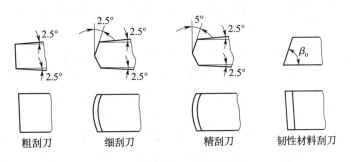

粗刮刀　　　细刮刀　　　精刮刀　　　韧性材料刮刀

图 2—33　刮刀头刃部楔角

2）平面刮刀精磨在油石上进行。精磨的目的是提高刮刀头部平面度，降低表面粗糙度，保证刃口锋利，因此，要求油石有合适的硬度和较高的平面度。

（4）曲面刮刀的刃磨　曲面刮刀的刃磨也按粗磨、精磨两步进行。曲面刮刀上的平面部分刃磨与平面刮刀刃磨方式相同，只是曲面部分刃磨时，刮刀运动方式是平面往复摆动和绕弧形中心转动的复合运动。曲面刮刀一般要先磨出平面部分，然后刃磨沟槽和曲面部分。

2. 显示剂

显示剂的作用是显示刮削零件与标准工具接触状况的。它的选用原则是：粒度细腻，点子显示真实而清楚，对零件无腐蚀，对操作者的健康无损害。

（1）显示剂的种类和选用　常用显示剂有红丹粉、普鲁士蓝油、印红油、烟油墨、松节油和酒精等，一般多用前两种。红丹粉又分铅丹和铁丹两种，广泛用于钢和铸铁零件的显示。普鲁士蓝油是用普鲁士蓝粉与蓖麻油及适量机油调合成的，多用于有色金属和精密零件的显示。

（2）显示剂使用要点　显示剂使用方法是否正确，对刮削质量和刮削效率影响很大。其使用方法是：粗刮时，显示剂调合稀些，涂刷在标准工具表面，涂得厚些，显示点子较暗淡、大而少，切屑不易黏附在刮刀上；精刮时，显示剂调合稠些，涂抹在零件表面，涂得薄而均匀，显示点子细小清晰，便于提高刮削精度。

3. 刮削方法

刮削时，应将零件支承平稳。零件支承点的选择要有利于消除零件刚性差所引起的接触精度变化；要合理选择刮削基准面，合理分配基准面与相关面间的刮削余量。零件宽度 100 ~ 500 mm，长度 100 ~ 6 000 mm 的表面，加工余量控制在 0.1 ~ 0.5 mm，面积大，余量留大些，反之留小些。刮削时，还要采用正确的操作方法。

（1）平面刮削　平面刮削分粗刮、细刮、精刮和刮花纹四个步骤进行：

1）平面粗刮　对误差部位进行较大切削量的刮削，基本消除刮削面宏观误差和机械加工痕迹即可。刮削时，使用粗刮刀连续推铲，刀迹长而成片，每刮一遍后，第二遍与第一遍呈 30° ~ 45° 交叉进行，刮削后的研点达到（2 ~ 5）点/（25 mm × 25 mm）即可。

2）平面细刮　平面细刮使用细刮刀，采用短刮法，刮点要准，用力均匀，轻重适度，每一遍须按同一方向刮削，第二遍要交叉刮削，使刀迹呈 45° ~ 60° 的网纹状。随着研点增多，刀迹逐渐缩短变窄，把粗刮留下的大块研点分割至（8 ~ 15）点/（25 mm × 25 mm）即可。

3）平面精刮　平面精刮使用精刮刀，采用点刮法，刀迹长约 5 mm。精刮时要捡粗大研点刮削，压力要轻，提刀要快、不要重刀，并始终交叉地进行刮削，将细刮留下的研点数逐渐增加至 20 点/（25 mm × 25 mm）以上时，即可将研点分三类区别对待，即最大最亮的研点全部刮去；中等研点在其顶点刮去一小片；小研点留而不刮。连续刮几遍后，使研点刀迹大小一致，排列整齐美观，研点数符号要求即为完成。

4）刮花纹　刮花纹是用刮刀在刮削面上刮出装饰性花纹，使其整齐美观，并使刮削表面有良好的储油润滑作用。

（2）曲面刮削　曲面刮削主要是对套、轴瓦等零件的内圆柱面、内圆锥面和球面的刮削。刮削时，要选用合适的曲面刮刀，控制好刮刀与曲面接触角度和压力，刮刀在曲面内作前推或后拉的螺旋运动，刀迹应与孔轴中心线成 45° 交角，第二遍刀迹垂直交叉。合研时，可选标准轴（工艺轴）或零件轴作标准工具进行配研，显示剂涂在轴上。粗刮时略涂厚些，轴转动角度稍大；精刮时显示剂涂得薄而均匀，轴转动角度要小于 60°，防止刮点失真和产生圆度误差。刮点分布一般两端稍硬〔通常（10 ~ 15）点/（25 mm × 25 mm）〕、中间略软〔通常（6 ~ 8）点/（25 mm × 25 mm）〕，有油槽的轴套要将油槽两边刮软些，便于建立油膜；油槽两端刮点均匀密布，防止漏油。

十五、研磨

用研磨工具（研具）和研磨剂从零件表面磨掉一层极薄金属的精加工方法称研磨。

1. 磨料的种类及研磨剂的配制

（1）磨料的种类　常用的磨料有氧化物系、碳化物系、超硬系和软磨系等几种，各自的特性和用途见表 2—17。

表 2—17　　　　　　　　　　　　磨料的种类、特性和用途

类别	名称	代号	特性	用途
氧化物	棕刚玉	A	棕褐色，硬度高，韧性好，价格低	粗、精研铸铁及硬青铜
	白刚玉	WA	白色，比 A 硬度高，韧性差	精研淬火钢、高速钢及有色金属
	铬刚玉	PA	玫瑰红或紫色，韧性好	研磨各种钢件、低表面粗糙度的表面
	单晶刚玉	NA	淡黄色或白色，韧性、硬度比 WA 高	研磨不锈钢等强度高、韧性大的零件
碳化物	黑碳化硅	C	黑色，硬度高，脆而锋利，导电、电热性好	研磨铸铁、黄铜、铝等材料
	绿碳化硅	GC	绿色，硬度和脆性比 C 高	研磨硬质合金、硬铬、宝石、陶瓷、玻璃等
	碳化硼	BC	灰黑色，硬度次于金刚石，耐磨性好	精研和抛光硬质合金和人造宝石等
超硬磨料	天然金刚石	JT	硬度极高，价格昂贵	精研和超精研硬质合金
	人造金刚石	JR	无色透明或淡黄色，硬度高，比 JT 脆	粗、精研硬质合金和天然宝石
软磨料	氧化铁		红色或暗红色，比氧化铬软	精研或抛光钢、铸铁、玻璃、单晶硅等
	氧化铬	PA	深绿色	

　　磨料的粗细是按粒度表示的，国家标准规定用 41 个粒度代号表示，常用粒度的分组和用途见表 2—18。

表 2—18　　　　　　　　　　　常用粒度分组和用途

粒度分组	粒度号数	研磨加工类别	可达到表面粗糙度 $Ra/\mu m$
磨粉	$100^{\#} \sim 240^{\#}$	用于粗研磨	0.8
微粉	W40 ~ W28	用于粗研磨	0.4 ~ 0.2
	W14 ~ W7	用于半精研磨	0.2 ~ 0.1
	W5 以下	用于精研磨	0.1 以下

　　（2）研磨剂的配制　研磨剂由磨料、研磨液、辅料调合而成，常配制成液态研磨剂、研磨膏和固态研磨剂（研磨皂）三种。

　　研磨液在研磨剂中起稀释、润滑与冷却作用。常用的有煤油、汽油、机油、工业甘油、透平油和熟猪油等。辅料是一种混合脂，在研磨中起吸附、润滑及化学作用。常用的辅料有硬脂酸、油酸、石蜡、蜂蜡、脂肪酸和硫化油等。

研磨膏和固体研磨剂多为专业厂家生产，研磨时根据需要选择适当规格稀释后即可使用。液态研磨剂是在磨料和研磨液中加入适量辅料配制而成的，其配比不甚严格，一般微粒越细，混合脂比例越大。

2. 研磨方法

研磨分手工研磨和机械研磨两种，钳工一般采用手工研磨。

（1）研磨前的准备

1）研具选用　对研具的要求是：材料比零件硬度稍低，要有良好的嵌砂性、耐磨性和足够的刚度以及较高的几何精度。粗研时一般选用带槽研具，精研时选用嵌砂研具。研具材料一般有铸铁、球墨铸铁、软钢和铜等。

2）运动轨迹的选择　对研磨运动轨迹的要求是：研磨过程中零件上各点行程基本一样；零件运动遍及整个研具表面并避免大曲率转角和周期性重复；运动轨迹形式还应适应零件的外形特点。直线运动轨迹，适合研磨有台阶的狭长平面；螺旋运动轨迹，适合圆形零件端面的研磨；"8" 字形和仿 "8" 字形轨迹，常用于量规类小平面的研磨。

3）研磨压力的选择　研磨时，零件受压面的压力分布要均匀，大小要适当。一般粗研时宜用 $(1 \sim 2) \times 10^5$ Pa 的压力；精研时，宜用 $(1 \sim 5) \times 10^4$ Pa 的压力。

4）研磨速度　研磨的速度不能太快。精度要求较高或易于受热变形的零件，其研磨速度不超过 30 m/min。手工粗研时，每分钟往复 40 ~ 60 次；精研磨每分钟往复 20 ~ 40 次。否则会引起零件发热变形，降低研磨质量。

（2）研磨不同的工件表面

1）平面手工研磨要点　平面手工研磨要根据零件的特点选择好合适的研具、研磨剂、研磨运动轨迹、研磨压力和研磨速度，分粗研、半精研和精研三步完成。粗研质量要求达到零件加工表面机械加工痕迹基本消除，平面度接近图样要求；半精研质量要求达到零件加工表面机械加工痕迹完全消除，零件精度基本达到图样要求；精研要求进一步细化加工面的表面质量，直到工作面磨纹色泽一致，精度完全符合图样要求为止。

2）外圆柱面和外圆锥面的研磨方法　外圆柱面和外圆锥面可采用手工与机械相配合的方法进行研磨。研磨时，首先将零件夹紧在车床主轴上，转速要根据零件直径确定。直径小于 80 mm，转速取 100 r/min 左右，直径大于 100 mm，转速取 50 r/min 左右。然后用手握住套在零件上的研磨环（见图 3—34），使之作直线往复运动并同时缓慢转动，以防止重力引起研具下坠而影响零件的圆度。这样研磨出的磨纹互相交错，根据网纹可判断手移动速度是否与车床转速协调，正确的磨纹与轴线的交角成 45°，移动太慢则大于 45°，反之则小于 45°，如图 2—35 所示。

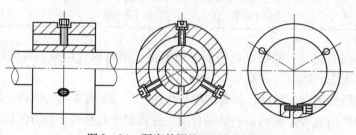

图 2—34　研磨外圆柱面可调研磨环

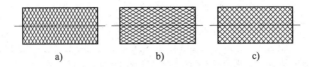

图2—35 判断运动速度的研磨纹

a) 太慢 b) 太快 c) 正确

3）内孔研磨方法 内孔研磨时要将研磨棒夹紧在车床上转动，把零件套在研磨棒上研磨。对零件上大尺寸孔，应尽量垂直地面放置，进行手工研磨。

3. 研磨时常见缺陷分析

研磨时常见缺陷形式及原因分析见表2—19。

表2—19 研磨缺陷分析

缺陷形式	产生原因
研磨表面粗糙、有划痕	1. 磨料太粗或不同粒度磨粒混合 2. 润滑液选用不当 3. 嵌砂不足或研磨剂涂敷太薄 4. 清洁卫生未做好
平面成凸形或孔口扩大	1. 研磨剂涂得太厚 2. 研磨运动不平稳，研具晃动 3. 研具工作面平面度差 4. 研磨棒伸出孔口太长 5. 孔口多余研磨剂未及时除掉
孔成椭圆或出现锥度	1. 研磨棒未用完全长 2. 未经常调换研磨位置或掉头
薄形零件拱曲变形	1. 研磨速度太快或压力太大，使零件发热变形 2. 研具硬度不合适 3. 零件装夹产生变形

十六、攻螺纹与套螺纹

用丝锥加工零件内螺纹称攻螺纹；用板牙加工零件外螺纹称套螺纹。

1. 螺纹的种类和用途

螺纹的种类较多，其分类和用途见表2—20。

表2—20 螺纹的分类和用途

螺纹分类				用途
标准螺纹	三角螺纹	普通螺纹	粗牙	应用极广，用于各种紧固件和连接件
			细牙	用于薄壁连接或受冲击、振动载荷件连接
		英制螺纹		用于进口机械设备修理和备件

螺纹分类			用途
标准螺纹	管螺纹	管连接细牙螺纹	用于液压系统连接，靠端面密封圈密封
		55°圆柱管螺纹	用于水、煤气管路，润滑油和电线管路系统
		55°圆锥管螺纹	用于高温、高压系统和润滑系统
		65°圆锥管螺纹	用于汽车、航空机械和机床的燃料油、水、气输送系统管连接
		米制锥管螺纹	用于气、液体靠螺纹密封的管路连接
	梯形螺纹（公制、英制）		用于传力或传导螺旋
	锯齿形螺纹		用于单向受力的传力螺旋
特殊螺纹	圆形螺纹		用于管连接
	矩形螺纹		用于传递运动
	平面螺纹		用于平面传动

2. 普通螺纹各部分尺寸的关系

普通螺纹在加工、测量中使用较多的基本要素有大径（公称直径）、中径、小径、螺距和牙形角等。这些要素应有确定的尺寸。大径的螺距一般根据使用场合的功能需要而确定。中径、小径和牙形角可在螺纹线轴向剖面内的原始三角形截面内计算得出。由于普通螺纹原始三角形是等边三角形（见图2—36），所以普通螺纹的牙形角为60°。原始三角形的高则为：

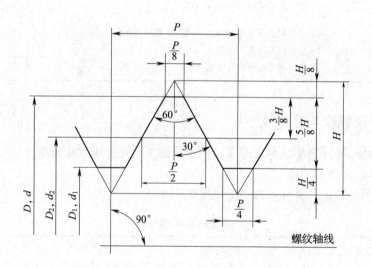

图2—36 外普通螺纹的基本牙形

D、d—内、外螺纹大径　D_2、d_2—内、外螺纹中径　D_1、d_1—内、外螺纹小径

P—螺距　H—原始三角形高度

$$H = \frac{\sqrt{3}}{2}P = 0.866\ 025\ 404P \tag{2—7}$$

普通螺纹的内螺纹和外螺纹的中径、小径，可根据 GB/T 196—2003 规定计算。

内螺纹中径 $\qquad\qquad D_2 = D - 2 \times \dfrac{3}{8}H = D - 0.649\ 519\ 052P \tag{2—8}$

外螺纹中径 $\qquad\qquad d_2 = d - 2 \times \dfrac{3}{8}H = d - 0.649\ 519\ 052P \tag{2—9}$

内螺纹小径 $\qquad\qquad D_1 = D - 2 \times \dfrac{5}{8}H = D - 1.082\ 531\ 755P \tag{2—10}$

外螺纹小径 $\qquad\qquad d_1 = d - 2 \times \dfrac{5}{8}H = d - 1.082\ 531\ 755P \tag{2—11}$

3. 攻螺纹的方法

攻螺纹可采用手动攻螺纹和机动攻螺纹两种方法。攻螺纹前，应合理确定螺纹底孔的直径，对丝锥、切削液、切削速度选用要合适，并注意操作方法正确。

（1）攻螺纹前底孔直径的确定　攻螺纹前底孔直径应稍大于螺纹小径，底孔直径的大小可根据零件的材质选定。攻削普通螺纹的底孔可按表 2—21 中的公式计算。

表 2—21　　　　　　　　　　　　攻螺纹前底孔直径的确定

螺纹种类	规格	钢或韧性材料	铸铁或脆性材料
普通螺纹	$P < 1$	$d_z = d - P$	
	$P > 1$	$d_z = d - P$	$d_z = d - (1.05 \sim 1.1)\ P$

注：P—螺距，mm；d_z—攻螺纹前底孔直径，mm；d—螺纹公称直径，mm。

攻盲孔螺纹时，由于丝锥切削部分不能切出完整的螺纹牙形，所以以钻孔深度要大于所需螺孔深度。当螺纹大径为 D 时，一般取：

$$\text{钻孔深度} = \text{所需螺孔深度} + 0.7D \tag{2—12}$$

（2）丝锥的选用与刃磨　丝锥有机用丝锥和手用丝锥两种。机用丝锥是指高速钢磨牙丝锥，其螺纹公差带分 H_1、H_2 和 H_3 三种；手用丝锥是指碳素工具钢的滚牙丝锥，螺纹公差带为 H_4，丝锥各种公差带所能加工螺纹精度见表 2—22。使用时可按表中规定选用。

表 2—22　　　　　　　　　　　　丝锥公差带适用范围

丝锥公差带代号	适用加工内螺纹 公差带等级	丝锥公差带代号	适用加工内螺纹 公差带等级
H_1	5H、4H	H_3	7G、6H、6G
H_2	6H、5G	H_4	7H、6H

丝锥的磨损主要发生在切削部分刀刃的后面，通常根据平均磨损量确定磨损标准。加工 6H 内螺纹时，丝锥的磨损标准一般是：当螺距为 $1 \sim 2.5$ mm 时，其相应磨损量为 $0.25 \sim 0.6$ mm。

丝锥的刃磨主要是磨削前面，必要时磨削切削部分后面。应保证前面表面质量为 $Ra0.8$ μm ~ $Ra0.4$ μm，切削部分跳动量应小于 0.02 ~ 0.03 mm（机攻螺纹用），刀口不应有卷刃或烧伤。

（3）攻螺纹时切削液的选用　使用合适品种和适量的切削液，可提高螺纹的精度和降低表面粗糙度，延长丝锥使用寿命。攻螺纹时，可按表 2—23 选用切削液。

表 2—23　　　　　　　　　　　　攻螺纹时切削液的选用

零件材料	切削液
结构钢、合金钢	乳化油、乳化液
灰铸铁	煤油、乳化油、75%煤油 + 25%植物油
铜合金	机械油、硫化油、煤油 + 矿物油
铝及铝合金	50%煤油 + 50%机械油、85%煤油 + 15%亚麻油、煤油、松节油、极化乳化油

（4）攻螺纹时切削速度的选用　机攻螺纹应选择合适的切削速度，见表 2—24。选用时，丝锥直径大则切削速度取小值，反之取大值。

表 2—24　　　　　　　　　　　　机攻螺纹切削速度选用

材料	10	20	35、45	不锈钢	40Cr	灰铸铁	可锻铸铁
切削速度/（m/min）	6 ~ 10	9 ~ 13	9 ~ 14	2 ~ 7	7 ~ 10	10 ~ 15	12 ~ 18

（5）攻螺纹操作要点　手攻螺纹时，要在丝锥切入零件底孔 2 圈之前，校正丝锥与螺纹底孔端面的垂直度。当丝锥切入 3 ~ 4 圈时，不允许继续校正；攻制正常后，铰杠每转 1/2 ~ 1 圈，应逆转 1/2 圈断屑；更换或退出丝锥，应该用手直接旋转丝锥，直到手旋不动时，方可用铰杠继续攻入或退出，防止丝锥摇晃影响螺纹攻制的质量；攻盲孔时，应经常退出丝锥排屑；攻制较硬的零件时，应该一锥、二锥交替攻削；攻通孔时，丝锥校准部分不能全部攻出底孔口。

机攻螺纹时，要缓慢地将丝锥推进零件底孔口，丝锥切削部分切入底孔时，应均匀地施加适当压力于进给手柄，帮助丝锥切入底孔，校准部分一旦切入底孔，应立即停止施力于进给手柄，让螺纹自动旋转进给。机攻通孔时，切忌校准部分全部攻出底孔口，否则倒车退出丝锥将产生烂牙。

4. 常用攻螺纹夹头的结构

攻螺纹夹头有多种，保险夹头是较常用的夹头。保险夹头的结构如图 2—37 所示。锥套 1 与夹持套 3 用螺纹连接。旋转锥套 1、钢球 2 作径向移动，实现夹紧大、小方榫丝锥，再用圆螺母 4 锁紧。夹持套用销钉 5 与传动轴 6 连接，传动轴右端两片摩擦片 10 传递来自螺套 7 和夹头体 9 的转矩，当转矩突然增大时，6、7、9 之间产生打滑，可起到保险作用。夹头体与螺套用螺纹连接。调整摩擦片压紧程度，可实现传递转矩大小的调整，然后用圆螺母 8 锁紧。

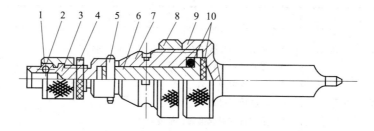

图 2—37　保险夹头

1—锥套　2—钢球　3—夹持套　4—圆螺母　5—销钉　6—传动轴
7—螺套　8—圆螺母　9—夹头体　10—摩擦片

5. 攻螺纹常见缺陷分析

攻螺纹常见缺陷有丝锥损坏和零件报废等，其产生原因见表 2—25。

表 2—25　　　　　　　　　　　攻螺纹时常见缺陷分析

缺陷形式	产生原因
丝锥崩刃、折断或过快磨损	1. 螺纹底孔直径偏小或底孔深度不够 2. 丝锥刃磨参数不合适 3. 丝锥硬度过高 4. 切削液选择不合适 5. 切削速度过高 6. 零件材料过硬或硬度不均匀 7. 丝锥与底孔端面不垂直 8. 排屑不好，手攻时未经常逆转铰杠断屑，切屑堵塞 9. 丝锥刃磨过热烧伤 10. 手攻螺纹时用力过猛，铰杠掌握不稳
螺纹烂牙	1. 螺纹底孔直径小或孔口未倒角 2. 丝锥磨钝或切削刃上粘有积屑瘤 3. 未用合适的切削液 4. 手攻螺纹切入或退出时铰杠晃动 5. 手攻螺纹时，未经常逆转铰杠断屑 6. 机攻螺纹时，校准部分攻出底孔口，退丝锥时造成烂牙 7. 用一锥攻歪螺纹，而用二、三锥攻削时强行矫正 8. 攻盲孔时，丝锥顶住孔底而强行攻削
螺纹中径超差	1. 螺纹底孔直径选用不当 2. 丝锥精度等级选用不当 3. 丝锥切削刃刃磨不对称 4. 切削液选用不当 5. 切削速度选用不当 6. 手攻螺纹时铰杠晃动或机攻螺纹时丝锥晃动

续表

缺陷形式	产生原因
螺纹表面粗糙，有波纹	1. 丝锥刃磨参数不合适或前、后刀面粗糙 2. 零件材料太软 3. 切削液选用不当 4. 切削速度过高 5. 手攻螺纹退丝锥时铰杠晃动 6. 切屑流向已加工面 7. 手攻螺纹未经常逆转铰杠断屑

6. 套螺纹时底杆直径的确定及套螺纹的操作要点

（1）套螺纹时底杆直径的确定　套螺纹时底杆直径应稍小于螺纹的大径，其尺寸可按下式计算确定：

$$D = d - 0.13P \tag{2—13}$$

式中　D——圆杆直径，mm；

　　　d——螺纹大径，mm；

　　　P——螺距，mm。

（2）套螺纹的操作要点　套螺纹是用标准螺纹刀具——板牙进行外螺纹加工的，一般采用手工操作。操作时，零件装夹要端正、牢固，套削端伸出装夹部位不宜过长；底杆端部应倒角 15°~20°，倒角处小端直径应小于螺纹小径；校正板牙端面与底杆中心垂直度，应在板牙切入圆杆 2 圈之前；切入 4 圈后不能再对板牙施加轴向力，操作过程中要不断逆转铰杠断屑。

7. 套螺纹时常见缺陷分析　套螺纹时常见缺陷形式和产生原因见表 2—26。

表 2—26　　　　　　　　　　　　套螺纹缺陷分析

缺陷形式	产生原因
板牙崩齿、破裂和磨损太快	1. 圆杆直径偏大或端部未倒角 2. 圆杆硬度太高或硬度不均匀 3. 板牙硬度太高或旧板牙已过度磨损 4. 板牙端面与圆杆轴线不垂直 5. 套台阶杆件时，板牙顶住台阶，仍断续套削 6. 铰杠未经常逆转断屑，造成切屑堵塞 7. 套削硬材料时，未用切削液 8. 转运铰杠用力过猛
螺纹表面粗糙	1. 圆杆材质太软，铰杠转速过快 2. 板牙磨钝或刀齿有积屑瘤 3. 切削液选用不合适 4. 铰杠转动不平稳，左右晃动

续表

缺陷形式	产生原因
螺纹歪斜	1. 板牙端面与圆杆轴线不垂直 2. 铰杠歪斜或左右晃动
螺纹中径小	1. 板牙切入后，仍施加轴向压力 2. 圆杆直径太小 3. 板牙端面与圆杆轴线不垂直，多次矫正引起
烂牙	1. 圆杆直径太大 2. 板牙磨钝或有积屑瘤 3. 未用合适的切削液 4. 强行矫正已套歪的板牙或未逆转铰杠断屑

第二节　常用设备、工具及其使用与维护

一、台虎钳

台虎钳是钳工用来夹持工件进行加工的常用必备工具。其规格是以钳口的长度来表示的，有 100 mm、125 mm、150 mm 等几种。

1. 台虎钳的结构

台虎钳有固定式和回转式两种，如图 2—38 所示。回转式台虎钳使用方便，应用较广。其主要构造和工作原理简述如下：

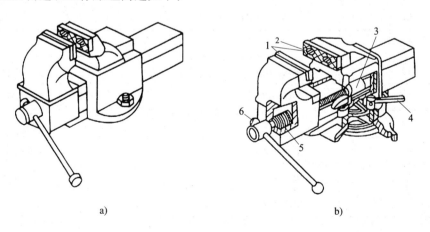

a)　　　　　　　　　　　　b)

图 2—38　台虎钳

a）固定式　b）回转式

1—钳口　2—螺钉　3—螺母　4—手柄　5—丝杆　6—手柄

主要零件如固定钳身、活动钳身、夹紧盘和转盘座均由铸铁制成。转盘座与钳台用螺栓固定。固定钳身可在转盘座上绕其轴线转动，扳动手柄 4 旋紧夹紧螺钉，可使固定钳身紧固。螺母 3 固定在固定钳身上，丝杆 5 与之相配合。转动手柄 6，丝杆旋转即可带动活动钳身前后移动，以夹紧或放松工件。固定钳身和活动钳身上各装有经过淬硬的钢质钳口 1，可延长使用寿命，磨损后可以更换。

2. 台虎钳的正确使用、维护和保养

（1）台虎钳的正确使用

1）台虎钳安装在钳台上时，必须使固定钳身的钳口工作面处于钳台边缘之外，以保证可以夹持长条形工件。

2）夹持工件时，只允许用双手的力量来扳紧或放松手柄 6。决不允许套管接长手柄或用锤子敲击，以免损坏机件。

3）活动钳身的光滑平面，不准用锤子敲击，以免降低它与固定钳身的配合性能。

4）台虎钳必须牢固地固定在钳台上，转动手柄可使夹紧螺钉旋紧，工作时应保证钳身无松动现象，否则易损坏台虎钳并影响工作质量。

（2）台虎钳的维护和保养　台虎钳的丝杆、螺母和其他活动表面都要经常加油润滑，保持清洁，防止锈蚀。

二、分度头

1. 分度头的种类

分度头根据结构及原理的不同，可分为机械、光学、电磁等类型。应用较普遍的是万能分度头。分度头的规格是以主轴中心到底面的高度即中心高表示的，如 FW125；F——分度头；W——万能型；125——主轴中心高（mm）。各种分度头的分类见表 2—28。

表 2—28　　　　　　　　　分度头的分类

类型代号	名称	类型代号	名称
FJ	筒式分度头	FA	电感分度头
FB	半万能分度头	FK	数控分度头
FW	万能分度头	FG	光学分度头
FN	等分分度头	FP	影屏光学分度头
FC	梳齿分度头	FX	数字显示分度头
FD	电动分度头		

2. 万能分度头的结构

万能分度头的外形如图 2—39 所示。其主要由壳体和壳体中部的鼓形回转体（即球形场头）、主轴以及分度盘和分度叉等组成。

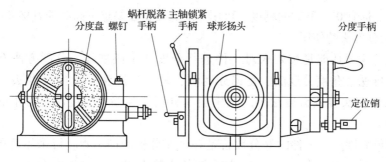

图 2—39 万能分度头的外形

主轴的前端有莫氏 4 号的锥孔。可插入顶尖。主轴前端的外螺纹,可用来安装三爪自定心卡盘。松开壳体上部的两个螺钉,可使装有主轴的球形扬头在壳体的环形导轨内转动,从而使主轴轴心线相对于工作台平面在向上 90°和向下 10°范围内转动任意角度。主轴倾斜的角度可从扬头侧壁上的刻度看出。刻度盘固定在分度头主轴上,和主轴一起旋转。刻度盘上有 0°~360°的刻度,可用作直接分度。

在分度头的左侧有两个手柄。一个是用于紧固主轴的,在分度时应松开,分度完毕后应紧固,以防止主轴松动。另一个是蜗杆脱落手柄,它可以使蜗杆与蜗轮连接或脱开。蜗杆与蜗轮之间的间隙,可用螺母调整。

3. 万能分度头的传动系统

常用的万能分度头的传动系统如图 2—40 所示。在手柄轴上空套着一个套筒,套筒的一端装有螺旋齿轮,另一端装有分度盘。套筒上的螺旋齿轮与交换齿轮轴上的螺旋齿轮相啮合(在主轴和挂轮轴上安装配换齿轮,实现分度盘的附加转动,可进行复杂分度)。简单分度时,可旋紧紧定螺钉将分度盘固定,当转动手柄时,分度盘不转动,通过传动比为 1:1 的圆柱齿轮传动,使蜗杆带动蜗轮及主轴转动进行分度。

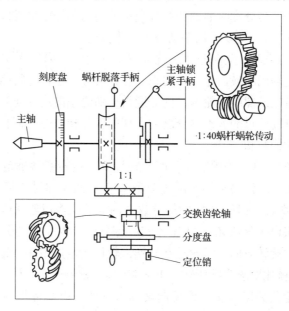

图 2—40 万能分度头的传动系统

刻度盘上标有 0°～360° 的刻度，可用作对分度精度要求不高时的直接分度。

4. 万能分度头的使用

分度头的主要功能是按要求对工件进行分度加工或划线。分度方法有直接分度法、简单分度法、角度分度法、复式分度法、差动分度法、近似分度法、直线移距分度法和双分度头复式分度法等。其中简单分度法和差动分度法是常用的两种分度法。

（1）简单分度法　工件的等分数若是一个能分解的简单数，可采用简单分度法分度。由图 2—40 可知蜗杆为单头，主轴上蜗轮齿数为 40，传动比为 1∶40。即当手柄转过 1 周，分度头主轴便转过 1/40 周。如果要求主轴上支持的工件作 Z 等分，即应转过 1/Z 周，则分度头手柄的转数可按传动关系式求出：

$$1 : 40 = \frac{1}{Z} : n$$

$$n = \frac{40}{Z} \qquad\qquad (2—14)$$

式中　n——分度头手柄转数，周；

　　　　Z——工件的等分数。

在使用中，经常会遇到的是手柄需转过的不是整周数，这时可用下列公式：

$$n = \frac{40}{Z} = a + \frac{P}{Q} \qquad\qquad (2—15)$$

式中　a——分度手柄的整周数，周；

　　　　Q——分度盘上某一孔圈的孔数，孔/周；

　　　　P——手柄在孔数为 Q 的孔圈上应转过的孔距数，孔。

公式（2—14）表示手柄在转过 a 整周后，还应在 Q 孔圈上再转过 P 个孔距数。

（2）差动分度法　当分度时遇到的等分数是采用简单分度法难以解决的较大质数时（如 61、67、71、79 等），就要采用差动分度法来分度。

1）差动分度法的原理　差动分度法就是将主轴后锥孔内装入交换齿轮心轴，将分度头主轴与交换齿轮轴用配换齿轮连接起来。当旋转分度手柄进行简单分度的同时，主轴的转动通过交换齿轮及螺旋齿轮副，使分度盘也随之正向或反向旋转，以达到补偿分度差值而进行精确分度的目的。差动分度的手柄的实际转数是手柄相对于分度盘的转数与分度盘本身转数的代数和。

2）差动分度法的计算　采用差动分度法在计算手柄转数和确定分度盘的旋转方向时，可首先选取一个与工件要求的实际等分数 Z 接近而又能进行简单分度的假设等分数 Z_0；当假设等分数 Z_0 大于工件实际等分数 Z 时，装交换齿轮时应使分度盘与手柄的旋转方向相同；当假设等分数 Z_0 小于工件实际等分数 Z 时，应使分度盘与手柄的旋转方向相反。分度盘的旋转方向，可通过在交换齿轮板上增加中间介轮来控制。即当主轴每转过 $1/Z_0$ 周时，就比要求实际所转的 $1/Z$ 周多转或少转了一个较小的角度。这个角度就要通过交换齿轮使分度盘正向或反向转动来补偿。由此可得到差动分度的计算公式：

$$\frac{40}{Z} = \frac{40}{Z_0} + \frac{1}{Z}i$$

即

$$i = \frac{40(Z_0 - Z)}{Z_0} \tag{2—16}$$

式中　Z——工件实际等分数；

Z_0——工件假设等分数；

i——交换齿轮传动比。

分度时手柄转数 n 可用下式计算

$$n = \frac{40}{Z_0} \tag{2—17}$$

交换齿轮传动比 i 为负值时，表示分度盘和分度手柄转向相反。

三、砂轮机

砂轮机主要用于刃磨各种刀具，也可用来清理较小零件的毛刺和锐边等。砂轮机主要由机体、电动机和砂轮组成。按外形可分为台式砂轮机和立式砂轮机两种，如图 2—41 所示。

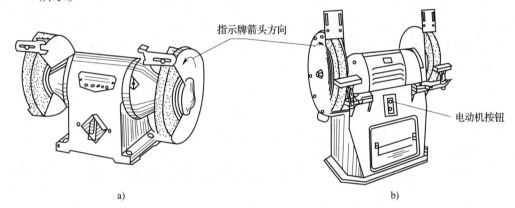

图 2—41　砂轮机结构
a）台式　b）立式

由于砂轮质地较脆，使用时转速较高（一般在 35 m/s 左右），因此，在使用砂轮机时，必须严格遵守安全操作规程，防止砂轮碎裂造成人身事故。使用砂轮机应注意以下事项：

1. 砂轮的旋转方向必须与砂轮罩上的旋转方向指示牌相符，从而使磨屑向下方飞溅。

2. 启动后，应待砂轮达到正常转速时才能进行磨削。

3. 砂轮在使用时，不准将磨削件与砂轮猛撞及施加过大的压力，以防砂轮碎裂。

4. 使用时，发现砂轮表面跳动严重时，应及时用砂轮修整器修整。

5. 砂轮机的搁架与砂轮的距离，一般应保持在 3 mm 之内，过大则容易造成磨削件被砂轮轧入而发生事故。

6. 使用时，操作者不可面对砂轮，以防受伤。应站在砂轮的侧面或斜侧位置。

7. 刃磨各种工具钢刀具和清理工件毛刺，应使用氧化铝砂轮；刃磨硬质合金刀具，则应使用碳化硅砂轮。

四、钻床

钻床是一种常用的孔加工机床。在钻床上可装夹钻头、扩孔钻、锪钻、铰刀、镗刀、丝锥等刀具。钻床可用来进行钻孔、扩孔、锪孔、铰孔、镗孔及攻螺纹等工作。钳工常用的钻床根据其结构和适用范围的不同，可分为台式钻床（简称台钻），立式钻床（简称立钻）和摇臂钻床三种。现分别对其性能、用途、结构、使用及维护保养简述如下：

1. 台式钻床

台钻是一种可放在工作台上使用的小型钻床，占用场地少，使用方便。其最大钻孔直径一般可达 12 mm。台钻主轴转速较高，常用 V 带传动，由五级带轮变换转速。台式钻床主轴的进给只有手动进给，而且一般都具有表示或控制钻孔深度的装置，如刻度盘、刻度尺、定程装置等。钻孔后，主轴能在弹簧的作用下自动上升复位。

Z512 型台式钻床是钳工常用的一种台钻，如图 2—42 所示。电动机 1 通过五级 V 带轮使主轴可变换几种不同转速。本体 11 套在立柱 5 上做上下移动，并可绕立柱中心转到任意位置，调整到适当位置后可用手柄 2 锁紧。4 是保险环，如本体要放低时，应先把保险环调节到适当位置后，用螺钉 3 锁紧，然后再略放松手柄 2，靠本体自重落到保险环上，再把手柄 2 锁紧。同样，工作台 9 也可沿立柱做上下移动及绕立柱中心转动到任意位置。6 是工作台的锁紧手柄。当松开锁紧螺钉 8 时，工作台在垂直平面内还可以左右倾斜45°。工件较小时，可放置在工作台上钻孔；当工件较大时，可把工作台转开，直接放在钻床底座 7 上钻孔。

台钻的转速较高。因此，不宜在台钻上进行锪孔、铰孔和攻螺纹等加工。

2. 立式钻床

立式钻床的钻孔直径规格有 25 mm、35 mm、40 mm 和 50 mm 等几种。立式钻床可以自动进给，主轴的转速和自动进给量都有较大的变动范围，能适应于各种中型件的钻孔、扩孔、锪孔、铰孔、攻螺纹等加工工作。由于它的功率较大，机构也较完善，因此可获得较高的效率及加工精度。

Z535 型立式钻床是目前钳工常用的一种钻床，如图 2—43 所示。床身固定在底座上。主轴变速箱固定在床身的顶部。进给变速箱装在床身导轨上，可沿导轨上下移动。为使操作方便，床身内装有与主轴箱重量相平衡的重锤。工作台装在床身导轨下方，也可沿床身导轨上下移动，以适应不同高度的工件的加工。Z535 立式钻床还装有冷却装置，切削液贮存在底座的空腔内，使用时由油泵排出。

Z535 型立式钻床的主要性能和规格见表 2—29。

立式钻床的使用及维护保养要点如下：

（1）使用前必须空运转试车，机床各部分运转正常后方可操作加工。

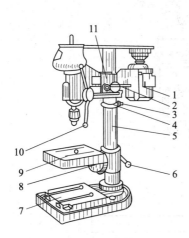

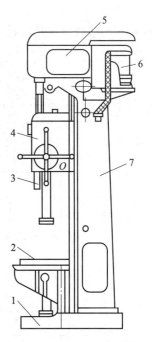

图 2—42　台钻

1—电动机　2—手柄　3—螺钉

4—保险环　5—立柱　6—锁紧手柄

7—底座　8—锁紧螺钉　9—工作台

10—进给手柄　11—本体

图 2—43　Z535 型立式钻床

1—底座　2—工作台　3—主轴

4—进给变速箱　5—主轴变速箱

6—电动机　7—床身

表 2—29　　　　　　　　　　Z535 型立式钻床的主要性能和规格

项目	参数	项目	参数
最大钻孔直径	35 mm	进给量	0.11 ~ 1.6 mm/ min
主轴孔锥度	莫氏 4 号	工作台行程	325 mm
主轴行程	225 mm	电动机功率	4.5 kW
主轴转速	68 ~ 1 100 r/min		

（2）使用时，如不采用自动进给，必须脱开自动进给手柄。

（3）变换主轴转速或自动进给时，必须在停车后进行调整。

（4）经常检查润滑系统的供油情况。

（5）使用完毕必须清扫整洁，上油、并切断电源。

3. 摇臂钻床

摇臂钻床适用于单件、小批和中等批量生产的中等件和较大件以及多孔件的各种孔加工。由于它是靠移动主轴来对准工件上孔的中心的，所以使用时比立式钻床方便。

摇臂钻床的主轴变速箱能在摇臂上作较大范围的移动，而摇臂又能绕立柱中心回转360°，并可沿立柱上下移动。所以摇臂钻床能在很大的范围内工作。工作时，工件可压紧在工作台上，也可以直接放在底座上加工。

摇臂钻床的主轴转速范围和进给量范围都很广，工作时可获得较高的生产效率及加工精度。

Z3040×16型摇臂钻床是在机械制造业中应用较广泛的一种，如图2—44所示。

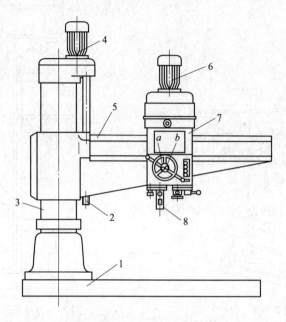

图2—44 Z3040×16型摇臂钻床

1—底座 2—升降丝杠 3—立柱 4—升降电动机 5—摇臂

6—主轴电动机 7—主轴箱 8—主轴

Z3040×16型摇臂钻床主要性能及规格见表2—30。

表2—30   Z3040×16型摇臂钻床主要性能及规格

项目	参数	项目	参数
最大钻孔直径	40 mm	主轴箱水平移动距离	1 250 mm
主轴中心线至立柱母线距离		主轴转速范围	25～2 000 r/min
最大	1 600 mm	主轴转速级数	16 级
最小	350 mm	主轴进给量范围	0.04～3.2 mm/r
主轴端面至底座工作台面距离		主轴进给量级数	16 级
最大	1 250 mm	主轴行程距离	315 mm
最小	350 mm	刻度盘每转钻孔深度	122.5 mm
摇臂回转角度	360°	主轴允许最大转矩	400 N·m
摇臂沿立柱的最大行程	600mm	主轴允许最大进给抗力	10 000 N
摇臂升降速度	1.2 m/min	主电动机功率	2.94 kW
主轴孔锥度	莫氏4号	摇臂升降电动机功率	1.47 kW

五、剪板机

剪板机是钳工用于板材落料的一种重要设备。它具有落料质量好、生产效率高及劳动强度小等优点，因而被广泛采用。钳工常用的剪板机，有手掀式、双盘式和龙门式三种。

1. 手掀式剪板机

手掀式剪板机是靠人力的手动为动力进行剪切的，劳动强度大，剪切质量较差。一般只用来剪切质量要求不高的薄小型板料。

2. 双盘式剪板机

双盘式剪板机主要用来进行环形、圆形、圆弧和曲线等剪切。由于它具有较大的喉口，因此适用于大型的曲线板料的剪切。

3. 龙门式剪板机

龙门式剪板机可用来剪切不同长度的较大型金属板材。具有落料平整，使用方便等优点。它是钳工在进行板材落料时经常使用的一种剪板机械。

六、带锯机

带锯机是钳工在制作样板及冲模时常用的设备，能在手工操作的配合下，用来锯切各种曲线形状的工件。钳工带锯机的结构和木工带锯机的结构基本类似，所不同的是前者还附有焊接修整装置和切屑消除装置。

1. 带锯机的焊接修整装置

为便于调换带锯条，在带锯机的左侧附有一套由对焊机和砂轮所组成的焊接修整装置。

当带锯条出现用钝和崩齿等缺陷以及需要调换不同齿距的带锯条时，都应将带锯条放松脱落后，在原焊缝处用砂轮磨断，进行更换。当需要锯削工件上封闭式的内表面时（工件上有孔），也同样将带锯条在原焊缝处磨断，再穿入工件孔中。新更换的或已磨断的带锯条，应在对焊机上重新焊接和回火。焊接后应在砂轮上仔细修磨焊疤，直到带锯条的两平面平整光滑，可以正常运转，再重新装上使用。

2. 切屑清除装置

带锯机上附有气泵和装有风嘴的切屑清除装置。当带锯机开动时，气泵同时启动，压缩空气通过风嘴将切屑从工件锯切处吹去，以保证锯削顺利进行。

3. 带锯机的维护保养和安全使用

（1）开机前，应按说明书规定向各注油孔注入润滑油。

（2）锯削前，应先开空车运转几分钟，观察其运转是否正常。

（3）锯削前，应检查带锯条的松紧程度是否适中。否则，不但会影响锯削质量，而且可能发生带锯条脱出或断裂而造成事故。

（4）带锯条在修整焊缝前，应先使砂轮空转 3～5 min，观察其跳动，进行砂轮修整，然后再进行带锯条的修磨。

七、常用电动工具

1. 常用电动工具的用途及正确使用

（1）手电钻　手电钻是一种手提式电动工具，常用的有手枪式和手提式两种，它具有体积小、质量轻、使用灵活、携带方便、操作简单等特点。在大型夹具和模具装配及维修中，当受到工件形状或加工部位的限制不能使用钻床钻孔时，手电钻就得到了广泛的使用。

手电钻的电源电压分单相（220 V 或 36 V）和三相（380 V）两种，规格是以最大钻孔直径来表示的。采用单相电压的电钻规格有 6 mm、8 mm、10 mm、13 mm、19 mm 等五种。采用三相电压的电钻规格有 13 mm、19 mm、23 mm 等三种。

手电钻使用前，须先空运转 1 min，检查传动部分运转是否正常。如有异常现象，应先排除故障再使用。钻孔时不宜用力过猛。当孔即将钻穿时，应相应减轻压力，以防发生事故。

（2）电磨头　电磨头属于磨削工具。适用于在工具、夹具、模具的装配调整过程中，对各种形状复杂的工件进行修磨或抛光。电磨头使用时应注意以下几点：

1）使用前须空运转 2～3 min，检查其运转及响声是否正常。如有异常的振动或噪声，应立即进行调整，排除故障后再使用。

2）新安装的砂轮必须进行修整。

3）砂轮的外径不能超过磨头铭牌上所规定的尺寸。

4）使用时砂轮和工件的接触力不宜过大，既不能用砂轮猛压工件，更不准用砂轮冲击工件，以防砂轮爆裂而造成事故。

（3）电动曲线锯　可用来锯削各种不同形状的金属薄板和塑料板，具有体积小、重量轻、携带方便、操作灵巧等特点，适用于各种形状复杂的大型样板的落料工作。

使用电动曲线锯可根据工件材料的不同，选用不同粗细的锯条。使用前，应先空运转 2～3 min，检查传动部分的工作是否正常。若不正常，应先排除故障再使用。在使用过程中如发现响声异常或温升过高，应立即停止使用，切断电源进行检查，检修后再继续使用。锯削时向前推力不宜过猛，转角半径不宜过小，防止锯条崩断，发生事故。若锯条卡住，则应立即切断电源，退出后再缓慢前进进行锯削。

（4）电剪刀　电剪刀使用灵活，携带方便，可用来剪切各种几何形状的较薄的金属板材。用电剪刀剪切成形的板材，具有板面平整、变形小、质量好等优点。因此，电剪刀也是钳工用来对各种复杂的大型样板进行落料加工的主要工具之一。电剪刀使用时应注意以下几点：

1）应根据板材的厚度来选用不同规格的电剪刀。

2）开机前应先检查各部分的紧定螺钉是否牢固可靠。

3）使用前，须先试运转 2～3 min。待确定为正常运转后再开始使用。

4）作小半径剪切时，须将两刃口间距调整至 0.3～0.4 mm。

2. 使用电动工具的安全技术

（1）长期搁置不用的电动工具，在启动前必须先进行电气检查。

（2）电源电压不得超过额定电压的 10%。

（3）各种电动工具的塑料外壳要妥善保护，不能碰裂，不能与汽油及其他溶剂接触。不准使用塑料外壳破损的电动工具。

（4）使用非双重绝缘结构的电动工具时，必须戴橡皮绝缘手套，穿胶鞋或站要绝缘板上，以防漏电。

（5）使用电动工具时，必须握持工具的手柄，不准拉着电气软线拖动工具，以防因软线擦破或割伤而造成触电事故。

第三节　装　配　知　识

一、装配基本知识

1. 装配工艺过程

装配是按照一定的技术要求，将若干零件装成一个组件或部件，或将若干零件、部件装成一个机械的工艺过程。装配过程是机械制造生产过程中重要的也是最后的一个环节。机械产品的质量必须由装配最终来保证。机械产品结构和装配工艺性是保证装配质量的前提条件，装配工艺过程的管理与控制则是保证装配质量的必要条件。

装配工艺过程包括装配、调整、检测和试验等工作，其工作量在机械制造总工作量中所占的比重较大。产品的结构越复杂、精度与其他的技术条件越高，装配工艺过程也就越复杂，装配工作量也越大。产品的装配工艺过程由以下四部分组成：

（1）装配前的准备工作　包括：研究和熟悉装配图，了解产品的结构、零件的作用以及相互的连接关系；确定装配的方法、顺序，准备所需的工具；对零件进行清理和清洗；对某些零件进行修配、密封性试验或平衡工作等。

（2）装配工作　通常分为部装和总装。部装是把各个零件装配成一个完整的机构或不完整的机构的过程。总装是把零件和部件装配成最终产品的过程。

（3）调整、精度检验和试车　调整是指调节零件或机构的相对位置、配合间隙和结构松紧等，如轴承间隙、齿轮啮合的相对位置、摩擦离合器松紧的调整。精度检验包括工作精度检验和几何精度检验（有的机器则不需要做这项工作）。试车是机器装配后，按设计要求进行的运转试验，包括运转灵活性、工作时温升、密封性、转速、功率、振动和噪声等。

（4）喷漆、涂油和装箱

2. 装配方法

为了保证装配的精度要求，机械制造中常采用以下四种装配方法之一完成装配工作。

（1）互换装配法　在装配时各配合零件不经修配、选择或调整即可达到装配精度的方法，称为互换装配法。互换装配法的特点是：装配简单，生产率高；便于组织流水作业；维修时更换零件方便。但这种方法对零件的加工精度要求较高，制造费用将随之增大。因此仅在配合精度要求不太高或产品批量较大时采用。

（2）分组装配法　在成批或大量生产中，将产品各配合副的零件按实测尺寸分组，然后按相应的组分别进行装配。在相应组进行装配时，无须再选择的装配方法，称为分组装配法。分组装配法的特点是：经分组后再装配，提高了装配精度；零件的制造公差可适当放大，降低了成本；要增加零件的测量分组工作，并需加强管理。

（3）调整装配法　在装配时，根据装配实际的需要，改变产品中可调整零件的相对位置或选用合适的调整件以达到装配精度的方法，称为调整装配法。图2—45a中，1为可动补偿件，轴向调整这一补偿件的位置，即可得到规定的间隙；图2—45b中，2为固定补偿件，事先做好几个尺寸大小不同的补偿件2，根据实际的装配间隙大小，从中选择尺寸合适的装入，即可获得规定的间隙。

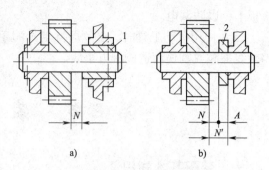

图2—45　调节装配法
1—可动补偿件　2—固定补偿件

调整装配法的特点是：零件不需任何修配即能达到很高的装配精度；可进行定期调整，故容易恢复精度，这对容易磨损或因温度变化而需改变尺寸位置的结构是很有利的；但调整件容易降低配合副的连接刚度和位置精度，在装配时必须十分注意。

（4）修配装配法　在装配时，根据装配的实际需要，在某一零件上去除少量预留修配量，以达到装配精度的方法，称为修配装配法。例如：为使车床两顶尖中心线达到规定的等高度的要求（见图2—46），而修刮尾座底板尺寸 A_2 的预留量来达到装配精度的方法。修配装配法的特点是：零件的加工精度可大大降低；无需采用高精度的加工设备，而又能得到很高的装配精度；但这种方法使装配工作复杂化，仅适合在单件、小批量生产中采用。

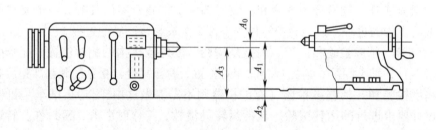

图2—46　修配装配法

3. 装配工作的要求

要保证装配产品的质量，必须按照规定的装配技术要求去操作。不同产品的装配技术要求虽不尽相同，但在装配过程中有许多工作要点是必须共同遵守的。

（1）做好零件的清理和清洗工作。清理工作包括去除残留的型砂、铁锈、切屑等。零件上的油污、铁锈或附着的切屑，可以用柴油、煤油或汽油作为洗涤液进行清洗，然后用压缩空气吹干。

（2）相配表面在配合或连接前，一般都需加润滑剂。

（3）相配零件的配合尺寸要准确，装配时对于某些较重要的配合尺寸应进行复验或抽验。

（4）做到边装配边检查。当所装配的产品较复杂时，每装完一部分就应检查是否符合要求。在对螺纹连接件进行紧固的过程中，还应注意对其他有关零部件的影响。

（5）试车时的事前检查和启动过程的监视是很有必要的，例如检查装配工作的完整性、各连接部分的准确性和可靠性、活动件运动的灵活性、润滑系统的正常性等。机器启动后，应立即观察主要工作参数和运动件是否正常运动。主要工作参数包括润滑油压力、温度、振动和噪声等。只有当启动阶段各运动指标正常、稳定，才能进行试运转。

二、固定连接的装配知识

1. 螺纹连接的预紧、防松及其装配

螺纹连接是一种可拆的固定连接，它具有结构简单、连接可靠、装拆方便等优点，因而在机械中应用极为普遍。

（1）螺纹连接的预紧　螺纹连接为了达到紧固且可靠的目的，必须保证螺纹之间具有一定的摩擦力矩，此摩擦力矩是由施加拧紧力矩后产生的，即螺纹之间产生了一定的预紧力。螺纹连接的力矩一般由装配者按经验控制，但对于重要的螺纹连接，则由设计人员确定力矩。螺纹装配连接时，拧紧力矩应适宜，对于不同材料和直径的螺纹拧紧力矩，可参考表 2—31 选取或按设计要求选取。

表 2—31 　　　　　　　　　　　最大拧紧力矩　　　　　　　　　　　　N・m

螺纹	材料	干燥平垫圈	干燥圆垫圈	干燥平垫圈、弹簧垫圈	润滑圆垫圈	润滑平垫圈	润滑平垫圈、弹簧垫圈
M6	G3	10.79	12.16	11.866	12.699	12.01	12.915
M8	G3	27.37	27.81	28.27	28.19	30.39	30.744
M10	G3	52.21	61.27	54.34	63.31	61.29	56.07
M12	G3	88.73	97.19	96.01	108.1	96.02	102.97
M14	G3	174.26	193.88	197.5			
M16	G3	277.5	343.2	318.7			
M6	35	14.69	15.31	15.24	15.61	14.96	14.955
M8	35	26.61	29.65	31.8	29.23	28.82	30.234
M10	35	70.79	75.49	77.69	70.13	69.74	69.65
M12	35	121.6	121.7	122.4	142.69	123.76	130.82
M14	35	179.7	271.4	238.9	265.07	228.5	249
M16	35	389.4					

（2）螺纹连接的装配与防松　装配前要仔细清理工件表面，锐边倒角并检查是否与图样相符。旋紧的次序要合理。方盘和圆盘的连接顺序如图 2—47 所示，并要分次旋

紧。一般用手旋紧后，再使用扳手按图示顺序分2~3次旋紧。拧紧力矩必须适当，在没有规定拧紧力矩和专用工具的条件下，全凭经验而定。过大的拧紧力矩常常造成螺杆断裂、螺纹滑牙和机件变形；而过小的拧紧力矩同样会因连接紧固性不足，造成设备及人身事故。由于拧紧力矩的大小由多方面因素所决定，对于不同材料和螺纹直径在一般情况下采用呆扳手来拧紧螺母是比较合理的。它的柄长与开口尺寸保持了适宜的比例，拧紧力矩不会产生过于悬殊的出入。工作中有振动或冲击时，为了防止螺栓和螺母回松，螺纹连接必须采用防松装置，见表2—32。

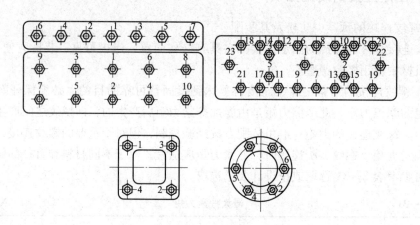

图2—47　拧紧成组螺栓或螺母的顺序

表2—32　　　　　　　　　　　　螺纹连接常用防松装置

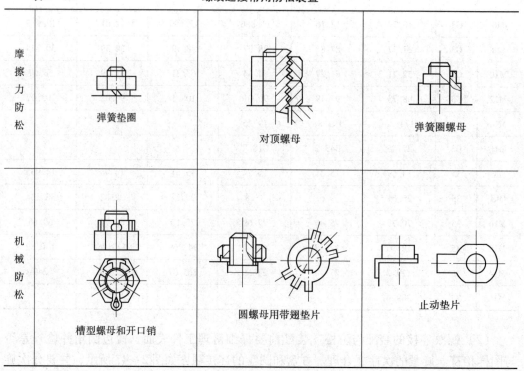

续表

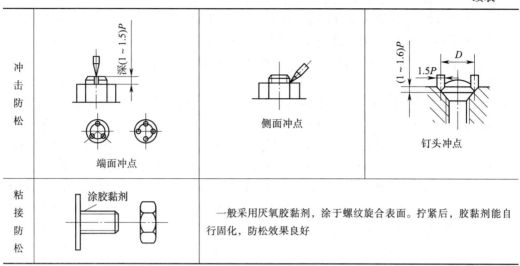

| 冲击防松 | 端面冲点 | 侧面冲点 | 钉头冲点 |
| 粘接防松 | 涂胶黏剂 | 一般采用厌氧胶黏剂，涂于螺纹旋合表面。拧紧后，胶黏剂能自行固化，防松效果良好 | |

2. 键连接的类型及其装配

键是用于连接传动件，并能传递转矩的一种标准件。按结构特点和用途不同，分为松键连接、紧键连接和花键连接三种，如图 2—48 所示。

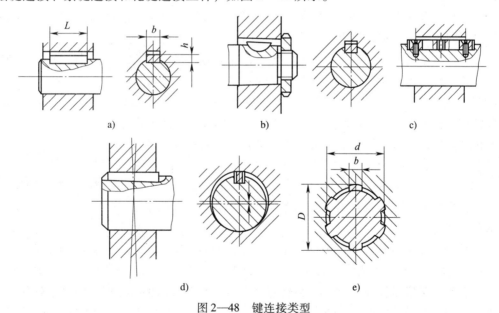

图 2—48 键连接类型

a）平键连接 b）半圆键连接 c）导向平键连接 d）紧键连接 e）花键连接

（1）松键连接的装配 松键连接应用最广泛。它又分为普通平键（见图 2—48a）、半圆键（见图 2—48b）、导向平键（见图 2—48c）三种。其特点是只承受转矩而不能承受轴向力。

松键装配要点如下：

1）清除键和键槽毛刺，以防影响配合的可靠性。

2）对重要的键，应检查键侧直线度、键槽对轴线的对称度。

3）用键头与键槽试配，保证其配合性质，然后锉配键长和键头，留0.1 mm左右间隙。

4）配合面上加机油后将键压入，使键与槽底接触。

5）试装套件（如齿轮、带轮等），注意键与键槽的非配合面应留有间隙等，直至完成装配。

（2）紧键连接的装配　紧键又称楔键（见图2—48d），其上表面斜度一般为1：100。装配时要使键的上下工作表面和轴槽、轮毂槽的底部贴紧，而两侧面应有间隙。键的斜度一定要吻合，可用涂色法检查接触情况。若接触不好，可用锉刀或刮刀修整键槽。钩头键安装后，钩头和套件端面，必须留有一定距离，供修理调整拆卸时用。

（3）花键连接的装配　花键连接如图2—48e所示。装配前应按图样公差和技术条件检查相配件。套件热处理变形后，可用花键推力修整，也可用涂色法修整。花键连接分固定连接和滑动连接两种：固定连接稍有过盈，可用铜棒轻轻敲入，过盈量较大时，则应将套件加热至80～120℃后进行热装；滑动连接应滑动自如，灵活无阻滞，在用于转动套件时不应有间隙。

3. 销连接的类型及其装配

销连接在机构中除起到连接作用外，还可起定位作用。按销子的结构形式，分为圆柱销、圆锥销、开口销等几种。其装配要点如下：

（1）圆柱销的装配　圆柱销按配合性质有间隙配合、过渡配合和过盈配合，按使用场合不同有一定差别，使用时要按规定选用。

在大多数场合下圆柱销与销孔的配合具有少量的过盈，以保证连接或定位的紧固性和准确性。此时销子涂油后可把铜棒垫在端面上，用锤子打入销孔中。过盈配合的圆柱销连接不宜多次拆装，否则将使配合变松而降低配合精度。对于需要经常装拆的圆柱销定位结构，一般情况两个定位销孔之一采用间隙配合，以便于装拆。

销孔加工，一般是相关零件调整好位置后，一起钻铰，其表面粗糙度达 $Ra1.6\ \mu m$ 或更低。

（2）圆锥销的装配　圆锥销具有1：50的锥度。锥孔铰削时宜用销子试配，以手推入80%～85%的锥销长度即可。锥销紧实后，销的大端应露出工件平面（一般为稍大于倒角尺寸）。

（3）开口销的装配　开口销打入孔中后，将小端开口扳开，防止振动时脱出。

4. 过盈连接的类型及其装配

过盈连接是依靠包容件（孔）和被包容件（轴）配合后的过盈值达到紧固连接的。装配后，轴的直径被压缩，孔的直径被胀大。由于材料的弹性变形，在包容件和被包容件配合面间产生压力。工作时，依靠此压力产生摩擦力来传递转矩、轴向力。过盈连接的结构简单，对中性好，承载能力强，还可避免零件由于有键槽等原因而削弱强度。但配合面加工精度要求较高，装配工作有时也不是很方便，需要采用加热或专用设备工具等。过盈连接常见形式有两种，即圆柱面过盈连接和圆锥面过盈连接，最广泛应用的是圆柱面过盈连接。

（1）圆柱面过盈连接　圆柱面过盈连接的应用十分广泛，例如叶轮与主轴、轴套与轴承座的连接等。过盈量的大小决定于所需承受的扭矩，过盈量太大不仅增加装配的困难，而且使连接件承受过大的内应力；过盈量太小则不能满足工作的需要，一旦在机器运转中配合面发生松动，还将造成零件迅速打滑而发生损坏或安全事故。

过盈连接时，选择的配合精度等级一般都较高，使加工后实际过盈的变动范围小，装配后连接件的松紧程度就不会产生较大的差别，但加工经济性降低。在成批生产时，为了达到一定的经济性，选择的精度等级不是很高时，加工后必须采用分组装配法，才能满足连接的性能要求。

为了便于装配和配合过程中容易对中及防止表面拉毛现象出现，包容件的孔端和被包容件的进入端应倒角，通常取倒角 $\alpha = 5° \sim 10°$，$A = 1 \sim 3.5$ mm，如图 2—49 所示。

（2）圆锥面过盈连接　圆锥面过盈连接是利用包容件和被包容件相对轴向位移后相互压紧而获得过盈的配合。使配合件相对轴向位移的方法有多种：图 2—50 所示为依靠螺纹拉紧而实现的；图 2—51 所示为依靠液压使包容件内孔胀大后而实现相对位移的；此处还常常采用将包容件加热使内孔胀大的方法。

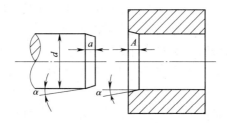

图 2—49　圆柱面过盈连接的倒角

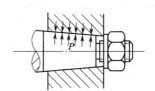

图 2—50　靠螺纹拉紧的圆锥
面过盈连接

靠螺纹拉紧时，其配合面的锥度通常为 1∶30 ~ 1∶8；而靠液压胀大内孔时，其配合面的锥度常采用 1∶50 ~ 1∶30，以保证良好的自锁性。

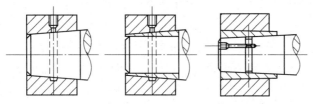

图 2—51　靠液压胀大内孔的圆锥面过盈连接

圆锥面过盈连接的特点是压合距离短，装拆方便，配合面不易被擦伤拉毛，可用于需多次装拆的场合。

（3）过盈连接的装配　过盈连接的装配方法很多，依据结构形式、过盈大小、材料、批量等因素有锤击法、螺旋压力机装配、气动杠杆压力机装配、油压机装配等方法，还有热胀配合法（红套）和冷缩法（例如小过盈量的小型连接件和薄壁衬套用干冰冷缩至 -78℃ 与内燃机主、副连杆衬套装配。采用冷却到 -195℃ 的液氮，时间短，效率高）。

1）锤击法　如果两工件接触面积大，端部强度较差而又不宜在压力机上装配时，可用锤击加螺栓紧固的方法装配。先将装配件轻轻装上并用木锤沿圆周敲击，然后拧上螺栓并旋紧。注意检查圆周各点位移是否相等，再用锤击，然后紧固螺栓，再锤击，再紧固螺栓，交替施力使装配件到位，此方法只适用于单件生产或修配。

2）热涨法 又称红套，是对包容件加热后使内孔胀大，套入被包容件，待冷却收缩后，使两配合面获得要求的过盈量的装配方法。加热的方法应根据包容件尺寸大小而定，一般中小型零件可用电炉加热，有时也可浸在油中加热（加热温度一般控制在80～120℃）；对于大型零件则可利用感应加热或乙炔火焰加热等方法。

采用热胀法配置时，内孔的热胀量可用下式计算：

$$\Delta d = a \ (t_2 - t_1) \ d \qquad (2-18)$$

式中　Δd——热胀量，mm；

a——包容件的线胀系数，1/℃，对于钢料，取 $a = 11 \times 10^{-6}$/℃；

t_2——加热温度，℃；

t_1——环境温度，℃；

d——内孔直径，mm。

5. 管道连接的类型及其装配

（1）管道连接的类型　管道是由管、管接头、法兰盘和衬垫等零件组成的，并与机械上的流体通道相连，以保证水、气体或液体等流体流动或能量传递。

管按材料的不同，有钢管、铜管、橡胶管，尼龙管等。管接头按结构形式不同，有螺纹管接头、法兰式管接头，卡套式管接头、球形管接头和扩口薄壁管接头等多种。

（2）管道连接的装配

1）保证足够的密封性　采用管道连接时，管在连接以前常需进行密封性实验（水压实验或气压实验），以保证管子没有破损和泄漏现象。为了加强密封性，使用螺纹管接头时，在螺纹处还需加以填料，如白漆加麻丝或聚四氟乙烯薄膜等。用法兰盘连接时，须在接合面之间垫以衬托，如石棉板、橡皮或软金属等。

2）保证压力损失最小　采用管道连接时，管道的通流截面应足够大，长度应尽量短且管壁要光滑。管道方向的急剧变化和截面的突然改变都会造成压力损失，必须尽可能避免。

3）法兰盘连接　连接时，两法兰盘端面必须与管的轴心线垂直，如图2—52a所示。图2—52b所示的形式是不正确的，它使连接时法兰端面之间密封性降低或使管道发生扭曲。

4）球型管接头的连接　当采用球型管接头连接时，如管道流体压力较高，应将管接头的密封球面（或锥面）进行研配。涂色检查时，其接触面宽度应不小于1 mm，以保证足够的密封性。球形管接头的结构形式如图2—53所示。

三、传动机构的装配

1. 带传动机构的装配

带传动是依靠带与带轮之间的摩擦力来传递动力的。

带传动分V带传动、平带传动和同步齿形带传动。采用V带传动时，摩擦力是平带的3倍左右，因此V带传动比平带传动应用广泛。同步齿形带传动，由于不打滑，故应用逐渐增多，但制造成本较高。各种带传动的形式如图2—54所示。

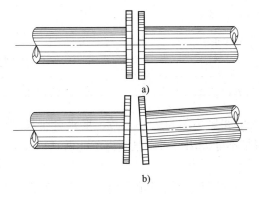

a)

b)

图 2—52 法兰盘连接

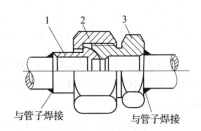

与管子焊接 与管子焊接

图 2—53 球形管接头
1—球形接头体 2—连接螺母 3—接头体

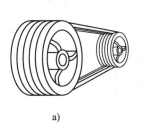

a)

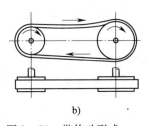

b)

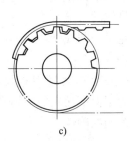

c)

图 2—54 带传动形式
a) V 带传动 b) 平带传动 c) 同步齿形带传动

（1）V 带传动机构的装配要求

1）带轮在轴上应没有过大的歪斜。通常要求其径向圆跳动为（0.002 5 ~ 0.005）D，端面圆跳动为（0.000 5 ~ 0.001）D（D 为带轮直径）。

2）两轮的中间平面应重合，倾斜角和轴向偏移量不得超过规定要求。一般倾斜角要求不超过 1°。

3）带轮工作表面的表面粗糙度要适当，一般为 $Ra3.2\ \mu m$。表面粗糙度过低不但加工经济性差，而且容易打滑；过粗则带的磨损加快。

4）带在带轮上的包角不能太小。对 V 带传动，包角不能小于 120°，否则容易打滑。

5）带的张紧力要适当。张紧力过小，不能传递一定的功率；张紧力太大，则带、轴和轴承都容易磨损，并降低了传动效率。

（2）传动张紧力的调整 在带传动机构中，都设计有调整张紧力的张紧装置。张紧装置可通过调整两轴的中心距，而重新使拉力恢复到规定的要求。合适的张紧力可根据经验方法判断：用拇指在 V 带切边的中间处，能将 V 带按下 15 mm 左右即可。也可用弹簧秤在 V 带切边的中间处加一个力 P，使 V 带在力 P 的作用点下垂一段距离 d。合适的张紧力可以得到相应的下垂距离 d，并可按式（2—19）近似计算：

$$d = \frac{A}{50} \tag{2—19}$$

式中 d——V 带下垂距离，mm；

A——两轴中心距，mm。

各型 V 带应加的作用力 P 可参照表 2—33 选择。

表 2—33 加于 V 带上的作用力

V 带型号	O	A	B	C	D	E	F
作用力 P/N	6	9	15	25	52	75	125

当采用多根 V 带传动时，为了使每根带的张紧力尽量大小一致，要求各带长度应一致；而且各根带的弹性要保持相等，新旧带不能混用，否则张紧力不能做到每根带保持均匀。

（3）带轮装配后的检查 安装带轮时，必须保证带位于轮缘面的中间，并且在工作时带不由轮缘面上滑下，也就是除两轮必须平行外，带轮的中间平面也应该重合。一般可采用下述拉线的方法进行检查：

将线的一端系于一轮的轮缘上；将线的另一端拉紧，并使线贴住此轮的端面；测定另一轮是否与线贴住，即可了解正确与否；如果两轮的大小不一，可通过查看端面的间隙检查。

中心距不大时用直尺法检查，如图 2—55 所示。为了保证两轮的中间平面重合，要保证两轮相对位置的准确性。

2. 链传动机构的装配

链传动机构是利用链轮带动链条的方式实现运动传动，并能保持恒定传动比的一种装置。链轮传动机构装配时，为了在传动时能使链轮的齿与链条环节循环接触，使齿的磨损均匀，一般链轮齿数都采用奇数，而链条环节都为偶数。同理，链轮的齿数是偶数时，则链条的环节必须为奇数。链传动机构示例如下：

（1）滚子链装配 它是由外链环与内链环相组成的链条。链环由心轴和套管活动地连接在一起。跟链轮的啮合是由灵活套在套管上的滚管产生的，如图 2—56 所示。

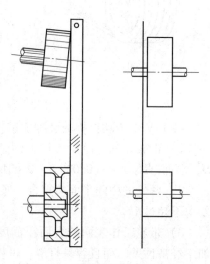

图 2—55 两带轮相对位置的检查

（2）齿状链装配 图 2—57 所示为齿状链的一种形式，是由许多薄片组成的链条。薄片由套管连接，两轴的间隔装有无齿的导正片，起导正链条与链轮方向的作用。导正片一般有内、外导正片之分。

在轴上安装链轮时，链轮的两轴线必须平行，否则将加剧链条和链轮的磨损，降低传动平稳性，使噪声增大。两链轮的轴向偏移量，必须在要求范围内。一般当中心距小于 50 mm 时，允许偏移量为 1 mm；当中心距大于 500 mm 时，允许偏移量为 2 mm。径向和端面圆跳动量规定如下：链轮直径为 100 mm 以下时，允许跳动量为 0.3 mm；链轮直径为 100 ~ 200 mm 时，允许跳动量为 0.5 mm；链轮直径为 200 ~ 300 mm 时，允许跳动量为 0.8 mm；链轮直径为 300 ~ 400 mm 时，允许跳动量为 1 mm。

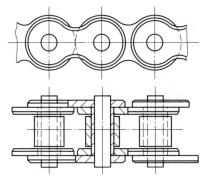

图 2—56　滚子链

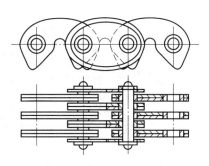

图 2—57　齿状链

链轮的装配方法与带轮基本相同。当滚子链条两端采用弹簧卡片锁紧的形式时，连接时应使其开口端的方向与链的运动方向相反，以免运转中弹簧卡片受到碰撞而脱落。

3. 齿轮传动机构的装配

齿轮机构的用途是传递动力和传递运动。虽然同时起着这两种作用，但有主次之分。有些齿轮机构以传递动力为主（如汽轮机中的减速器齿轮）；有些齿轮机构是以传递运动为主（如机床中的分度齿轮机构）。

（1）齿轮的分类　按轮廓外形不同，可分为三类：

1）圆柱齿轮　轮廓外形为圆柱形。按齿形不同，又分为直齿轮、斜齿轮、人字齿轮以及特殊变位齿轮。

2）圆锥齿轮　轮廓外形为圆锥形。按齿形不同，分为直齿圆锥齿轮、斜齿圆锥齿轮、曲线齿圆锥齿轮（如弧齿锥齿轮和准双曲线齿轮等）。

3）非圆形齿轮　这类齿轮的外形不是圆形的（如椭圆齿轮等），用于不等速传动，即当主动轮匀速转动时，被动轮的转速是非匀速的。

（2）齿轮传动机构的装配技术要求

1）齿轮孔与轴的装配要适当，不得有偏心和歪斜现象。

2）保证齿轮副有正确的安装中心距和适当的齿侧间隙。

3）齿面接触部分啮合正确，接触面积符合规定要求。

4）滑移齿轮在轴上滑动自如，不应有啃住或阻滞现象，且轴向定位准确。齿轮的错位量不得超过规定值。

5）对转速高的大齿轮，装配时应进行平衡检查。

（3）圆柱齿轮传动机构的装配要点

1）齿轮与轴的装配　根据齿轮与轴的配合性质，可采用相应的装配方法。装配后，齿轮在轴上常见的安装误差是齿轮偏心、歪斜、端面未靠贴轴肩等，如图 2—58 所示。精度要求高的齿轮副，应进行径向圆跳动检查（见图 2—59a）和端面圆跳动检查（见图 2—59b）。

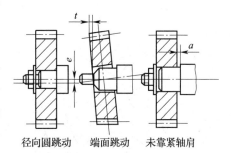

径向圆跳动　　端面跳动　　未靠紧轴肩

图 2—58　齿轮在轴上的安装误差

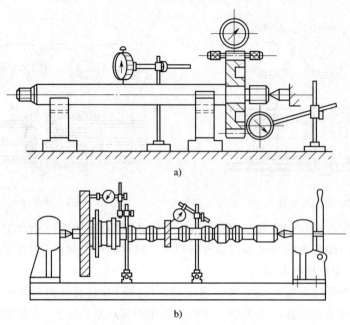

a)

b)

图 2—59　齿轮径向圆跳动检查和端面圆跳动检查

2）齿轮轴组件的装配　齿轮轴组件装入箱体的装配方式，应根据轴在箱体中的结构特点而定，装配前应进行以下三方面的检查：孔和平面的尺寸精度及形状精度；孔和平面的相互位置精度；孔和平面的表面粗糙度及外观质量。

3）啮合质量检查　齿轮装配后，应进行啮合质量检查。齿轮的啮合质量，包括适当的齿侧间隙、一定的接触面积以及正确的接触部位。测量侧隙的方法有压铅丝法，如图 2—60 所示。在齿面沿齿宽两端平行放置两条铅丝，宽齿可放 3～4 条，铅丝直径不宜超过最小侧隙的 4 倍。转动齿轮，测量铅丝挤压后最薄处的尺寸，即为侧隙。对于传动精度要求较高的齿轮副，侧隙用百分表检查，如图 2—61 所示。将百分表测头与一齿轮轮齿的齿面接触，另一齿轮固定。将接触百分表测头的轮齿从一侧啮合转到另一侧啮合，百分表的读数差值即为侧隙。如果被测齿轮为斜齿或人字齿时，法面侧隙 c_n 按下式计算：

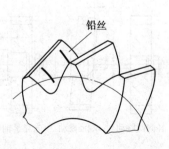

铅丝

图 2—60　压铅丝法检查侧隙

图 2—61　用百分表法检查侧隙

$$c_n = c_k \cos\beta \cos\alpha_n \tag{2—20}$$

式中　c_n——法面侧隙，μm；

　　　c_k——端面侧隙，μm；

　　　β——螺旋角，（°）；

　　　α_n——法面压力角，（°）。

接触面积和接触部位的正确性用涂色法检查。检查时，转动主动轮，从动轮应轻微转动。对双向工作的齿轮副正向，反向都应检查。

齿轮上接触印痕的面积，应该在齿轮的高度上接触斑点不少于 30% ～60%，在齿轮的宽度上不少于 40% ～90%（随齿轮精度而定），分布的位置应是自节圆处上下对称分布。通过印痕在齿面上的位置，可以判断误差的原因，如图 2—62 所示。

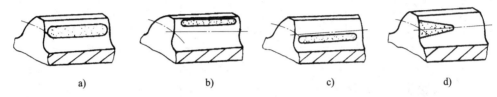

图 2—62　圆柱齿轮的接触印痕及其原因

a）正确　b）中心距太大　c）中心距太小　d）轴心线歪斜

（4）锥齿轮传动机构的装配要点　锥齿轮传动机构的装配顺序，与圆柱齿轮传动机构装配顺序相似。通常要做的工作是两齿轮在轴上的轴向定位和啮合精度的调整。

1）两锥齿轮轴向位置的确定

①安装距离确定时，必须使两齿轮分度圆锥相切，两锥顶重合，据此来确定小齿轮的轴向位置。若此时大齿轮尚未装好，可用工艺轴代替，然后按侧隙要求决定大齿轮的轴向位置。

②背锥面作基准的锥齿轮的装配，应将背锥面对齐、对平。图 2—63 中，锥齿轮 1 的轴向位置，用改变垫片厚度来调整；锥齿轮 2 的轴向位置，则可通过调整固定圈位置确定。调整好后，根据固定圈的位置配钻孔并用螺钉固定。

2）啮合精度的调整　用涂色法检查啮合精度。根据齿面着色显示的部位不同，有针对性地进行，锥齿轮副啮合精度的调整方法见表 2—34。

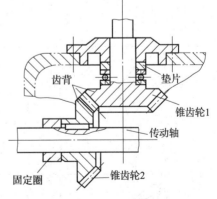

图 2—63　锥齿轮传动机构的装配调整

4. 蜗杆传动机构的装配

在机械传动中，蜗杆传动机构常用于传递空间两交错轴间的运动和功率。它具有传动比大而准确，工作平稳，噪声小且可以自锁的特点，故在起重设备上应用很广泛。但其传动效率较低，工作时发热量大，从而必须有良好的润滑。

表 2—34   锥齿轮副啮合精度的调整方法

图示	显示情况	调整方法
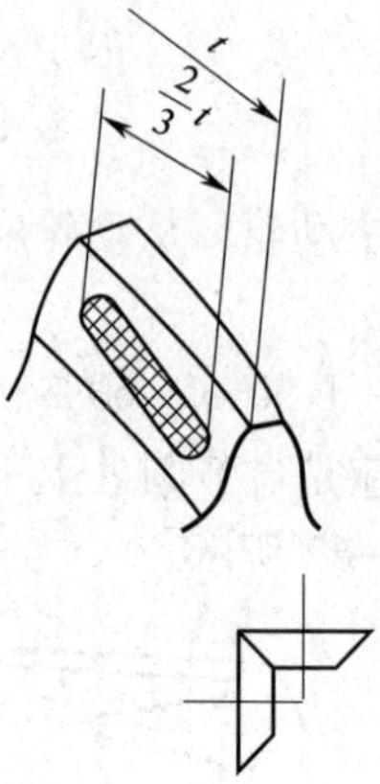	印痕恰好在齿面中间位置，并达到齿面长的 2/3，装配调整位置正确	
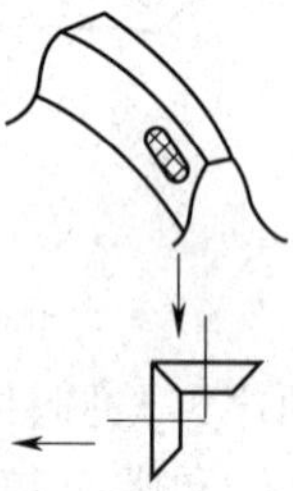	小端接触	按图示箭头方向，将一齿轮调退，另一齿轮调进。不能用一般方法调整达到正确位置时，则应考虑由于轴线交角太大或太小，必要时修刮轴瓦
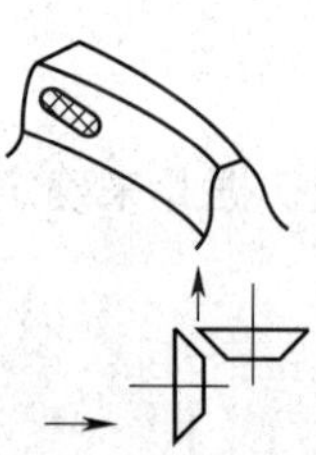	大端接触	
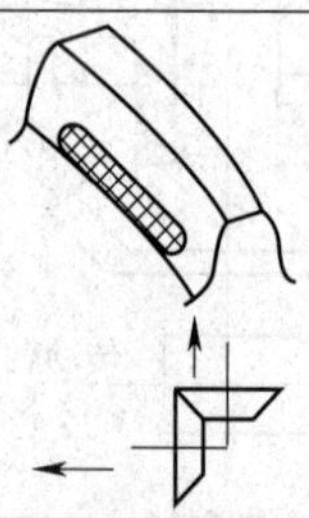	低接触区	将小齿轮沿轴向移进，如侧隙过小，则将大齿轮沿轴向移出或同时调整使两齿轮退出
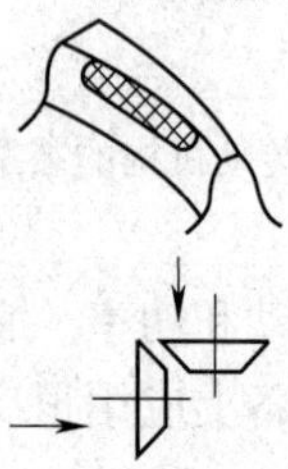	高接触区	将小齿轮沿轴向移出，如侧隙过大，可将大齿轮沿轴向移动或同时调整使两齿轮靠近

续表

图示	显示情况	调整方法
	同一齿的一侧接触区高，另一侧低	通过装配无法调整，需调换零件。若只做单向传动，可按低接触或高接触的调整方法考虑另一齿侧的接触情况

（1）蜗杆传动机构的装配技术要求　蜗杆传动机构的装配依照用途不同，其方法也不同。若用于分度，以提高其运动精度为主，需尽量减小蜗杆副在运动中的空转角度；若用于传递运动，则以提高其接触精度为主，使之增加耐磨性并能传递较大的转矩。装配工人应利用自己的装配技能保证工作的相对位置精度，具体要求如下：

保证蜗杆轴线与蜗轮轴线互相垂直；保证蜗杆轴线在蜗轮轮齿的对称平面内；保证中心距准确；保证有适当的啮合侧隙和正确的接触斑点。

图 2—64 所示为蜗杆传动机构的装配不符合要求的几种情况。

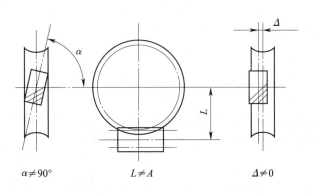

图 2—64　蜗杆传动机构的几种不正确情况

（2）蜗杆传动机构的装配顺序　蜗杆传动机构的装配，按其结构不同，有的先装蜗轮，后装蜗杆；有的则相反。大多数情况是从装配蜗轮开始的。其具体顺序如下：

1）将蜗轮装在轴上。其安装和检查方法与圆柱齿轮副的装配相同。

2）把蜗轮轴组件装入箱体。

3）装入蜗杆。蜗杆轴线位置由箱体安装孔保证，蜗轮的轴向位置可通过改变垫圈厚度或其他方式进行调整。

（3）装配后的检查与调整　蜗杆副装配后，用涂色法检查其啮合质量，蜗轮齿面的显示情况如图 2—65 所示。图 2—65a、b 所示为蜗杆副两轴线不在同一平面内的情况。一般蜗杆位置已固定，则可按箭头方向调整蜗轮的轴向位置，使其达到图 2—65c 所示的要求。

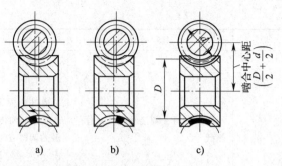

图2—65　蜗轮齿面的显示情况

利用塞尺或压铅法检测侧隙很困难。一般对不太重要的蜗杆副，凭经验用手转动蜗杆，根据其空程角判断侧隙大小。对运动精度要求较高的蜗杆副，用百分表进行检测，如图2—66所示。空程角与侧隙有以下近似关系（蜗杆升角的影响忽略不计）：

$$\alpha = c_n \times \frac{360° \times 60}{1\,000\pi z_1 m} = 6.8 \times \frac{c_n}{z_1 m}$$

$$(2—21)$$

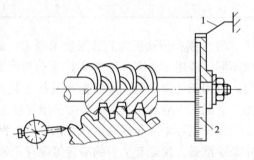

图2—66　蜗杆传动机构侧隙的检测
1—指针　2—刻度圆盘

式中　α——空程角，（°）；

　　　z_1——蜗杆头数；

　　　m——模数，mm；

　　　c_n——侧隙，μm。

5. 联轴器和离合器的装配

（1）联轴器的装配　联轴器按结构形式不同，可分为锥销套筒式、凸缘式、十字滑块式、弹性圆柱销式、万向联轴器等，如图2—67所示。

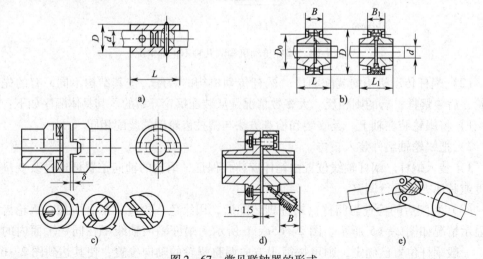

图2—67　常见联轴器的形式
a）锥销套筒式　b）凸缘式　c）十字滑块式　d）弹性圆柱销式　e）万向联轴器

1）装配技术要求　无论哪种形式的联轴器，其装配的主要技术要求是保证两轴的同轴度；否则，被连接的两轴在转动时将产生附加阻力并增加机械的振动，严重时还会使轴产生变形，以至于造成轴和轴承的过早损坏。对于高速旋转的刚性联轴器，这一要求尤为重要。而对于挠性联轴器（如弹性圆柱销联轴器和齿套式联轴器等），由于其具有一定的挠性作用和吸收振动的能力，同轴度要求比刚性联轴器稍低。

2）装配方法　图 2—68 所示为较常见的弹性圆柱销联轴器，其装配要点如下：

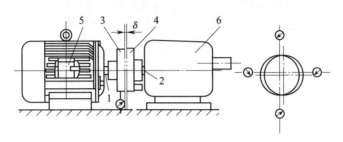

图 2—68　弹性圆柱销联轴器的装配

1、2—轴　3、4—半联轴器　5—电动机　6—齿轮箱

①先在轴 1、2 上装入平键和半联轴器 3 和 4，并固定齿轮箱，按要求检查其径向和端面圆跳动。

②将百分表固定在半联轴器上，使其测头触及半联轴器的外圆表面，找正两个半联轴器 3、4，使之符合同轴度要求。

③移动电动机，使半联轴器 3 上的圆柱销稍微进入 4 的销孔内。

④转动轴 2，通过调整使间隙 δ 沿圆周方向均匀分布。然后移动电动机，使两个半联轴器靠紧，固定电动机，再复检一次同轴度。

（2）离合器的装配　离合器的装配要求是接合与分离动作灵敏，能传递足够的转矩，工作平稳。对摩擦离合器，应解决发热和磨损补偿问题。

常见的摩擦离合器如图 2—69 所示。要解决摩擦离合器发热和磨损补偿问题，装配时应注意调整好摩擦面的间隙。摩擦离合器一般都设有间隙调整装置（多为调整螺母）。装配时，可根据其结构和具体要求进行调整。

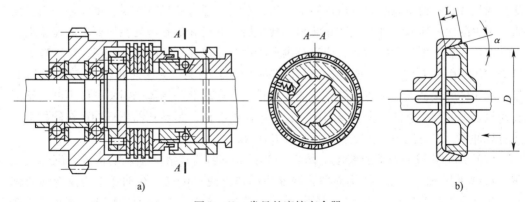

a)　　　　　　　　　　　　　　　　　　　　b)

图 2—69　常见的摩擦离合器

a）片式摩擦离合器　b）圆锥式摩擦离合器

齿式离合器由两个带端齿的半离合器组成。端齿有三角形、矩形、梯形和锯齿形等多种形式，如图2—70所示。

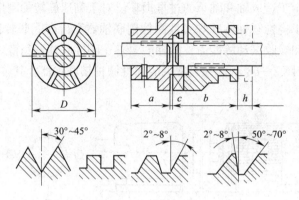

图2—70　齿式离合器

装配时，把固定的一半装在主动轴上，滑动的一半装在从动轴上，力求保证两半离合器的同轴度。滑动的半离合器在轴上应滑动自如，无阻滞现象，各个啮合齿的间隙应相等。

四、轴承和轴的装配

1. 滑动轴承的装配

滑动轴承是一种滑动摩擦性质的轴承，其主要优点是工作可靠、平稳、噪声小且能承受重载荷和较大的冲击载荷，有些高精度的主轴轴承就采用了滑动轴承。

滑动轴承的种类很多，根据结构形式的不同，可分为整体式、剖分式和瓦块式等；根据工作表面形状的不同，可分为圆柱形、椭圆形和多油楔等。

（1）整体式滑动轴承的装配　图2—71所示为轴套式整体滑动轴承（俗称轴套），是滑动轴承中最简单的一种形式。它大多数采用压入和锤击的方法来装配，特殊场合采用热装法和冷缩法。因多数轴套是用铜或铸铁制成的，所以装配时应细心，可用木锤或锤子垫木块击打的方法装配。应根据轴套与座孔配合过盈量的大小确定适宜的压入方法。当尺寸和过盈量较小时，可用锤子敲入；在尺寸或过盈量较大时，则宜用压力机压入。无论敲入或压入，都必须防止倾斜。装配后，油槽和油孔应处在所要求的位置上。

对压入后产生变形的轴套，应进行内孔的修整。尺寸较小的进行铰削；尺寸较大的则必须用刮削的方法。修整时需注意控制与轴的配合间隙。为了防止轴套工作时转动，轴套和箱体的接触面上装有骑缝螺钉或定位销。通常轴套和箱体的材料硬度不同，钻削孔时很容易使钻头逐渐偏向软材料的一边。解决的办法一是钻孔前用样冲在靠硬材料一边打样冲眼；二是用短钻头施钻，以提高其刚度。

（2）部分式滑动轴承的装配　图2—72所示为剖分式滑动轴承的构成。剖分式轴承（或称对开轴承）具有结构简单、调整和拆卸方便的优点。在轴瓦座上镶上两块轴瓦，其结合处配以适当的垫片以调整间隙，并能够在使用一段时间后再通过调整垫片获得合理的间隙。其装配的主要工作内容如下：

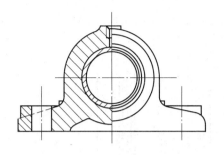

图2—71　轴套式整体滑动轴承

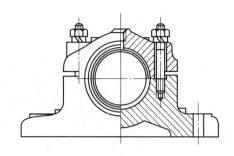

图2—72　剖分式滑动轴承的构成

1）轴瓦与轴承体（包括轴承座和轴承盖）的装配　上、下两轴瓦与轴承体内孔的接触必须良好。如不符合要求，对于厚壁轴瓦应以轴承体内孔为基准，刮研轴瓦背部。同时，应使轴瓦的台阶紧靠轴承体两端面。它们之间的配合一般为 $\dfrac{H7}{f7}$，不符合要求时要进行修刮。对于薄壁轴瓦则不需修刮，只要使轴瓦的中分面比轴承体的中分面高出一定数值（Δh）即可。$\Delta h = \dfrac{\pi \delta}{4}$（$\delta$ 为轴瓦与轴承体内孔的配合过盈），一般 $\Delta h = 0.05 \sim 0.1$ mm，如图2—73所示。

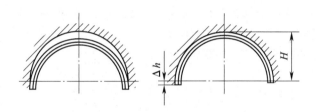

图2—73　薄壁轴瓦中分面的高出量

2）轴瓦的定位　轴瓦安装在轴承体中，无论在圆周方向或轴向都不允许有位移。通常可用定位销和轴瓦两端的台阶来止动。

3）轴瓦孔的配刮　对开式轴瓦一般都用与其相配的轴研点。通常先刮下轴瓦，然后再刮上轴瓦。为了提高刮削效率，在刮下轴瓦时可不装轴承盖。当下轴瓦的接触点基本符合要求时，再将轴承盖压紧，并在刮研上轴瓦的同时进一步修整下轴瓦的接触点。

配刮时轴的松紧程度可随刮削次数的增加，通过改变垫片的厚度来调整。轴承盖紧固后，轴能轻松地转动而无明显间隙，接触点符合要求，即表示配刮完成。

4）轴承间隙的测量　轴承间隙的大小可通过中分面处的垫片调整，也可通过直接修刮上轴瓦调整。测量轴承间隙时通常采用压铅丝法，如图2—74所示。取几段直径大于轴承间隙的铅丝放在轴颈和中分面上，然后合上轴承盖，均匀拧紧螺母使中分面压紧，再拧下螺母，取下轴承盖，细心取出各处被压扁的铅丝。每取出一段，使用千分尺测出厚度，根据铅丝的平均厚度差即可知道轴承的间隙。

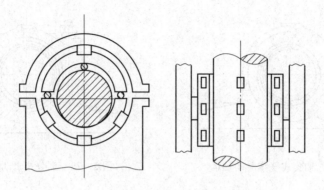

图2—74　采用压铅丝法测量轴承间隙

一般圆柱轴承的直径间隙应为轴颈直径的 1.5‰ ~ 2.5‰。直径较小时，取较大的间隙值。

2. 滚动轴承的装配

由于滚动轴承具有摩擦力小、轴向尺寸小、更换方便、维护简单等一系列优点，所以在众多的结构中被采用，尤其是在机械制造业中应用广泛。

（1）装配技术要求

1）滚动轴承上标有代号的端面应装在可见的方向，以便更换时查对。

2）轴颈或壳体孔台阶处的圆弧半径应小于轴承上相对应处的圆弧半径，如图2—75所示。

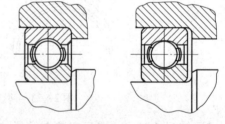

3）轴承装配在轴上和壳体孔中后，应没有歪斜现象。

4）在同轴的两个轴承中，必须有一个可以随轴热胀时产生轴向移动。

图2—75　滚动轴承在台肩处的配合要求
a）正确　b）不正确

5）装配滚动轴承时必须严格防止污物进入轴承内。例如，不要使用压缩空气吹轴承，尤其对于高速运行的轴承，空气中的微粒往往会拉伤轴承的滚道。

6）装配后的轴承须运转灵活，噪声小，工作温度一般不宜超过65℃。

（2）装配方法　装配滚动轴承时，最基本的原则是要使施加的轴向压力直接作用在所装轴承套圈的端面上，而尽量不影响滚动体。

轴承的装配方法很多，有锤击法、螺旋压力机或液压机装配法、热装法等，最常用的是锤击法。

1）锤击法　所谓锤击法，并不是用锤子直接敲击轴承，图2—76所示的两种情况就是错误的。正确的锤击法是用锤子垫子套筒或纯铜棒以及扁键等稍软一些的材料后再锤击。锤击点视轴承装入轴或箱体孔面的不同，分别为内圈和外圈。使用纯铜棒时，要注意不要使铜末落入轴承滚道内。

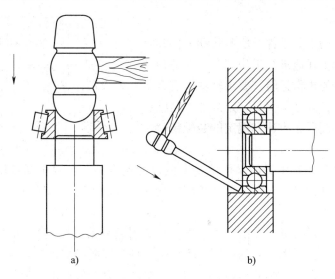

图 2—76 错误的轴承装配方法

2）螺旋压力机或液压机装配法 对于过盈配合或较大的轴承，可以用螺旋压力机或液压机进行装配。压装前要将轴和轴承放平、放正并在轴上涂少许润滑油。压入速度不要过快，轴承到位后应迅速撤去压力，以防止损坏轴，尤其是细长类的轴。

3）热装法 当配合的过盈较大、装配批量大或受装配条件的限制不能用以上方法装配时，可以使用热装法。热装法是将轴承放在油中加热至 80～100℃，使轴承内孔胀大后套装到轴上。它可保证装配时轴承和轴免受损伤。对于内部充满润滑脂以及带有防尘盖和密封圈的轴承，不能使用热装法装配。

（3）轴承间隙 装配圆锥滚子轴承时，轴承间隙是在装配后调整的。调整的方法有以下几种：按图 2—77a 所示用垫片调整；按图 2—77b 所示用螺钉调整；按图 2—77c 所示用螺母调整。

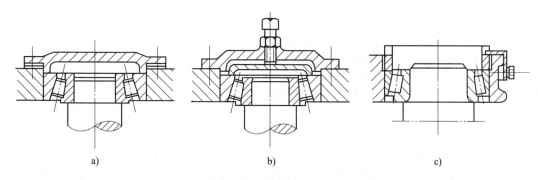

图 2—77 向心推力圆锥滚子轴承间隙的调整

装配推力球轴承时，应首先区分出紧环和松环。紧环的内孔直径比松环的略小，装配后的紧环与轴在工作时是保持相对静止的，所以它总是靠在轴的台阶孔端面处；否则，轴承将失去滚动作用而加速磨损。图 2—78 所示为松环与紧环正确的装配位置，其轴承间隙可用圆螺母调整。

3. 轴的装配

轴是机械中的重要零件，所有传动零件和叶轮等都要装在轴上才能进行工作。为了保证轴及其上面的零部件能正常运转，要求轴本身具有足够的强度和刚度，并必须满足一定的加工精度要求。轴上零件装配后还应达到规定的装配精度要求。

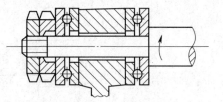

图2—78　推力球轴承松环和
紧环的装配位置

（1）轴的精度　轴本身的精度除重要的尺寸精度外，主要包括各轴颈的圆度、圆柱度和径向圆跳动，以及与轴上零件相配的圆柱面对轴颈的径向圆跳动、轴上重要端面对轴颈的垂直度等。

轴颈圆度误差过大时，在滑动轴承中运转会引起跳动（振动）；轴颈圆柱度误差过大时，会使轴颈在轴承内引起油腊厚度不均匀，轴瓦表面局部负荷过重而加剧磨损。而径向圆跳动误差过大时，则使运转时产生径向振动。以上各种误差反映在滚动轴承支承时，都将引起滚动轴承的变形而降低装配精度。所以，这些误差一般都要严格控制（如控制在 0.02 mm 以内）。

轴上与其他旋转零件相配的圆柱面对轴颈的径向圆跳动误差过大，或轴上重要端面对轴颈的垂直度误差过大，都将使旋转零件装在轴上后产生偏心，以至于运转时造成轴的振动。

（2）轴的精度检查　轴的圆度和圆柱度误差的检查方法是用千分尺对轴颈进行测量。通过测量径向或端面圆跳动，检查轴上各圆柱面对轴颈的径向圆跳动误差以及端面对轴颈的垂直度误差。通常采用以下几种方法：

1）在 V 形架上检查，如图2—79所示。在平板上将轴的两个轴颈分别置于 V 形架上。轴左端中心孔内放一钢球，并用角铁顶住，以防止在检查时产生轴向窜动。用百分表或千分表分别测量各外圆柱面及端同的跳动量，即可得到误差值。

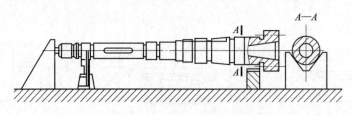

图2—79　在 V 形架上检查轴的精度

2）在车床上检查，如图2—80所示。选择一台精度较高的车床，用四爪单动卡盘夹住轴颈的尾部1。在卡爪与轴表面接触处垫以直径为 2～3 mm 的纯铜丝，使其产生点接触，这样既可保护轴的表面，又可避免卡爪与轴表面接触面过大而卡住轴颈，影响校正精度。将轴的另一端2（轴颈处）支承在中心架上。将百分表置于刀架上，转动轴并调整四个卡爪和中心架的支承。当两端轴颈校正到最小误差时，这个最小误差便是这两轴颈的径向圆跳动误差。随后可分别检查其他各圆柱面对轴颈的径向圆跳动误差。

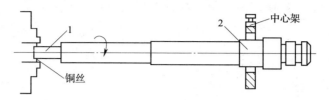

图 2—80　在车床上检查轴的精度

1—轴颈尾部　2—轴颈处

3）用两顶尖夹持轴时使用的检查方法与在车床上的检查法相似，不同的只是轴两端都用顶尖顶住中心孔。此时要求中心孔必须精确，以免影响检查的准确性。

（3）轴的装配　轴的装配工作包括对轴本身的清理和检查，完成轴上某些零件（如中心孔丝堵等）的连接，以及为轴上其他传动件或叶轮的装配做好准备等。

4．润滑剂的作用及种类

（1）润滑剂的作用　在轴承或其他相对运动的接触表面之间加入润滑剂后，润滑剂能在摩擦表面之间形成一层油膜，使两个接触面上凸起部分不至于产生撞击，并减小相互间的摩擦阻力。在润滑良好的条件下，摩擦因数可降至 0.001 或更小，并能起到冷却、清洗、防锈、密封、缓冲和减振等作用。

（2）润滑剂的种类　润滑剂有润滑油、润滑脂和固体润滑剂三类。

1）润滑油　润滑油中应用最广泛的是矿物油，是从原油提炼出来的，成本低，产量大，性能也较稳定。常用润滑油的种类及用途见表 2—35。

表 2—35　　　　　　　　　　　常用润滑油的种类及用途

类别	牌号	用途
机油	N10、N15、N32、N46、N68	号数小的适用于高速、轻载的机械；号数大的适用于低速、重载的机械
精密主轴油	N2、N5、N7、N15	适用精密主轴的滑动轴承，也可用于中等转速的精密滚动轴承
汽轮机油	N32、N46、N68、N100	适用于润滑汽轮机的滑动轴承
重型机油	N68	适用于大型轧钢机和剪板机
齿轮油	N32、N46	适用于汽车、拖拉机和工程机械的齿轮传动装置

润滑油选用的一般原则如下：

①工作温度低，宜选用黏度低的油；工作温度高，宜选用黏度高的油。

②负荷大时，选用的油黏度要高，以保证油膜不被挤破。

③运动速度大时，宜选用黏度低的油，以减小油的内摩擦力，降低动力消耗。

④摩擦表面的间隙小时，宜选用黏度低的油，以保证容易流入。

2）润滑脂　又称黄油，是一种凝胶状润滑剂，由润滑油和稠化剂合成。稠化剂有钠皂、钙皂、锂皂和铝皂等多种。润滑脂有润滑、密封、防腐和不易流失等特点，故主要应用于加油或换油不方便的场合。

3）固体润滑剂　固体润滑剂有石墨、二硫化钼和聚四氟乙烯等几种，可以在高温、高压下使用。

五、机器运行基本知识

1. 机器试车的概念

装配好的机器必须加以调整和试车（试运行）试车的作用是确定机器工作的正确性和可靠性。试车正常后，才能移交给操作人员进行正常操作运行。此时，装配或修理工作才告完成。试车未达到正常要求，则仍需对机器的装配或修理工作进行检查、返工，直至达到要求为止。

在机器试车中，很重要的是启动阶段。因为此时往往会有预先未能估计到的各种问题和故障暴露出来，应急的措施通常未能充分准备，所以，需要特别认真和谨慎地做好各项工作，以免出现重大的故障或事故。

机器启动前，工作场地要进行一次清理，多余的材料、工件和工具、设备等要全部移开，使试车所需的空间位置足够大，以保证试车的顺利进行。试车时，所需要用的监测仪器、仪表应保证处于良好状态。机器启动前，机器上有些暂时不需要产生动作的进给运动机构和部件通常都应处于"停止"位置。待需要参加试车时再调整到"进给"位置或"自动"位置。机器上有应急保险装置的，应确保其动作可靠，严防产生失灵现象。对于复杂和大型的机器，试车往往需要众人参与，此时试车的有关人员必须分工明确，各尽其职，并应在各自的岗位上全部准备就绪的情况下，方能由试车的总指挥发布启动命令。

试车必须严格按制定的规程执行。机器一经启动，应立刻观察和严密监视其工作状况。根据机器的不同特性，按试车规程所定的各项工作性能参数及其指标进行读数，做好记录，并判断其是否正常。例如，轴承的进、排油温度和进油压力是否正常；轴承的振动和噪声是否正常；机器静、动部分是否有不正常的摩擦或碰撞；有无过热或松动的部位以及运动状况不符合要求的部位或热胀不符合要求的情况；机器其余各部分的振动和噪声是否过大；机器的转速是否准确和稳定；功率是否正常；流体的压力、温度和流量等是否正常；密封处有无泄漏等现象。

启动过程中，当发现有不正常的征兆时，应立即检查分析和查找原因，必要时应降低转速；当发现有异常情况时，应果断停机检查。启动过程应有步骤地进行，待这一阶段的运转情况都正常和稳定后，再继续做后一阶段的试验。

对于某些高速旋转机械，当转速升高到接近其临界转速时，如果振动尚在允许范围，则继续升速并尽快越过临界转速，以免停留在临界转速下运转过久而引起共振。但冲越过程中发现振动有可能超出允许范围的趋势时，应不再继续强行冲越，必须降速或停机检查原因，待排除故障后方能重新启动升速。升速过程达到额定转速后，如果一切均属正常，则一般需按规定再稳定运转一段时间，观察各工作性能参数的稳定性，并对机器各部分的工作状况做详细的检查，做好必要的测定和记录工作。

2. 试车的类型

机器试车的具体内容根据其目的不同而不同。一般试车类型有以下几种：

（1）空运转试验　又称空负荷试验，是指机器或部件装配后，不加负荷所进行的运转试验。其主要目的是检查和考核其在工作状态下各部分的工作是否正常，工作性能参数是否符合设计要求。同时，可使机器在初始工作阶段得到正常的磨合，为后阶段的负荷试验创造条件。

（2）负荷试验　机器或其部件装配后，加上额定负荷所进行的试验称为负荷试验。负荷试验是机器试车的主要任务，是保证机器能长期在额定工况条件下正常运转的基础。

（3）超负荷试验　是指按照技术要求对机器进行超出额定负荷范围的运转试验。超负荷试验主要检查机器在特殊情况下的超负荷工作能力，观察机器的各部分是否可靠和安全。

（4）性能试验　是为测定产品及其部件的性能参数而进行的各种试验，如对金属切削机床所进行的各项加工精度试验；对动力机械所进行的功率试验；对压缩机械所进行的流量、压力试验；以及对各种机械所进行的振动和噪声试验等。

另外，机器试车根据不同目的，还有超速试验、寿命试验、破坏性试验等。

第三章　初级钳工相关知识

第一节　相关工种一般工艺知识

一、车削加工

车削加工是指在车床上利用工件的旋转运动和刀具的移动来加工工件的加工方法，主要用于加工各种回转表面。车削能加工的表面有端面、外圆、内圆、锥面、螺纹、回转成形面、回转沟槽以及滚花等，如图3—1所示。

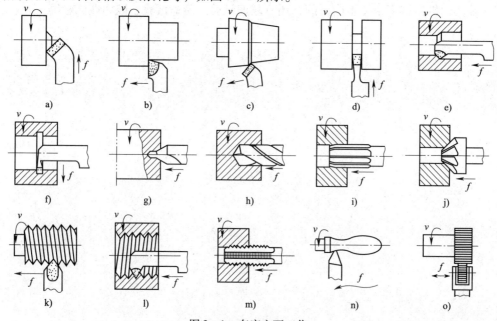

图3—1　车床主要工作

a) 车端面　b) 车外圆　c) 车外锥面　d) 车槽、切断　e) 车孔　f) 车内槽　g) 钻中心孔　h) 钻孔
i) 铰孔　j) 锪锥孔　k) 车外螺纹　l) 车内螺纹　m) 攻螺纹　n) 车成形面　o) 滚花

工件在车床上的装夹方法如图3—2所示。其中图3—2a所示为用三爪自定心卡盘装夹。三爪自定心卡盘的三个卡爪能同时移动，自行对中，适用于装夹较短（一般$L/D < 4$）的圆形、正三角形、正六边形等截面的中、小型工件。图3—2b所示为用四爪单动卡盘装夹。四爪单动卡盘的四个卡爪独立移动，装夹工件时需要找正，夹紧力比三爪自定心卡盘大，适用于装夹较短（$L/D < 4$）的且截面为方形、长方形、椭圆或不规则形状的工件以及直径较大又较重的盘套类工件。图3—2c所示为用花盘装夹，适用于装夹孔或外圆与定位基面垂直的工件。图3—2d所示为用花盘—弯板装夹，适用于装

夹孔或外圆与定位基面平行的工件。图 3—2e 所示为用两顶尖装夹，适用于装夹较长（$4 < L/D < 20$）的轴类工件。如果工件特别细长（$L/D > 20$），为了减小工件在切削力作用下产生的弯曲变形，还应增加辅助支承——中心架或跟刀架，如图 3—2f、g 所示。图 3—2h 所示为用心轴装夹。盘套类零件以孔为定位基准，安装在心轴上，可保证外圆、端面对内孔的位置精度。

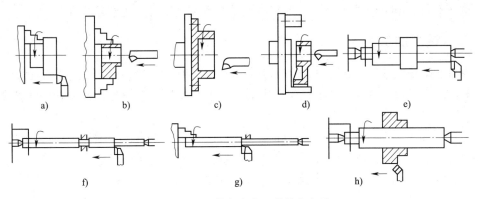

图 3—2　工件在车床上的装夹方法

二、磨削加工

磨削加工应用非常广泛，可以用来加工内外圆柱面、内外圆锥面、台阶端面、平面以及螺纹、齿形、花键等，如图 3—3 所示。磨削加工精度高，表面粗糙度值小，且可加工高硬度材料。

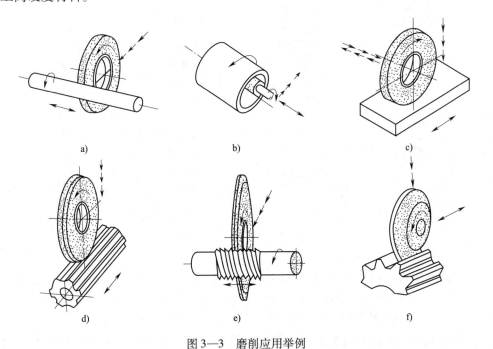

图 3—3　磨削应用举例

a）磨外圆　b）磨内圆　c）磨平面　d）磨花键　e）磨螺纹　f）磨齿轮齿形

通用磨床有普通外圆磨床、万能外圆磨床、平面磨床和无心磨床。在普通外圆磨床上可用两顶尖或卡盘分别装夹轴类零件和轴销类零件，磨削外圆及外台阶端面，关可扳转上工作台磨削锥面。万能外圆磨床除具备上述功能外，还备有内圆磨头，用以磨削内圆。其头架可逆时针扳转 90°，用来磨削任意锥度的短锥面。内圆磨床主要利用卡盘装夹盘套类零件，可磨削内圆及内台阶端面，其头架可扳转一定角度，用以磨削内锥面。平面磨床有卧轴和立轴两大类，一般利用电磁吸盘装夹工件，可磨削平面。

三、铣削加工

铣削加工是在铣床上利用刀具的旋转运动和工件的移动来加工工件的，是平面加工的主要方法之一。对于单件、小批量生产中的中、小型零件，常用卧式铣床和立式铣床加工。

铣床可加工平面（水平面、垂直面、斜面）、沟槽（包括直角槽、键槽、角度槽、燕尾槽、T 形槽、圆弧槽、螺旋槽）和成形面等。此外，铣床还可以进行孔加工（包括钻孔、扩孔、铰孔、镗孔）和分度工作。铣床主要工作如图 3—4 所示。

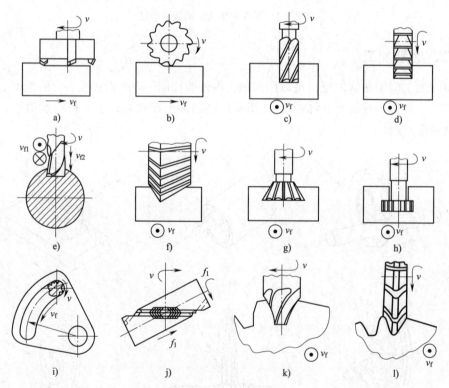

图 3—4　铣床主要工作

a）端铣平面　b）周铣平面　c）用立铣刀铣直槽　d）用三面刃铣刀铣直槽　e）用键槽铣刀铣键槽
f）铣角度槽　g）铣燕尾槽　h）铣 T 形槽　i）在圆形工作台上用立铣刀铣圆弧槽
j）铣螺旋槽　k）用指状铣刀铣成形面　l）用盘状铣刀铣成形面

工件在铣床上常用的装夹方法有用机床用平口虎钳装夹、用压板螺栓装夹、用 V 形架装夹和用分度头装夹等，如图 3—5 所示。分度头用于装夹有分度要求的工件，既可以用分度头上的卡盘来装夹工件，也可用分度头上的回转顶尖与尾座上的固定顶尖一起装夹轴类工件。由于分度头主轴可以在铅垂面内扳转 6°～90°，因而分度头可分别在水平、垂直和倾斜位置上装夹工件。

四、刨削、插削加工

刨削加工是在刨床上利用刨刀加工工件，是平面加工的方法之一。牛头刨床适宜加工中、小型工件；龙门刨床适宜加工大型工件或同时加工多个中、小型工件。

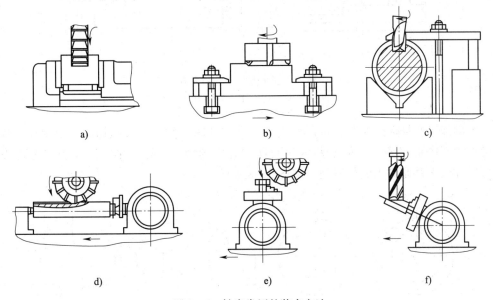

图 3—5　铣床常用的装夹方法

刨床能加工的表面有平面（水平面、垂直面、斜面）、沟槽（包括直角槽、V 形槽、T 形槽、燕尾槽）和直线形成形面等，如图 3—6 所示。

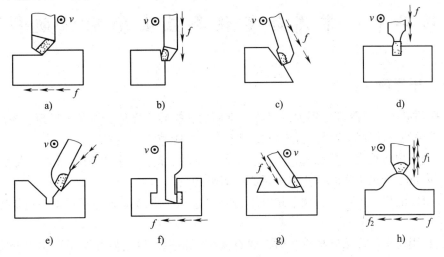

图 3—6　刨床主要工作

a) 刨平面　b) 刨垂直面　c) 刨斜面　d) 刨直槽　e) 刨 V 形槽　f) 刨 T 形槽　g) 刨燕尾槽　h) 刨成形面

图3—6中的切削运动是按牛头刨床加工标注的。在牛头刨床上通常采用机床用平口虎钳或压板、螺栓装夹工件。由于龙门刨床主要加工大型工件，所以一般采用压板、螺栓把工件直接紧固在工作台上，如图3—7所示。

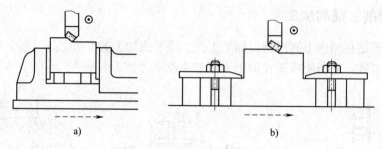

a)   b)

图3—7 刨床上常用的装夹方法
a) 在牛头刨床上装夹 b) 在龙门刨床上装夹

插削加工在插床上进行，可以看成是"立式刨床"加工。插削加工主要用在单件、小批量生产中加工零件上的某些内表面（如孔内键槽、方孔、多边形孔和花键孔等）也可以加工某些零件上的外表面，如图3—8所示。

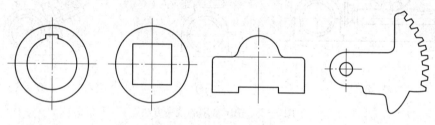

图3—8 插床主要工作

第二节 常用起重设备及安全操作规程

一、千斤顶

千斤顶适用于升降高度不大的重物，常用的有螺旋千斤顶、齿条千斤顶、液压千斤顶等。常用的千斤顶均为手动操作。使用千斤顶时应遵守下列规程：

1. 千斤顶应垂直安置在重物下面。工作地面较软时，应加垫铁，以防陷入和倾斜。

2. 齿条千斤顶工作时，止退棘爪必须紧贴棘轮。

3. 使用液压千斤顶时，调节螺杆不得旋出过长，主活塞的行程不得超过极限高度标志。

4. 合用几个千斤顶升降重物时，要有人统一指挥，尽量使几个千斤顶的升降速度和高度保持一致，以免重物发生倾斜。

5. 重物不得超过千斤顶的负载能力。

二、手动葫芦

1. 手拉葫芦

手拉葫芦是一种使用简单、携带方便的手动起重机械，一般用于室内小件起重装卸。使用手拉葫芦时应遵守下列规程：

（1）使用前严格检查手拉葫芦的吊钩、链条，不得有裂纹。棘爪弹簧应保证制动可靠。

（2）使用时，上下吊钩一定要挂牢，起重链条一定要理顺，链环不得错扭，以免使用时卡住链条。

（3）起重时，操作者应站在与手拉葫芦链轮的同一平面内拉动链条，用力应均匀、和缓。拉不动时应检查原因，不得用力过猛或抖动链条。

（4）起重时不得用手扶起重链条，更不能探身于重物下进行垫板及装卸作业。

2. 手扳葫芦

手扳葫芦主要用于重物的索引和拖拽，有时也可用来起吊重物。使用手扳葫芦时应遵守下列规程：

（1）经常检查手扳葫芦夹钳的磨损情况，发现磨损严重时应及时更换，以免因打滑造成事故。

（2）应经常检查钢丝绳有无绞扣与断股等现象，如发现问题要及时更换或修复。

（3）手扳葫芦的松卸手柄不能被障碍物堵塞。

（4）不能同时扳动前进杆和反向杆。

三、起重机和起重吊架

1. 桥式起重机和单梁起重机

大型车间使用的桥式起重机起重吨位大，机动性好，一般都有专人操纵、维护和保养。小吨位的单梁起重机一般是公用设备，在使用时应注意下述安全规程：

（1）重物不得超过限制吨位。

（2）起吊时工件与电葫芦位置应在一条直线上，不可斜拽工件。

（3）吊运工件时不可提升过高。横梁行走时要响铃或吹哨，以引起其他人的注意，操纵者应密切注意前面的人和物。

2. 单臂式吊架

单臂式吊架的起重能力一般在 4 900 N 以下，可用于机床零部件的拆卸和近距离运输。

3. 龙门式吊架

在龙门式吊架的框架顶梁上装有可沿梁移动的手动或电动葫芦，吊架下装有四个轮子，既能滚动又能水平移动，机动性很强。可以在没有起重设备的车间内及较小的通道里起吊和移动重物。

使用上述起重设备时应遵守的规程与单梁起重机基本相同。

第**2**部分

初级钳工技能要求

第四章　初级钳工基本操作技能

第一节　划线（一）

一、划线精度要求

划线后尺寸公差要求达到 0.4 mm。

二、准备工作

1. 原料的准备

去除要进行平面划线的板料上的毛刺和锈斑，并涂上蓝油。应将铸件毛坯上的残余型砂清除，去掉毛刺，修平冒口，并在铸件表面涂石灰水。

2. 划线工具的准备

准备钢直尺、划针和划线盘、划规、样冲和锤子、万能角度尺。

3. 图样的准备

看清图样，详细了解零件上需划线的部位和有关加工工艺，明确零件及划线的有关部位的作用和要求。

三、划线

1. 平面划线

划线工件为一划线样板，其形状和尺寸要求如图 4—1 所示。

毛坯为一块 200 mm × 190 mm 的钢板，平面已粗磨。根据图样要求应在板料上把全部线条划出。具体划线过程如下：

（1）在 $\phi 35$ mm 孔中心处划两条互相垂直的中心线 I—I 和 II—II，以此为基准得圆心 O_1。

（2）划出尺寸为 69 mm 的水平线，得圆心 O_2，划出尺寸为 84 mm 的垂线，得圆心 O_3。

（3）以 O_1 为圆心，$R32$ mm 和 $R50$ mm 为半径划弧。以 O_2 为圆心，$R19$ mm 和 $R50$ mm 为半径划弧。以 O_3 为圆心，$R34$ mm、$R52$ mm 和 $R65$ mm 为半径划弧。

（4）作出外圆弧的公切线，并划出与外圆弧公切线相平行的内圆弧公切线。内圆弧公切线与外圆弧公切线相距 31 mm。

（5）划出尺寸为 38 mm、35 mm 和 28 mm 的水平线。

（6）划出尺寸为 37 mm、20 mm 和 22 mm 的竖直线，得圆心 O_4、O_5 和 O_6。

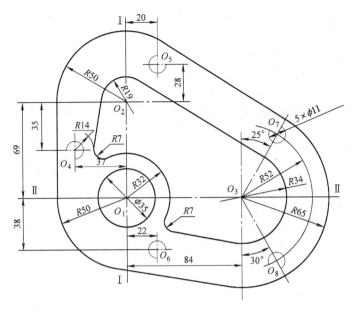

图 4—1　平面划线

（7）求出两处 R7 mm 弧的圆心，并划出两处 R7 mm 圆弧，分别与 R32 mm 圆弧及其切线相切。

（8）通过圆心 O_3 分别沿 25°和 30°划线得圆心 O_7 和 O_8。

（9）划出 φ35 mm 孔和 5 个 φ11 mm 孔的圆周线。

在划线过程中，圆心找出后一定要打样冲眼，以便用划规划圆或圆弧。

（10）检查所划的线无误后，应在划线交点处按一定间隔在所划线上打样冲眼，以便加工时界限清楚、可靠。

2. 立体划线

对图 4—2 所示的轴承座进行立体划线。该轴承座为一铸件，考虑到毛坯可能存在着误差和缺陷，在划线时必须对总体的余量加以全盘考虑。具体步骤如下：

（1）分析应划线部位和选择划线基准　分析图样所标的尺寸要求和加工部位可知，需要划线的尺寸共有三个方向，所以工件要经过三次安放才能划完所有线条。划线基准选定为 φ50 mm 孔的中心平面 Ⅰ—Ⅰ、Ⅱ—Ⅱ 和两个螺钉孔的中心平面 Ⅲ—Ⅲ，如图 4—2 所示。

（2）工件的安放　用三个千斤顶支承轴承座的底面，调整千斤顶高度，用划线盘找正。将 φ50 mm 孔两端面的中心调整到同一高度。因 A 面（见图 4—3）是不加工面，为保证在底面加工后厚度尺寸 20 mm 在各处都均匀一致，用划线盘弯脚找正，使 A 面尽量达到水平。当 φ50 mm 孔两端面的中心要保持同一高度的要求与 A 面保持水平位置的要求发生矛盾时，就要兼顾两方面进行安放。因为轴承座 φ50 mm 孔的壁厚和尺寸 20 mm 的厚度都比较重要，同时也明显影响外观质量，所以应将毛坯件的误差适当分配在这两个部位。心要时对 φ50 mm 孔的中心重新调整（即借料），直至这两个部位都达到满意的安放结果为止。

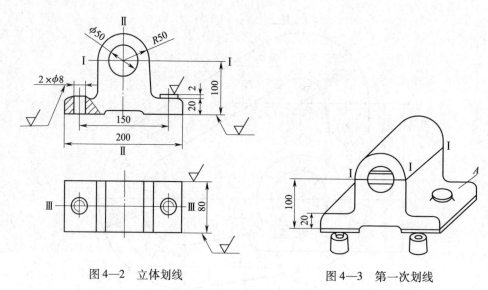

图4—2　立体划线

图4—3　第一次划线

（3）第一次划线（见图4—3）　首先划底面加工线，这一方向的划线工作将涉及主要部分的找正和借料。在试划底面加工线时，如果发现四周加工余量不够，还要把中心适当借高（即重新借料）。直至不需要再变动时，即可划出基准线Ⅰ—Ⅰ和底面加工线，并且在工件的四周都要划线，以备下次在其他方向划线和在机床上加工时找正位置用。

（4）第二次划线　划两个φ8 mm孔的中心线和基准线Ⅱ—Ⅱ。工件安放如图4—4所示。通过千斤顶的调整和划线盘的找正，使φ50 mm孔两端面的中心处于同一高度，同时用90°角尺按已划出的底面加工线找正到垂直位置，这样工件第二次安放位置正确。此时，就可划基准线Ⅱ—Ⅱ和两个φ8 mm孔的中心线。

（5）第三次划线　划φ50 mm孔两端面加工线。工件安放如图4—5所示。通过千斤顶的调整和90°角尺的找正，分别使底面加工线和Ⅱ—Ⅱ基准线处于垂直位置（两90°角尺位置处），这样，工件的第三次安放位置已确定。以两个φ8 mm孔的中心为依据，试划两大端面的加工线。如两端面加工余量相差太大或其中一面加工余量不足，可适当调整2×φ8 mm孔位置，并允许借料。最后即可划出Ⅲ—Ⅲ基准线和φ50 mm孔两端面的加工线。此时，第三个方向的尺寸线已划完。

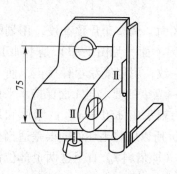

图4—4　第二次划线

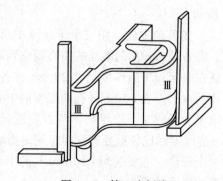

图4—5　第三次划线

（6）划圆周尺寸线　用划规划出 $\phi50$ mm 孔的圆周尺寸线（如果 $\phi50$ mm 孔和 $R50$ mm圆弧轮廓偏心过大，则需重新划线）。

（7）复查　对照图样检查已划好的全部线条，确认无误和无漏线后，在所划好的全部线条上打样冲眼，至此轴承座的划线完毕。

第二节　錾削、锯削、锉削（一）

一、錾削操作

1．操作技术要求

（1）掌握平面和油槽的錾削操作。

（2）正确使用扁錾、尖錾、滑槽錾、塞尺、游标卡尺、划线盘等工具及量具。

2．錾削平面

工件如图4—6所示。

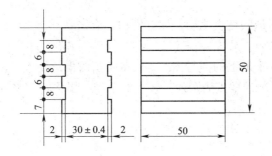

技术要求
1. 材料为Q235A钢。
2. 錾削面平面度公差为0.4。

图4—6　錾削工件

（1）图样分析　根据图样可知，工件外形尺寸为 50 mm × 50 mm，超过錾子切削刃宽度，属于錾削宽平面，应开工艺槽。

（2）操作过程

1）划工艺槽的加工线，槽的数目和大小按图样要求确定。

2）按所划出的加工线用尖錾开槽。采用正面起錾的方法，以一条线为依据沿槽的方向錾削平直。

3）当工艺槽錾到仅剩下 10 ~ 15 mm 时就应掉头錾削，以防止工件边缘崩裂。

4）工艺槽开完后，錾削槽间凸起部分时，錾子的切削刃最好与錾削前进方向倾斜一个角度，使切削刃与工件有较多的接触面，这样容易使錾子掌握平稳。

5）按上述方法錾削另一平面。

6）保证图样所要求的尺寸和平面度清度。

7）每次錾削量小于等于0.5 mm，最后一遍錾削修整余量应在 0.5 mm 以下。

3．錾油槽（见图4—7）

（1）划油槽宽度和油槽位置中心线。中心位置误差为 ±0.4 mm。

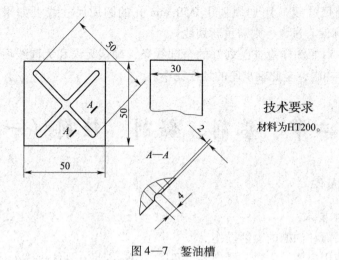

图 4—7　錾油槽

技术要求

材料为 HT200。

（2）操作时錾子要慢慢地加深到尺寸要求。以后按尖錾錾削时的方法錾削。錾到尽头时刃口必须慢慢翘起，保证槽底圆滑过渡。

4．錾削注意事项

（1）錾削前应先检查锤头和木柄间是否松动，如有松动，应先修复。

（2）錾子头部若有毛刺或卷边时，要立即停止錾削，以免碎屑弹出伤人。

（3）必须把锤子、錾子头部和手柄上的油污擦净，以免锤击时滑落伤人。

（4）要防止切屑飞溅伤人。錾削的地点周围最好装上安全网。操作时，最好戴上防护眼镜。

二、锯削操作

工件如图 4—8 所示。

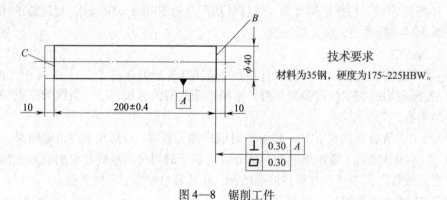

技术要求

材料为 35 钢，硬度为 175~225HBW。

图 4—8　锯削工件

1．操作技术要求

（1）根据材料硬度选择锯条。

（2）锯条装夹合适，锯削姿势正确。

（3）使用的刀具、量具和辅助工具　包括手据、钢直尺、游标卡尺、万能角度尺、划线工具、塞尺等。

2．操作过程

（1）检查毛坯尺寸，划出平面加工线。

（2）锯 *B* 面，保证该面垂直度和平面度达到图样要求。

（3）锯 *C* 面，保证两平面之间的尺寸满足要求。

3．操作要点及注意事项

（1）锯削时锯条装夹松紧适度，以免锯条折断后崩出伤人。

（2）锯削时双手压力要合适，不要因突然加大压力被工件棱边钩住锯齿而崩裂，回程时不应施加压力。

（3）锯削速度以 20～40 次/min 为宜。

（4）注意起锯方法。

（5）锯削面不允许修锉。

（6）工件不应伸出钳口过长，锯缝应尽量靠近钳口。操作过程中工件不得松动或发生振动。

（7）工件应与钳口平行，以免锯口歪斜。

三、锉削平面和曲面

1．操作技术要求

（1）掌握锉削平面、曲面时的正确姿势及锉削的用力方法和锉削速度。

（2）根据图样要求正确选用锉刀和锉削方法。

（3）合理安排锉削步骤及分配锉削余量。

（4）自制一副检验内、外圆弧的样板。

2．锉削使用的刀具、量具和辅助工具

主要包括锉刀、钢直尺、游标卡尺、塞尺、90°角尺、刀口形直尺、划规和划线盘、平板等。

3．锉削平面

工件如图 4—9 所示。

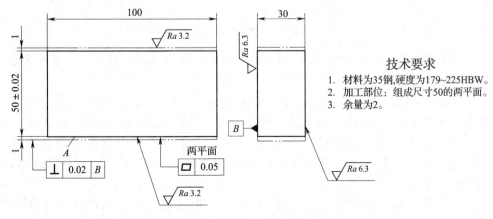

图 4—9　锉削平面工件

（1）划锉削面的加工线时应注意余量的合理分配，并选择其中的一面（如 A 面）为加工基准面。

（2）粗锉 A 面，采用交叉锉削法，留 0.2~0.3 mm 的余量，表面粗糙度 $Ra \leqslant$ 12.5 μm。

（3）用中锉刀沿工件的长度方向采用顺向锉削法锉削，留余量 0.05~0.10 mm，表面粗糙度 $Ra \leqslant 6.3$ μm。

（4）用细锉刀精整 A 面，使 A 面的平面度和侧面的垂直度以及表面粗糙度达到图样要求。在锉削 A 面时应兼顾 A 面的对应面有无余量。

（5）用刀口形直尺在工件的长边上、两条对角线上及短边上不少于 5 处（均匀分布）检查平面度。检查时通过判断光隙的大小来确定 A 面的平面度是否合格。

（6）用 90°角尺检查 A 面对 B 面的垂直度是否合格。

（7）按加工线锉削 A 面的对应面，重复锉削 A 面的操作，保证尺寸、平面度、表面粗糙度符合图样要求。

4. 锉削曲面

工件如图 4—10 所示。具体步骤如下：

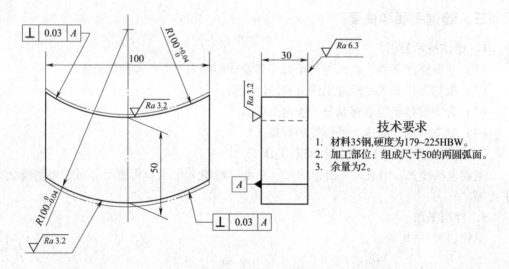

图 4—10 锉削曲面工件

（1）先划锉削面的加工线。按线用粗锉刀对内、外圆弧进行粗加工，把被锉部位锉成接近圆弧的多边形。再分别加工凸、凹圆弧。

（2）加工凸圆弧 用中锉刀顺着圆弧面锉削，留 0.1 mm 的精锉余量，表面粗糙度 $Ra \leqslant 6.3$ μm，并用样板检查透光的均匀性，沿尺寸 30 mm 上测量点不得少于 3 点，并用 90°角尺检查圆弧线对 A 面的垂直度，公差在尺寸公差范围内。用细锉刀精整圆弧面，各个截面上的圆弧轮廓度均应在尺寸公差内，表面粗糙度 $Ra \leqslant$ 3.2 μm。

加工凸圆弧面时，可以通过摆动锉刀锉削，但圆弧长度大时应注意圆弧的面轮廓度。

（3）凹圆弧的锉削　因圆弧已经粗锉，此时用中锉刀采用推锉法锉削，留 0.1 mm 的精锉余量，表面粗糙度 $Ra \leqslant 6.3$ μm，用样板检查光隙的均匀性，并用 90°角尺检查圆弧母线与基准面的垂直度，公差在尺寸公差范围内。最后用细锉刀精整圆弧面，各个截面上的圆弧轮廓度应在尺寸公差内，表面粗糙度 $Ra \leqslant 3.2$ μm。

5．注意事项

（1）加工凹、凸圆弧样板只准用锉刀，不准用其他方法加工。

（2）细锉是关键，在操作时应注意。

（3）在锉削过程中应经常检查，做到心中有数，不要盲目锉削。

（4）注意安全操作。

第三节　钻孔与铰孔（一）

一、钻孔操作

在不同材料上钻孔时，就应根据材料的性质将钻头刃磨出相应的几何角度，以改善钻头的切削性能，延长钻头的使用寿命，使钻出的孔达到图样的技术要求。

1．钻头的刀磨

（1）顶角　顶角的大小影响切削刃上轴向力的大小。表 4—1 列出了钻削不同材料时顶角的数据，刃磨时可参照选取。

表 4—1　　　　　　　　　　　钻头顶角的选择

加式材料	顶角	加工材料	顶角
钢和铸铁	116°~118°	黄铜、青铜	130°~140°
钢锻件	120°~125°	纯铜	125°~130°
锰钢	135°~150°	铝合金	90°~100°
不锈钢		塑料	80°~90°

（2）后角　后角的作用是减小后面与工件切削面之间的摩擦，同时后角的大小对切削刃的强度有很大的影响。后角大，可以减小钻头与工件的摩擦，使切削刃锋利，从而容易切入工件，有利于切削液流入切削区来改善冷却条件。但同时降低了切削刃的强度，不利于钻削较硬的材料和黄铜（易扎刀）。

确定钻头后角时，应根据被加工材料的性质，并参照表 4—2 所规定的不同直径钻头的后角，同时结合实践经验综合考虑。

表 4—2　　　　　　　　　　标准麻花钻的后角（按直径）

钻头直径 $D/$ mm	≤1	1~15	15~30	30~80
后角 α_{o}	20°~30°	11°~14°	9°~12°	8°~11°

（3）前角 加工硬材料时为了保证切削刃强度，可将靠近外缘处的前角磨小，甚至磨成负前角；加工软材料时，可将靠近横刃处的前角磨大，如图4—11所示。

（4）横刃的刃磨 刃磨横刃的目的是把横刃磨短，使靠近钻心处的前角增大，以减小轴向抗力和挤刮现象，并改善定心作用。刃磨后横刃的长度为原来的1/5～1/3，并形成内刃。内刃斜角 $\tau = 20° \sim 30°$，内刃前角 $\gamma_r = -15° \sim 0°$。修磨横刃如图4—12所示。

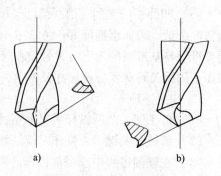

图4—11 刃磨钻头前面

a）加工硬材料 b）加工软材料

（5）刃磨分屑槽 如图4—13所示，当麻花钻较大时，可在钻头两后面磨出相互错开的分屑槽，使切屑变窄。

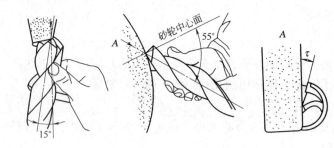

图4—12 修磨横刃

图4—13 刃磨分屑槽

2. 切削用量的选择

（1）背吃刀量 a_p 钻孔时的背吃刀量由钻头直径大小所决定。一般情况下，30 mm以下的孔可一次钻出，背吃刀量可按式（4—1）计算：

$$a_p = D/2 \qquad (4—1)$$

式中 D——钻头直径，mm。

大于30 mm的孔可分两次钻出，即先用0.5～0.7倍孔径的钻头钻一个孔，然后再扩孔到所需的孔径。其背吃刀量可按式（4—2）计算：

$$a_p = \frac{D—D_1}{2} \qquad (4—2)$$

式中 D——终钻钻头直径，mm；

D_1——初钻钻头直径，mm。

（2）主轴转速和进给量 选择主轴转速和进给量时应综合考虑工件的硬度、强度、表面粗糙度、孔径的大小、孔的深度等因素。表4—3所列为一般钢料的钻孔切削用量。

钻削与一般钢料不同的材料时，其切削用量可根据表4—3所列的数据加以修正。

1）在碳素工具钢、铸钢上钻孔时，切削用量减小1/5左右。

2）在合金工具钢、合金铸钢上钻孔时，切削用量减小1/3左右。

表 4—3   一般钢料的钻孔切削用量

钻孔直径 D/mm	1 ~ 2	2 ~ 3	3 ~ 5	5 ~ 10
主轴转速 n/（r/min）	10 000 ~ 2 000	2 000 ~ 1 500	1 500 ~ 1 000	1 000 ~ 750
进给量 f/（mm/r）	0.005 ~ 0.02	0.02 ~ 0.05	0.05 ~ 0.15	0.15 ~ 0.30
钻孔直径 D/mm	10 ~ 20	20 ~ 30	30 ~ 40	40 ~ 50
主轴转速 n/（r/min）	750 ~ 350	350 ~ 250	250 ~ 200	200 ~ 120
进给量 f/（mm/r）	0.30 ~ 0.50	0.60 ~ 0.75	0.75 ~ 0.85	0.85 ~ 1

3）在不锈钢上钻孔时，切削用量应减小 1/2 左右。由于不锈钢在加工时会产生 0.1 mm 的硬化层，故进给量应大于 0.1 mm，可避免钻头在硬化层上切削，从而提高钻头耐用度。

4）在铸铁上钻孔时，为了减小钻头与工件的接触长度，进给量增加 1/5 而转速减小 1/5 左右。

5）在有色金属上钻孔时，转速应增加近 1 倍，进给量应增加 1/5。

在钻深孔和钻精度高的孔时，切削用量应选小一些；钻精度低的孔时，切削用量可选大一些；钻小孔时以手动进给为宜。

3. 钻孔时切削液的选择

钻削过程中，由于切削变形及钻头与工件接触摩擦所产生的切削热，严重影响钻头的切削能力和钻孔精度，甚至引起钻头退火，使切削无法进行，因此，要根据加工材料性质和精度要求的不同，合理选用切削液。

加工一般结构钢、铜、铝合金及铸铁时，主要以冷却为主，使用 3% ~ 8% 的乳化液。在高强度材料上钻孔时，因刀具前面承受较大的压力，要求润滑膜有足够的强度，以减小摩擦和切削负荷。此时，可在切削液中增加硫或二硫化钼等成分（如常用的硫化切削液）。在塑性及韧性较强的材料上钻孔时，为减少积屑瘤的产生，可在切削液中适量地加入动、植物油，以加强润滑。

孔的精度和表面质量要求高时，应选用主要起润滑作用的油类切削液（如菜油、猪油、硫化切削油等）。

4. 钻孔的准备工作示例

现以在合金工具钢上钻不通孔为例，如图 4—14 所示。合金工具钢有较高的强度、硬度、耐磨性和红硬性。针对这种材料的性质，钻头顶角磨成 125° ~ 140°（参照表 4—1），后角为 9° ~ 12°（见表 4—2），钻头外缘处前角磨小，横刃磨短，为原来横刃长度的 1/5 ~ 1/3。钻削的切削用量比钻普通碳钢时的切削用量减小 1/3，即主轴转速 $n = 500 ~ 240$ r/min，进给量 $f = 0.2 ~ 0.4$ mm/r

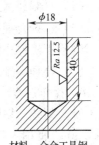

材料：合金工具钢

图 4—14   钻不通孔

（参照表 4—3）。切削液以硫化切削液为好，以便能形成有足够强度的润滑膜，减小摩擦和钻削阻力。在钻削过程中注意及时排屑。

二、钻孔、扩孔和铰孔操作

1. 工件技术要求

（1）要求在同一平面上钻、铰 2～3 个孔，并达到图 4—15 所示的技术要求。

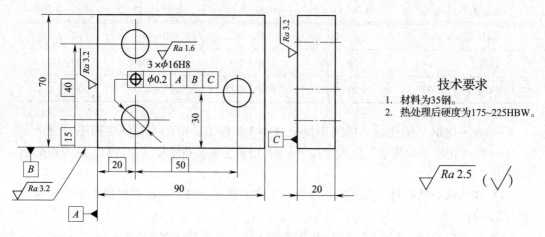

技术要求
1. 材料为35钢。
2. 热处理后硬度为175~225HBW。

图 4—15　钻、铰孔

（2）毛坯的原始状态　毛坯经过精刨，尺寸为 90 mm×70 mm×20 mm，基准面 A 和 B 的垂直度误差不超过 0.07 mm。基准面 C 与 A 面和 B 面的垂直度误差不超过 0.05 mm。三个基准面的表面粗糙度为 Ra30 μm，其余为 Ra12.5 μm。

2. 准备工作

（1）划线工具　包括方箱、C 形夹头、游标高度尺、划规、样冲、锤子、蓝油。

（2）量具　包括光面塞规、游标卡尺、表面粗糙度样块、杠杆百分表。

（3）刃具　包括中心钻、$\phi13$ mm 和 $\phi15.5$ mm 麻花钻、粗铰刀和精铰刀。

（4）其他设备　包括钻床、钻套、斜铁、机床用平口虎钳。

3. 操作技术要求

（1）掌握提高孔距精度的划线操作和在钻孔时保证孔距精度的操作技能。

（2）自制研磨工具，铰刀研磨至 $\phi16^{+0.018}_{+0.009}$ mm，其表面粗糙度 $Ra \leqslant 0.8$ μm。

（3）选择合理的切削用量和切削液。

（4）正确操作钻床和使用工具、夹具、量具、刃具和辅具。

（5）合理安排工艺。

4. 操作过程

（1）划线　划线精度一般在 0.25～0.5 mm 之间，而图样要求孔的位置度公差为 $\phi0.2$ μm。此时，仍按一般划线方法去操作难以达到要求。如果提高划线精度，样冲眼位置打得准，钻头性能良好，操作得法，可将孔距精度控制在 0.2 mm 之内。因此应注意以下几点：

1）使用的游标高度尺划线刃口要锋利，尺寸要调准，保证划出的线痕细而清楚，位置正确。

2）精确定位孔的中心位置。使用的样冲要磨得圆而尖，将样冲的尖部沿孔中心线的一条线向孔的两中心线的交点移动，当移动过程中会在某点握样冲的手指有明显的停顿感觉。反复走几次，每次在该处都有上述感觉时，该点就是孔的圆心。

3）打洋冲眼　圆心点找出后，使样冲保持垂直，先轻打，并从几个方向观察样冲眼是否偏离中心。确定无误后，再将样冲眼加大，并划出校正圆。

（2）试钻　试钻时用中心钻对准样冲眼，钻一深度不大于 2 mm 的小孔，测量各处孔距合格后，再用中心钻加深成 60°锥孔，然后扩孔到需要的尺寸。如果发现孔钻偏，要借正。如果偏位较少，可移动工件或移动钻床主轴来借正；如果偏位较大，可在借正方向上打几个样冲眼或用小錾子錾出几条槽，以减小此处的阻力，达到借正的目的。借正可反复进行，但只能在钻孔直径尺寸小于所要求的孔径尺寸时进行。

（3）根据图样要求，要达到要求的精度，工艺过程应按以下安排：钻孔—扩孔—粗铰—精铰。

1）钻孔　用 $\phi13$ mm 的钻头钻通孔。其切削用量为：$v = 20$ m/min，$f = 0.18 \sim 0.38$ mm/r，$a_p = 6.5$ mm。

2）扩孔　用 $\phi15.5$ mm 的钻头将孔的直径扩至 15.5 mm，留铰削余量 0.5 mm。其切削用量为：$v = 10$ m/min，$f = 0.24 \sim 0.56$ mm/r，$a_p = 1.25$ mm。

在钻孔和扩孔时应注意排屑和注入充足的切削液。两者所用的切削液均为 3% ~ 5% 的乳化液。

3）粗铰和精铰　粗铰时用 $\phi15.8$ mm 的铰刀铰削，留精铰余量 0.2 mm；精铰时用已研好的铰刀进行铰削。两者均用机铰刀。铰削的切削用量为：$v = 8$ m/min，$f = 0.4$ mm/r。应注入 10% ~ 20% 的乳化液。

5. 质量检查

包括孔位置度的检查、孔尺寸合格性检查、表面粗糙度检查。

第四节　刮削与研磨（一）

一、刮削操作

1. 平板的规格和精度等级

平板分为检验平板、划线平板和研磨平板。检验平板有六个精度级别，最高级别为 000 级，依次降低，最低为 5 级。它的形状有矩形、正方形和圆形。研磨平板有四个精度级别，最高为 0 级，依次降低，最低为 3 级。形状仅有矩形。

2. 平板的刮削

（1）刮削 1 000 mm × 750 mm、2 级精度的平板，如图 4—16 所示。

（2）准备工作

1）备好粗、细、精平面刮刀以及油石、机油和显示剂、毛刷。

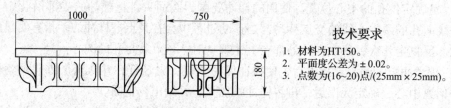

技术要求
1. 材料为 HT150。
2. 平面度公差为 ±0.02。
3. 点数为(16~20)点/(25mm × 25mm)。

图 4—16 刮削平板

2）将三块平板的四周倒角，去除毛刺，并先将三块平板分别粗刮一遍，去除刀痕和锈斑。

3）用涂料在平板醒目处分别编号 1、2 和 3，如图 4—17 所示。

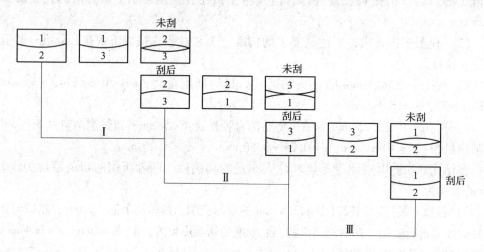

图 4—17 原始平板循环刮研法

（3）平板的正研 正研是用三块平板轮换合研显点，包括直向研点和横向研点，如图 4—17 所示。

1）正研的步骤

①一次循环（见图 4—17 中Ⅰ） 以 1（即 1 号平板，下略）为过渡基准，1 与 2 互研、互刮，使之互相贴合，再将 3 与 1 互研，单刮 3 与 1 贴合，然后 2 与 3 互研、互刮至贴合。此时平面度误差有所减小。

②二次循环（见图 4—17 中Ⅱ） 在上一次 2 与 3 互研、互刮至贴合的基础上，按顺序以 2 为过渡基准，1 与 2 互研再单刮 1，然后 3 与 1 互研、互刮至全部贴合。平面度误差进一步减小。

③三次循环（见图 4—17 中Ⅲ） 在上一次循环的基础上，以 3 为过渡基准，2 与 3 互研再单刮 2，然后 1 与 2 互研、互刮至完全贴合，则 1 与 2 的平面度进一步减小。

以后则重复以 1 为过渡基准，按上述三个顺序依次循环进行刮削，平板的平面度误差逐渐减小，循环的次数越多，则平板越精密。

2）正研的方法 刮削过程中两块平板之间的正研有以下两种方法：

①直向研点法 研点时，平板在长度方向做直线移动，它经常在一次循环中使用。

②横向研点法　研点时，平板在宽度方向做直线运动，它往往在二次循环中使用。

通过正研显点刮削后，显点虽然能符合要求，但有的显点不能反映平面的真实情况，容易给人以错觉。这就是三块平板在相同的位置上出现扭曲，称为同向扭曲，即三块平板都是 AB 对角高，而 CD 对角低，如图4—18所示。如果采取其中任意两块平板互研，则平板的高处（＋）正好与平板的低处（－）重合，经刮削后，其显点虽能分布得较好，但扭曲依然存在，而且越刮削扭曲现象越严重。所以，此时正研刮削的方法已不能继续提高平板的精度。

（4）对角刮研　研点时，两块平板交叉成45°角，沿对角线移动。平板的高处（＋）对高处（＋），低处（－）对低处（－），如图4—19a所示，研后显点如图4—19a所示。AB 的研点重，中间研点轻，CD 角无点，扭曲现象明显地显示出来。然后根据研点修刮，直至研点分布均匀和消除扭曲，使三块平板相互之间，无论是直研、掉头研、对角研，研点情况完全相同，研点数符合要求为止。

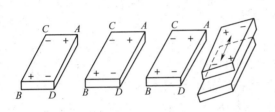

图4—18　同向扭曲

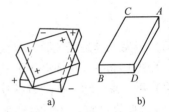

图4—19　对角研示意图

a）对角研　b）研后显点情况

对角刮研一般限于正方形或长宽尺寸相差不大的平板平面，长条形平板不宜采用，因为平板的延伸引入的误差比希望找出的误差更大。

（5）刮花。

（6）注意事项

1）平板对刮时，两块平板相互移动的距离不得超过平板的1/3，以防止平板滑落，发生事故。

2）每研点刮削一次应改变刮削方向。

3）落刀、提刀应防止产生振痕。

4）每次研磨前平板都要擦拭干净，以避免细刮、精刮时研点有划痕。

5）注意提高刮削质量，粗刮时要达到（2~3）点／（25 mm×25 mm），细刮时用细刮刀达到（12~15）点／（25 mm×25 mm）。精刮时用精刮刀达到20点／（25 mm×25 mm）。尤其在细刮、精刮时，刀迹要清晰且大小相同。

（7）检查。

3．直角铁（弯板）的刮削

（1）直角铁如图4—20所示。

（2）刮研要求　用1级标准平板进行刮研显点；用一级圆柱90°角尺检验。

（3）准备工作

1）去掉毛坯上的毛刺，倒钝尖角。非工作面涂底漆，干后再刮。

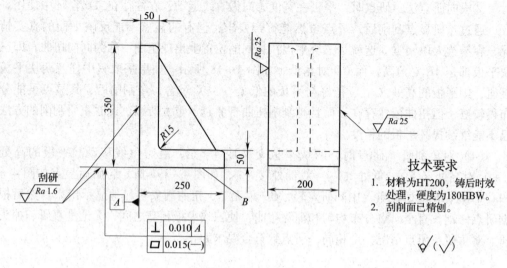

图4—20　直角铁

2）装夹工具是老虎凳、木板。

3）300 mm×300 mm一级平板，一级圆柱90°角尺。

4）粗、细、精平面刮刀以及油石、机油、显示剂和毛刷。

（4）直角铁的装夹　将直角铁装在钉有木板2和楔板3之间的老虎凳1上，如图4—21所示。楔板3和楔板4间有20°的斜面。当加力F打紧楔板4后，即将直角铁楔紧。注意检查装夹的可靠性。

（5）刮研操作　对直角铁工作面进行粗、细、精刮研，保证平面点数和工件的垂直度要求。

1）刮研A面　去掉机加工刀痕和锈斑。用粗刮刀进行推刮，其方向应与机加工进给方向成45°角，交错进行2～4次，如图4—22所示。

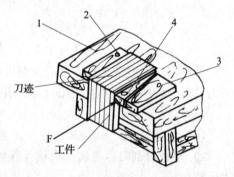

图4—21　直角铁的装夹
1—老虎凳　2—木板　3、4—楔板

两次推刮交叉成90°。推刮时刀痕宽度为刮刀宽度的1/2～2/3。推刮后扫净铁屑，涂上显示剂用标准平板轻轻对研显点，根据显点情况，进行局部推刮或大刀印刮削，消除平面的凹陷、凸起或翘曲。机加工刀痕完全去掉后就可以进行细刮和精刮。

2）刮研B面　用与粗刮A面相同的方法粗刮B面。对B面的刮研既要保证B面本身的平面度要求，又要保证B面对A面的垂直度要求。为此，在对B面进行推刮后，应对A面、B面的垂直度进行检查，做到心中有数，如图4—23所示。

操作时，用0.03～0.05 mm的塞尺测量圆柱90°角尺和直角铁贴合时的间隙。根据间隙的部位，判断B面对A面的垂直度和B面平面度的情况。进一步采取措施进行刮研。边研、边刮、边测，由局部推刮转为大刀印刮削，这样多次反复，直到A、B两面的垂直度达到图样要求为止。B面为支承面，只允许中凹。

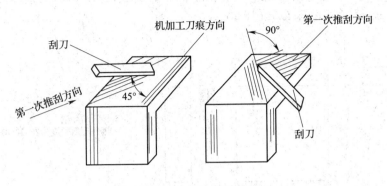

图 4—22　推刮刀痕

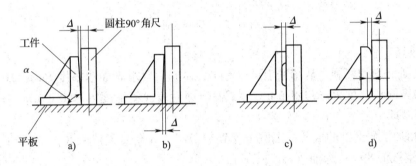

图 4—23　垂直度检查

a) 上部有间隙　b) 下部有间隙　c) 中间有间隙　d) 上下两处有间隙

细刮 B 面是保证 A、B 两面垂直度的关键。此时，垂直度的测量不能用塞尺，其测量方法如图 4—24 所示。在被检验的直角铁长边（A）与圆柱 90° 角尺之间塞量块，在全部被检范围内，可塞入量块尺寸的最大差值即为被检直角铁的外角误差，直到其差值小于 0.01 mm（即达到垂直度要求后），方可转入精刮。

精刮的目的是在垂直度合格的基础上进一步提高 B 面的质量，使刮研后的研点均匀，达到图样要求的 20 点/（25 mm×25 mm），而且保证 B 面中凹。精刮用的刮刀刀头圆弧较小，刃口锋利，表面质量高，刮出的花纹小，排列整齐、美观。精刮应由一人完成，保证下刀时力的大小一致，花纹大小相同。

（6）最后自检，报检。

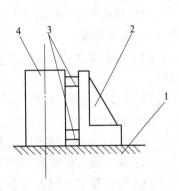

图 4—24　垂直度的测量

1—平板　2—受检角块
3—量块　4—圆柱 90° 角尺

二、研磨操作

1. 研磨要求

手工研磨平行平面，掌握磨料、磨粉的选择，研磨剂的配制以及研磨平板、量具、工具的正确使用和研磨操作技能。研磨工件如图4—25所示，工件经过精磨后留研磨余量0.024 mm，表面粗糙度 $Ra \leqslant 0.8$ μm。

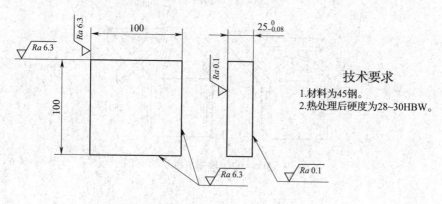

图 4—25　研磨工件

技术要求
1. 材料为45钢。
2. 热处理后硬度为28~30HBW。

2. 准备工作

（1）研磨剂的配制　从图样上可以看出，研磨后要求表面粗糙度 $Ra \leqslant 0.1$ μm，而精磨后的表面粗糙度 $Ra \leqslant 0.8$ μm。为了使研磨后表面粗糙度 $Ra \leqslant 0.1$ μm，只需经过粗、精研磨即可。

1）粗加工研磨剂的成分：白刚玉（WA）W14　16 g；硬脂酸8 g；蜂蜡1 g；油酸15 g；航空汽油80 g；煤油80 g。

2）精加工研磨剂的成分：白刚玉（WA）W17（或W5）16 g；蜂蜡1 g；硬脂酸8 g；航空汽油80 g。

（2）研磨平板　粗加工用有槽平板（见图4—26）；精加工用光滑平板。

（3）准备工具、量块、百分表、刀口形直尺、千分尺。

3. 研磨平面的一般过程

采用湿研，又称涂敷研磨。

（1）用煤油或汽油把研磨平板清洗干净。

（2）将选配好的研磨剂均匀涂在研磨平板上。

（3）对需要研磨的表面去毛刺并清洗干净，贴合在研磨平板上。沿平板的全部表面以"8"字形、螺旋形或直线往复进行研磨，并不断改变工件的运动方向。

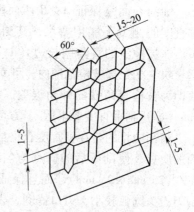

图 4—26　粗加工用研磨平板

（4）研磨好一个平面以后，用同样的方法研磨另一个平面。此时，应注意两平面的平面度和平行度均在尺寸公差内。在控制两平面的平行度时，应采用高低结合法（指高处多加压力）研磨。

4. 研磨注意事项

控制研磨压力和研磨速度，粗研时压力可大些，控制在 $10 \sim 20$ N/cm^2，研磨速度为 $40 \sim 60$ 次/min；精研时压力小一些，控制在 $1 \sim 5$ N/cm^2，研磨速度控制在 $20 \sim 40$

次/min。

5. 检查质量

(1) 使用刀口形直尺，采用透光法检查平面的平面度。

(2) 用百分表检查两平面的平行度，检查时把工作置于检验平台上，在全部受检范围内进行检查。用千分尺检查尺寸 $25_{-0.008}^{0}$ mm。最后报检。

第五节　装配（一）

一、操作技能水平的要求

产品的机械加工水平和钳工的装配技能直接影响产品的质量。目前，装配工作虽然有许多创新和改进（如以机械手代替手工劳动等），但在装配和调整中还是离不开刮削、研磨、划线、矫正等操作技能。作为一名钳工，必须了解和掌握装配工艺方面的操作技能。具体要求如下：

1. 看懂和分析装配图

对要装配的部件看懂装配图，不单是自己装的那一部分，应对整个产品的结构、性能、传动方式和使用条件都要详细了解。不清楚或有疑问的地方，要同技术人员和工艺人员共同协商解决。

2. 具备基本知识和操作技能

如常用工具与器具、仪器及其使用方法；机床精度的检查方法；液压传动知识；轴承的分类与特点；组件、部件装配及调整，总装配及工艺规程的编制等。

3. 技能训练方面的要求

专业性测量仪器的应用；划线的方法及技巧；钻各种孔的方法；研磨方法和技巧；矫正和弯曲的方法及工艺计算；刮削的操作；滚动轴承和滑动轴承的装配；组件的典型装配和调整；液压系统的结构、修理及故障排除等。

4. 正确使用工艺装备

在实际操作中要正确地使用工艺装备，对工艺装备的组成、结构、作用要充分了解，尤其对基准部分和工作部分要注意保护、清洁和润滑。不用时要妥善保管。

二、车床尾座的装配

图 4—27 所示为 C6140 型车床的尾座装配图。尾座的关键部件是套筒。虽然它的精度主要取决于机加工质量，但如果钳工装配不当，尾座的精度同样会降低。

尾座套筒经过加工后，键槽和油槽两侧产生毛刺和翻边，这时可将套筒夹在台虎钳上，用平锉倒角（注意不要划伤套筒的外圆表面），倒角可稍大些。然后用手检查外圆表面有无隆起或凹坑。套筒两端孔的端面也可用油石做倒角处理。待清洗干净后，再将试配过的丝杆装上，盖上压盖并将螺钉孔和销孔加工完毕。套筒和尾座体要配合良好，以手能推入为宜。零件全部装上后，注入润滑油，运动部位的运动要感觉轻快自如。

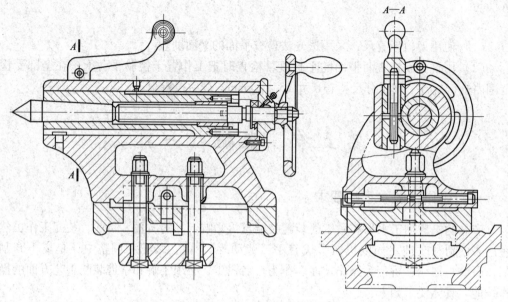

图4—27 尾座装配图

尾座套筒的前端有一对夹紧块，它与套筒有一抛物线状接触面，是工作面，其接触面积大于70%才能可靠地工作。装配时，若接触面积低于70%，要用涂色法并用锉刀或刮刀修整，使其接触面积符合要求。接触表面的表面粗糙度值要尽量小，防止研伤套筒。为便于操作，夹紧手柄夹紧后的位置可参考图4—28所示。

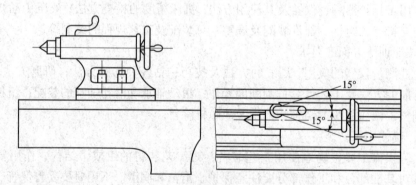

图4—28 夹紧手柄的位置

尾座体与尾座垫板的接触要好，可先将尾座体在刮研平板上刮出，并以此为基准刮出尾座垫板。刮研尾座体底面时，要经常测量套筒孔中心线与底面的平行度。尾座本身和对于主轴中心线的误差可通过修刮垫板底部与床身的接触面来控制。

第五章　安全文明生产

"安全生产，人人有责"。所有职工必须加强法制观念，认真执行党和国家有关安全生产及劳动保护的政策、法令、规定，严格遵守安全技术操作规程和各项安全生产规章制度。

第一节　安全生产

一、安全生产一般常识

1. 开始工作前，必须按规定穿戴好防护用品。
2. 不准擅自使用不熟悉的机床和工具。
3. 清除切屑要使用工具，不得直接用手拉、擦。
4. 毛坯、半成品应按规定堆放整齐，通道上下不准堆放任何物品，并应随时清除油污、积水等。
5. 工具、夹具、量具应放在专门地点，严禁乱堆乱放。

二、使用钻床的安全要求

1. 工作前，对所用钻床和工具、夹具、量具进行全面检查，确认无误后方可操作。
2. 工件装夹必须牢固、可靠。钻小孔时，应用工具夹持，不准用手拿。工作中严禁戴手套。
3. 使用自动进给时，要选好进给速度，调整好限位块。手动进给时，一般按照逐渐增压和逐渐减压的原则进行，以免用力过猛造成事故。
4. 钻头上绕有长切屑时，要停车清除。禁止用嘴吹、用手拉，要用刷子或铁钩清除。
5. 精铰深孔过程中，拔取测量用具时不可用力过猛，以免手撞在刀具上。
6. 不准在旋转的刀具下翻转、夹压或测量工件。手不准触摸旋转的刀具。
7. 摇臂钻床的横臂回转范围内不准有障碍物。工作前横臂必须锁紧。
8. 横臂和工作台上不准有浮放物件。
9. 工作结束后，将横臂降低到最低位置，主轴箱靠近立柱，并且都要锁紧。

三、钳工常用工具安全要求

1. 钳台

（1）钳台一般必须紧靠墙壁，人站在一面工作。例如，大型钳台对面有人工作时，钳台上必须设置密度适当的安全网。钳台必须安装牢固，不得作铁砧用。

（2）钳台上使用的照明电压不得超过 36 V。

（3）钳台上的杂物要及时清理，工具和工件要放在指定地方。

2. 锤子

（1）锤柄必须用硬质木料做成，大小、长短要适宜，锤柄应有适当的斜度，锤头上必须加楔铁，以免工作时甩掉锤头。

（2）两人击锤时，站立的位置要错开方向。扶钳、打锤要稳，落锤要准，动作要协调，以免击伤对方。

（3）使用前，应检查锤柄与锤头是否松动，是否有裂纹，锤头上是否有卷边或毛刺。如果有缺陷，必须修磨好后方能使用。

（4）手、锤柄、锤头上有油污时，必须擦净后才能进行操作。

（5）锤头淬火要适当，不能直接打硬钢及淬火的零件，以免崩裂伤人。抡大锤时，对面和后面不准站人，要注意周围的安全。

3. 錾子

（1）不要用高速钢做扁錾和冲子，以免崩裂伤人。

（2）柄上、顶端切勿沾油，以免打滑。不准对着人錾削工件，以防切屑崩出伤人。

（3）顶部如有卷边时，要及时修磨，消除隐患。有裂纹时，不准使用。

（4）工作时，视线应集中在工件上，不要向四周观望或与他人闲谈。

（5）不得錾、冲淬火材料。

（6）錾子不得短于 150 mm。刃部淬火要适当，不能过硬。使用时要保持适当的角度。不准用废钻头代替錾子。

4. 锉刀、刮刀

（1）锉刀、刮刀木柄须装有金属箍。禁止使用没有装手柄或手柄松动的锉刀和刮刀。

（2）锉刀、刮刀杆不准淬火。使用前要仔细检查有无裂纹，以防折断而发生事故。

（3）推锉要平，压力与速度要适当，回拖要轻，以防发生事故。

（4）锉刀、刮刀不能当锤子、撬棒或錾子使用，以防折断。

（5）工件或工具上有油污时，要及时擦净，以防打滑。

（6）使用三角刮刀时，应握住木柄进行工作。工作完毕应把刮刀装入套内，并妥善保管。

（7）使用半圆刮刀时，刮削方向禁止站人，以防止刮刀滑出伤人。

（8）清除切屑时应用专用工具，不准用嘴吹或用手擦。

5. 手锯

（1）工件必须夹紧，不准松动，以防锯条折断伤人。

（2）锯要靠近钳口，方向要正确，压力与速度要适宜。

（3）安装锯条时松紧程度要适当，方向要正确，不准歪斜。

（4）工件将要锯断时，用力要轻，以防压断锯条或者工件落下伤人。

6. 手电钻及一般电动工具

（1）使用的手电钻必须装设额定漏电动作电流不大于 15 mA、动作时间不大于 0.1 s 的自保式触电保安器。

（2）使用手电钻时要找电工接线，严禁私自乱接。

（3）手电钻外壳必须接地线或者接中性线保护。

（4）手电钻导线要保护好，严禁乱拖，以防轧坏、割破。更不准把电线拖到油、水中，以防油、水腐蚀电线。

（5）使用时一定要戴绝缘手套，穿绝缘鞋。在潮湿的地方工作时，必须站在橡皮垫或干燥的木板上工作，以防触电。

（6）使用中如果发现手电钻漏电、振动、高热或有异声时，应立即停止工作，找电工检查及修理。

（7）手电钻未完全停止转动时，不能卸、换钻头。

（8）停电、休息或离开工作地时，应立即切断电源。

（9）用力压手电钻时，必须使手电钻垂直于工作表面，固定端要特别牢固。

（10）绝缘手套等绝缘用品不许随便乱放。工作完毕，应将手电钻及绝缘用品一并放到指定地方。

7. 风动砂轮

（1）工作前必须穿戴好防护用品。

（2）启动前，首先检查砂轮及其防护装置是否完好、正常，风管连接处是否牢固。最好先启动一下，马上关住，待确定转子没有问题后再使用。

（3）使用砂轮打磨工件时，应待空转正常后，由轻而重拿稳、拿妥，均匀用力。但压力不能过大或猛力磕碰，以免砂轮破裂伤人。

（4）打磨工件时，砂轮转动两侧方向不准站人，以免飞溅物伤人。

（5）工作完毕，关掉阀门，把砂轮机摆放到干燥、安全的地方，以免砂轮受潮，再用时破裂伤人。

（6）禁止随便开动砂轮或用其他物件敲打砂轮。换砂轮时，要检查砂轮有无裂纹，并垫平夹牢。不准用不合格的砂轮。砂轮安全停转后，才能用刷子清理。

（7）风动砂轮机要由专人负责保管，定期修理。

8. 设备维修中的安全要求

（1）机械设备运转时不能用手接触运动部件或进行调整，只有在停车后才能进行检查。

（2）任何设备在操作、维修或调整前都应先看懂说明书，不熟悉的设备不得随便开动。

（3）维修和拆卸设备及拆卸和清洗电机、电器时必须先切除电源，严禁带电作业。

（4）拆修高压容器时，须先打开所有放泄阀，放出剩下的高压气体和液体。

（5）修理天车或进行高空作业时，必须先扎好完全带。

（6）新安装或修理好的设备试车时，危险部位要加完全罩。必要时要加防护网或防护栏杆。

第二节　文　明　生　产

一、执行规章制度，遵守劳动纪律

劳动纪律是职工从事集体性、协作性劳动所不可缺少的条件。要求每位职工都能按照规定的时间、程序和方法完成自己承担的任务，保证生产过程有秩序、有步骤地进行，顺利完成各项任务。

二、严肃工艺纪律，贯彻操作规程

严格执行工艺纪律，认真贯彻操作规程，是保证产品质量的重要前提。

三、优化工作环境，创造良好的生产条件

清洁而整齐的工作环境可以振奋职工精神，从而提高劳动生产率。

四、加强设备的维修及保养

职工对所使用的设备要经常清洁，及时润滑，并按规定进行检修和保养。

五、严格遵守生产纪律

职工在生产工作中必须集中精力，严守工作岗位，不得随意到其他工作岗位闲谈聊天或嬉戏打闹。不准在生产现场及公共场合内吸烟。

第3部分

中级钳工知识要求

第六章 中级钳工基础知识

第一节 机械制图知识

一、平面图形和截交线的画法

1. 平面图形的画法

要画平面图形，首先要对平面图形中的各尺寸和各组成线段进行分析，然后确定出平面图形的作图步骤。

（1）平面图形的尺寸分析 平面图形中的尺寸按其作用不同可分为定形尺寸和定位尺寸两类。在标注和分析尺寸时首先必须确定基准。

1）基准 基准是标注尺寸的起点。平面图形的尺寸有水平和垂直两个方向，基准也必须从这两个方向考虑。常选择图形的轴线、对称中心线或较长的轮廓直线作为尺寸基准。图6—1所示手柄的尺寸基准就是水平轴线和较长的铅垂轮廓线。

2）定形尺寸 确定图形中各线段形状大小的尺寸称为定形尺寸，如直线的长度、圆及圆弧的直径或半径、角度大小等。图 6—1 中，15 mm、$\phi20$ mm、$\phi5$ mm、$R15$ mm、$R12$ mm、$R50$ mm、$R10$ mm、$\phi30$ mm 等均为定形尺寸。

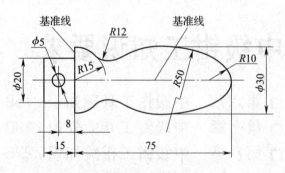

图6—1 手柄

3）定位尺寸 确定图形中线段间相对位置的尺寸称为定位尺寸。图6—1中，8 mm就是确定 $\phi5$ mm 小圆位置的定位尺寸。

分析尺寸时，常会见到同一尺寸既有定形尺寸的作用又有定位尺寸的作用，图6—1中，75 mm 既是决定手柄长度的定形尺寸，又是 $R10$ mm 圆弧的定位尺寸。

（2）平面图形的作图步骤 以图6—1所示的手柄为例，其作图步骤如图6—2所示。

1）画出基准线，并根据定位尺寸画出定位线，如图6—2a所示。

2）画出已知线段，即那些定形尺寸、定位尺寸齐全的线段，如图6—2b所示。

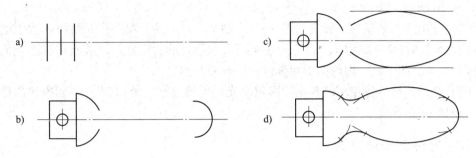

图 6—2 手柄的作图步骤

3）画出连接线段，即那些只有定形尺寸，而定位尺寸不齐全或无定位尺寸的线段。这些线段必须在已知线段画出之后，依靠它们与相邻线段的关系才能画出，如图 6—2c、d 所示。

2. 圆柱截交线的画法

圆柱截割后产生的截交线，因截平面与圆柱轴线的相对位置不同而有所不同。当截平面平行于圆柱轴线时，截交线是矩形；当截平面垂直于圆柱轴线时，截交线是一个直径等于圆柱直径的圆；当截平面倾斜于圆柱轴线时，截交线是椭圆。椭圆的形状和大小随截平面对圆柱轴线的倾斜程度不同而变化，但短轴总与圆柱直径相等。

如图 6—3 所示，圆柱被正垂面所截，截交线在 V 面上的投影为一直线，在 H 面的投影与圆柱面的投影同时积聚成一圆，求作 W 面的投影。其具体作图步骤如下：

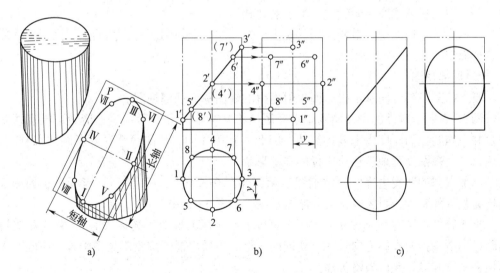

图 6—3 平面斜截圆柱时截交线的画法

（1）找出截交线上特殊点的投影 对于椭圆，须首先求出长轴和短轴四个端点的投影。长轴的端点 Ⅰ、Ⅱ 也是椭圆的最低点和最高点，位于圆柱上的最左、最右两条素线上；短轴的端点 Ⅲ、Ⅳ 也是椭圆的最前点和最后点，位于圆柱上的最前、最后两条素线上。这四点在 H 面的投影是 1、3、2、4；在 V 面的投影是 1′、3′、2′、4′；根据点的投影关系，可求出在 W 面上的投影 $1''$、$3''$、$2''$、$4''$。这些特殊点确定了椭圆投影的大致范围，如图 6—3a、b 所示。

（2）作出适当数量的一般点 图 6—3 中的 Ⅴ、Ⅵ、Ⅶ、Ⅷ点在 V 面和 H 面上的投影分别为 $5'$、$6'$、$7'$、$8'$和 5、6、7、8。同样，根据点的投影规律可求出它们在 W 面上的投影 $5''$、$6''$、$7''$、$8''$（因椭圆的对称性，选点要对称）。

（3）光滑连接 将作出的各点投影依次光滑连接起来，就得到了 W 面投影的截交线，如图 6—3c 所示。

二、零件的表达方法

在国家标准《机械制图》中，零件形状的表达规定有视图、剖视图、断面图等方法。

视图：基本视图、局部视图、斜视图、旋转视图。

剖视图：全剖视图、半剖视图、局部剖视图。

断面图：移出断面图、重合断面图。

1. 基本视图

国家标准《机械制图》中规定，采用正六面体的六个面为基本投影面，如图 6—4a 所示。将零件放在正六面体中，由前、后、左、右、上、下六个方向分别向六个基本投影面投射，再按图 6—4b 规定的方法，正投影面不动，其余各面按箭头所指方向旋转展开，与正投影面成一个平面，即得六个基本视图，如图 6—4c 所示。

六个基本视图之间仍保持着与三视图相同的投影规律，即主、俯、仰、后长对正；主、左、右、后高平齐；俯、左、仰、右宽相等。

在六个基本视图中，最常应用的是主、俯、左三个视图。各视图的采用根据零件形状特征而定。

2. 局部视图

零件的某一部分向基本投影面投射而得的视图称为局部视图。

图 6—5 所示零件的主、俯两基本视图已将其基本部分的形状表达清楚，唯有两侧凸台和左侧肋板的厚度尚未表达清楚，因此，采用 A 向、B 向两个局部视图加以补充，采用这一组视图简明地表达了零件的全部形状。

局部视图的断裂边界应以波浪线表示，如图 6—5 中"A"所示。当所表示的局部结构完整且外轮廓线封闭时，可省略波浪线，如图 6—5 中"B"所示。

标注局部视图时，应在其上方用大写拉丁字母标出视图的名称"×"，并在相应视图附近用箭头指明投影方向且注上相同的字母。当局部视图按投影关系配置，中间又无其他视图隔开时，允许省略标注。

3. 斜视图

将零件向不平行于任何基本投影面的平面投射所得的视图称为斜视图。

图 6—6 所示弯板形零件的倾斜部分在俯视图和左视图上都不能得到实形投影。这时，就可以另加一个平行于该倾斜部分的投影面，在该投影面上画出倾斜部分的实形投影，即为斜视图。

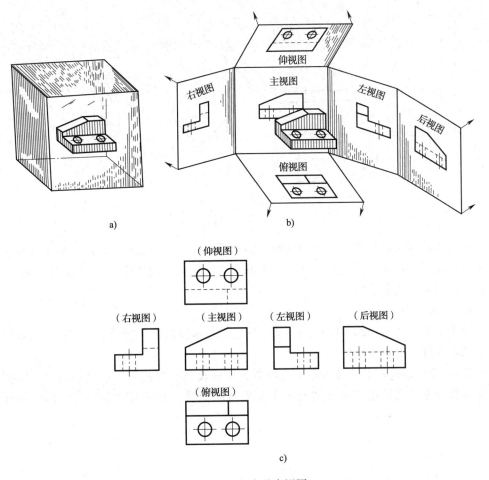

图6—4 六个基本视图

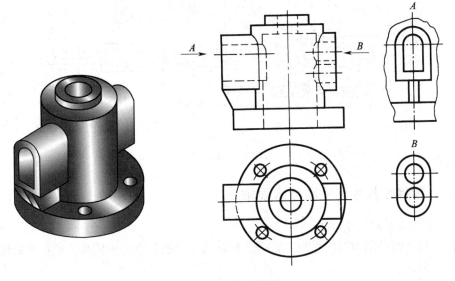

图6—5 局部视图

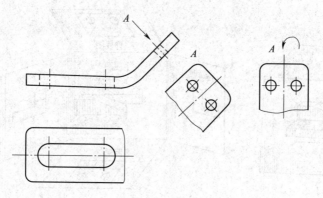

图6—6　斜视图

斜视图的画法和标注基本上与局部视图相同。在不至于引起误解时，可不按投影关系配置，还可将图形旋转摆正。此时，图形上方应用大写拉丁字母标出名称"×"，并在其附近用箭头表示投影方向。

4. 旋转视图

假想将零件的倾斜部分旋转到与某一选定的基本投影面平行后再向该投影面投射所得到的视图称为旋转视图。

图6—7所示连杆的右端对水平面倾斜，为将该部分结构和形状表达清楚，可假想将该部分绕零件回转轴线旋转到与水平面平行的位置，投射而得的俯视图即为旋转视图。

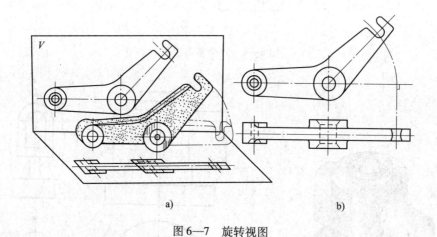

图6—7　旋转视图

三、零件图尺寸标注和技术要求

1. 零件图上的尺寸标注

标注尺寸时必须遵循的原则：正确选择标注尺寸的起点——尺寸基准；正确使用标注尺寸的形式。

（1）尺寸基准　按尺寸的基准性质不同可分为设计基准、工艺基准。

1）设计基准　是指用以确定零件在部件或机器中位置的基准。图6—8a 所示轴承座底面为轴承孔高度方向的设计基准，图6—8b 所示台阶轴的轴线为径向尺寸的设计基准。

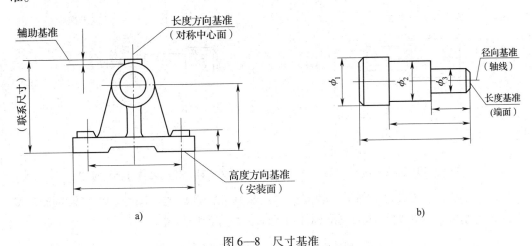

图6—8　尺寸基准

a）轴承座　b）台阶轴

2）工艺基准　在零件加工过程中，为满足加工和测量要求而确定的基准称为工艺基准。

（2）尺寸标注形式　根据图样上尺寸布置的情况，以轴类零件为例，尺寸标注的形式有三种。

1）链式　轴向尺寸的标注，依次分段注写，无统一基准，如图6—9a 所示。

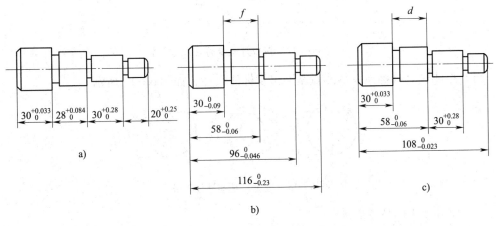

图6—9　尺寸标注的形式

a）链式　b）坐标式　c）综合式

2）坐标式　轴向尺寸的标注，以一边端面为基准，分层注写，如图6—9b 所示。

3）综合式　轴向尺寸的标注，采用链式和坐标式两种方法标注，如图6—9c 所示。

（3）尺寸标注常用方法

1）避免注成封闭尺寸链　在标注尺寸时应将次要的轴段空出，不标注尺寸或标注尺寸后用括号括起来，作为参考尺寸，如图6—10所示。

2）按加工顺序标注　从工艺基准出发标注尺寸，如图6—11所示。轴向尺寸的标注考虑到轴的加工顺序，因此选择右端面的工艺基准标注。

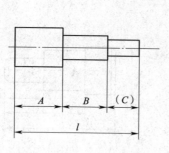

图6—10　避免尺寸链封闭

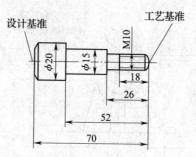

图6—11　按工艺基准标注尺寸

3）重要尺寸（设计、测量、装配尺寸）从基准直接标注　图6—12中齿轮的左端面为设计基准，应以此端面为基准标注齿轮轴长度方向的尺寸。

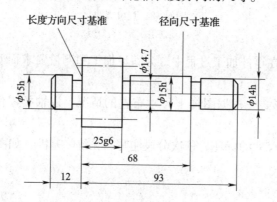

图6—12　按设计基准标注尺寸

4）按测量基准标注　从测量基准出发标注尺寸，如图6—13所示。

图6—13　按测量基准标注尺寸

2. 零件图上的技术要求

零件图上应该标注和说明的技术要求主要有以下几个方面：

标注零件的表面粗糙度；标注零件上重要尺寸的上、下偏差及零件表面的几何公差；标写零件的特殊加工、检验和试验要求；标写材料和热处理项目要求。

（1）表面粗糙度在图样上的标注

1）表面粗糙度代号在图样上用细实线注在可见轮廓线、尺寸线、尺寸界线或它们的延长线上，如图6—14所示。

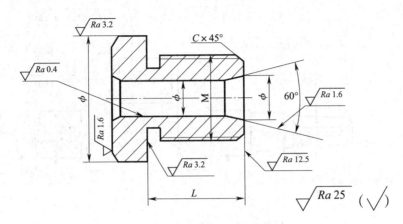

图 6—14　表面粗糙度标注示例

2）表面粗糙度数值的书写方向应与尺寸数字的书写规定相同。

3）在同一图样上，每一表面一般只标注一次表面粗糙度要求，并尽可能标注在相应的尺寸及其公差的同一视图上。

4）当零件所有表面具有相同的表面粗糙度要求时，其代号可在标题栏上方标注；当大部分表面具有相同的表面粗糙度要求时，对其中使用最多的一种代号可统一注在标题栏上方。

（2）公差与配合的标注

1）标注公差代号　标注公差代号时，基本偏差代号和公差等级数字均应与尺寸数字等高，如 $\phi50f7$、$\phi50H8/f7$ 等。

2）标注偏差数值　标注偏差数值时，上偏差应注在基本尺寸的右上方，下偏差应与基本尺寸注在同一底线上，字号应比基本尺寸小一号，如 $\phi50^{-0.025}_{-0.050}$。若上、下偏差相同，只是符号相反，则可简化标注，如 $\phi40 \pm 0.02$。此时，偏差数字应与基本尺寸数字等高。

在零件图中，除配合尺寸标注公差带代号外，其他尺寸一般标注偏差，这些尺寸为非配合尺寸。国家标准规定非配合尺寸的公差等级在 IT18～IT12 范围内。如有要求可注写在图样下方空白处。

（3）几何公差的标注

1）几何公差框格的绘制　公差框格可水平或垂直绘制。框格内的数字、字母的书写要求与尺寸数字书写规则一致；框格、指引线、圆圈、连线应用细实线画出；几何公差符号应用 $b/2$ 线条画出；指引线一端与框格相连，另一端以箭头指向被测部位。

2）被测部位与基准部位的标注

①当被测部位为线或表面时，指引线的箭头应垂直于被测部位轮廓线或其引出线，并应明显地与尺寸线错开；当基准部位为线或表面时，基准三角形放置在要素的轮廓线或其延长线上，如图 6—15 所示。

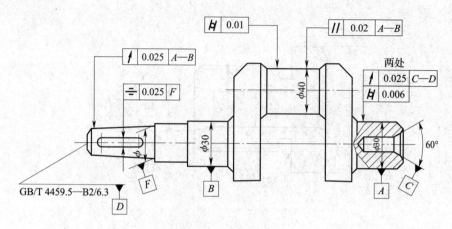

图6—15　几何公差标注

②当被测（或基准）部位为轴线、球心、中心平面时，指引线的箭头应与该部位的尺寸线对齐，如图6—15所示；当被测部位为整体轴线、公共轴线时，指引线可直接指到轴线上。

③当同一部位有多项几何公差要求时，可采用框格并列标注，如图6—15所示；当几个被测部位有相同几何公差要求时，可以在框格指引线上绘出多个箭头。

（4）热处理及表面处理　当零件表面有多种热处理要求时，一般可按下述原则标注：

1）零件表面需全部进行某种热处理时，可在技术要求中用文字统一加以说明。

2）零件表面需局部热处理时，既可在技术要求中用文字说明，也可以在零件图上标注。例如，零件局部热处理或局部镀（涂）时，可用粗点画线区分出范围，并注出相应尺寸和说明，如图6—16所示。

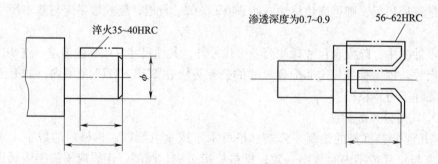

图6—16　表面局部热处理标注

四、常用零件的规定画法及代号

1．花键的规定画法与标注

花键的齿形有矩形、渐开线形等。其中矩形花键应用较为广泛，结构和尺寸都已标准化，使用时可按标准选用。

（1）外花键的画法和尺寸标注（见图 6—17）　在平行于花键轴线的投影面的视图中，大径用粗实线绘制，小径用细实线绘制，工作长度终止端和尾部长度的末端均用细实线绘制，小径尾部则画成与轴线成 30°的斜线。在断面图中画出一部分或全部齿形。花键代号标注指引线应指到大径上。

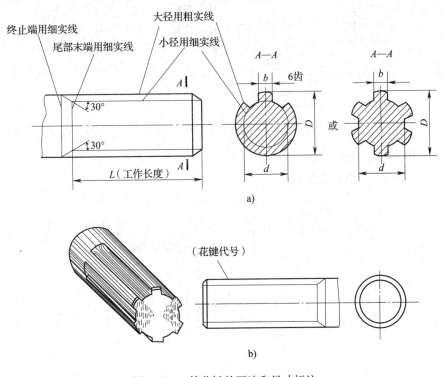

a)

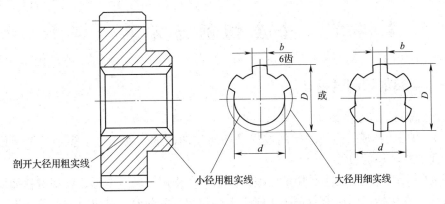

b)

图 6—17　外花键的画法和尺寸标注

（2）内花键的画法和尺寸标注（见图 6—18）　在平行于花键轴线的投影面的剖视图中，大径及小径均用粗实线绘制，并在局部视图中画出一部分或全部齿形。

图 6—18　内花键的画法和尺寸标注

（3）花键连接的画法和标注（见图 6—19）　花键连接一般用剖视图表示，其接合部分按外花键的画法绘制。

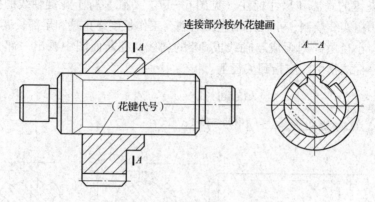

图6—19　花键连接的画法和标注

2. 矩形花键的代号

（1）装配图上花键连接代号

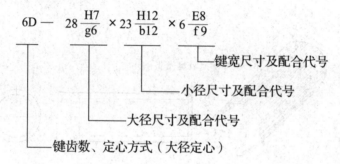

（2）零件图上内、外花键代号"8d—48H12×42H7×8D9"表示8齿，小径定心，大径为48H12、小径为42H7、键宽为8D9的内花键。"16b—60b12×52b12×5f9"表示16齿，齿侧定心、大径为60b12、小径为52b12、键宽为5f9的外花键。

第二节　金属切削与刀具（二）

一、金属的切削过程

1. 切屑的形成及类型

（1）切屑的形成　金属的切削过程是指通过切削加工使工件上多余的金属层被刀具切除而形成切屑的过程。

切屑的形成过程实质上是切削层在刀具的挤压作用下经过变形、剪切滑移而脱离工件的过程。它包括切削层沿滑移面的剪切变形和切屑在前面上排出时的滑移变形两个阶段。

为了进一步分析切削层变形的特殊规律，通常把切削刃作用部位的金属划分为三个变形区，如图6—20所示。

第 I 变形区　它由靠近切削刃的 *OA* 线处开始发生塑性变形，到 *OM* 线处剪切滑移基本完成。

第 II 变形区　切屑沿前面排出时，切削层与前面相接触的附近区域进一步受到前面的挤压和摩擦。

第 III 变形区　它是已加工表面靠近切削刃处的区域。在这一区域，金属受到切削刃和后面的挤压与摩擦，造成加工硬化。

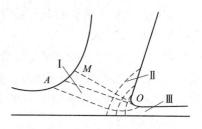

图 6—20　切削时的三个变形区

很明显，切削层在作用力 F_r 的作用下，切削刃处的金属首先产生弹性变形，接着产生塑性变形。塑性变形的表现是切削层里的金属沿倾斜的剪切面滑移。这一剪切面不是一个平面，而是一个剪切区（见图 6—21a 中 *AO* 与 *OM* 之间）。

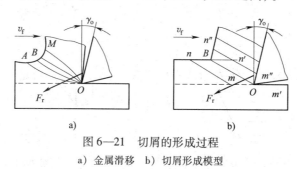

图 6—21　切屑的形成过程

a）金属滑移　b）切屑形成模型

切屑的形成过程可以粗略地看作金属切削层逐步地移至剪切面 *OB*（见图 6—21b），即成片地产生滑移。这个过程不断地进行，切削层便连续地通过刀具前面转变成切屑。

（2）切屑的类型　切削时，由于工件材料和切削条件不同，形成的切屑类型也不同，一般可以分成四类，如图 6—22 所示。

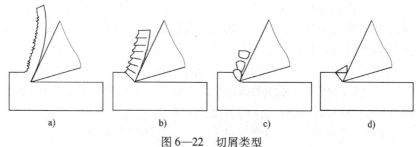

图 6—22　切屑类型

a）带状切屑　b）挤裂切屑　c）单元切屑　d）崩碎切屑

1）带状切屑　这类切屑内表面光滑，外表面呈毛茸状并连绵不断。在切削塑性较大的金属材料（如碳素钢，合金钢，铜、铝及其合金）时，当金属的内应力还没有达到抗拉强度时，就会形成这类切屑，如图 6—22a 所示。

2）挤裂切屑　在切屑形成过程中，如果剪切面上局部材料破裂成节状，但与前面挤裂的一面相互连接而未完全折断，这就是挤裂切屑。在切削黄铜或低速切削钢材时，其剪切面上局部受到的切应力达到抗拉强度时容易得到这类切屑，如图 6—22b 所示。

3）单元切屑　在切削过程中，如果切屑破裂成形似梯形的块状，这就是单元切屑。切屑时当整个剪切面上所受到的切应力均超过材料的抗拉强度时，就会形成单元切屑，如图6—22c所示。

4）崩碎切屑 切削铸铁、黄铜等脆性材料时，切削层在接近切削刃和前面的局部金属未经塑性变形就被挤裂或脆断，形成大小不一、形状不规则的崩碎状切屑。当工件材料越脆、越硬，刀具前角越小，切削厚度越大时，就越容易形成这类切屑，如图6—22d所示。

2. 切削力

（1）切削力的来源与分解 切削加工时，工件材料抵抗刀具切削所产生的阴力称为切削力。切削力的来源有两个方面：一是三个变形区产生的弹性变形和塑性变形抗力；二是切屑、工件与刀具之间的摩擦力，如图6—23所示。

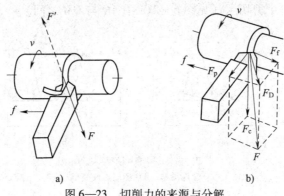

图6—23 切削力的来源与分解
a）切削力 b）切削力的分解

切削力还可按主运动方向、切深方向和进给方向分解成三个互相垂直的分力，即：

主切削力 F_c：作用在主运动切削速度方向的力，又称切向力。

切深抗力 F_p：作用在横向进给方向的力，又称径向力。

进给抗力 F_f：作用在纵向进给方向的力，又称轴向力。

（2）影响切削力的因素

1）工件材料 工件材料的硬度、强度、塑性变形、切屑与刀具之间的摩擦都会影响切削力。工件材料的硬度或强度越高，切削力越大；工件材料的塑性或韧性越好，切削时产生的变形抗力和摩擦力越大，切削力也越大。

2）切削用量 背吃刀量 a_p 和进给量 f 增大，使切削面积 A_c 增大，变形抗力和摩擦力也增大，故切削力也随之增大。

3）刀具几何参数 在刀具几何参数中，前角 γ_o、主偏角 K_r、刃倾角 λ_s、刀尖圆弧半径 r_ε 对切削力都有影响。

①前角 γ_o 前角 γ_o 越大，切削变形越小，切削力 F_c 也越小；反之，F_c 增大。

②主偏角 K_r 主偏角 K_r 增大，切削厚度增加，切削变形减小，切削力 F_c 也减小。

③刃倾角 λ_s 刃倾角 λ_s 减小时，F_p 增大，F_f 减小，F_c 基本不变。

④负倒棱 当刀具有负倒棱时，切削刃变钝，切削变形增大，使切削力增大。

⑤刀尖圆弧半径 刀尖圆弧半径 r_ε 增大，圆弧刃参加切削的长度增加，切削变形和摩擦力增大，切削力增大

3. 切削热与切削温度

（1）切削热的来源　在切削过程中，金属的变形与摩擦所消耗的功绝大部分转变成热能。三个变形区是切削热的三个来源。

（2）切削温度　切削过程中，切削热的产生使切削温度升高。切削温度的高低取决于产生多少切削热和散热条件的好坏。

（3）影响切削温度的因素

1）工件材料　当工件材料的强度与硬度低、热导率高时，切削时产生的热量少，热量传导快，因而切削温度低。

2）切削用量　切削用量是影响切削温度的主要因素，其中切削速度对切削温度的影响最大，其次是进给量，背吃刀量的影响最小。

（4）刀具几何参数

1）前角 γ_o。　前角增大，切削过程中的变形和摩擦减小，产生热量少，切削温度下降。但前角太大，使刀头体积减小，刀具散热变差，切削温度上升。

2）主偏角 K_r　增大主偏角，切削刃工作长度减短，刀尖角减小，刀具散热变差，切削温度升高；反之，切削温度降低。

4. 刀具的磨损

（1）刀具磨损的原因　刀具磨损的原因主要有下列几种：

1）磨粒磨损　它是指工件或切屑上的硬质点将刀具表面刻划出深浅不一的沟痕而造成的磨损。工件上的硬质点越多，硬度越高，刀具的磨损越厉害。

2）黏结磨损　在切削塑性金属时，切屑与前面、工件与后面在较高切削温度作用下发生黏结，使刀具表面的微粒被切屑或工件带走而造成的磨损。

3）扩散磨损　在高温切削时，刀具与工件之间的合金元素相互扩散，使刀具材料的物理性能、力学性能降低，造成刀具磨损。

4）相变磨损　金属材料有一定的相变温度。切削过程中，当刀具上的温度超过相变温度时，刀具材料中的组织发生变化，硬度明显下降，使刀具迅速磨损，失去切削能力（如合金工具钢的相变温度为 300 ~ 350℃；高速钢为 550 ~ 600℃）。

5）氧化磨损　在高温（700 ~ 800℃或更高）切削时，空气中的氧与硬质合金中的碳化钨、碳化钛发生氧化作用而生成氧化物，使刀具表面的微粒因硬度显著降低而被切屑、工件带走，造成刀具的磨损。

6）其他磨损　它是指切削过程中，由于积屑瘤的脱落、刀具受到冲击和振动、焊接或刃磨刀具时骤冷骤热产生内应力等原因造成刀具的切削刃破损。这是刀具磨损最常见的方式之一。

（2）刀具的磨钝标准　一把刀具不可能永久地使用下去，因此，刀具磨损到一定程度后应重新刃磨或更换新刀。给磨损量规定一个合理的限度，称为磨钝标准，又称磨损限度。

（3）影响刀具寿命的因素　当刀具磨损限度确定以后，刀具磨损慢，表示刀具寿命长；反之，刀具寿命短。因此，影响刀具磨损的因素都影响刀具寿命。

1）工件材料　工件材料的强度、硬度越高，热导率越低，切削时产生的切削温度就越高，刀具磨损就越快，刀具寿命也越短。

2）刀具材料　刀具切削部分的材料是影响刀具寿命的主要因素。一般刀具材料的高温硬度越高，耐磨性越好，刀具寿命也越长。

3）刀具几何参数　刀具几何参数是否合理对刀具寿命有着显著的影响。如果车刀前角增大，能使切削力减小，切削变形减小，刀具寿命延长；但前角太大，切削刃强度降低，散热条件变差，切削时切削刃容易破损，刀具寿命反而缩短。

4）切削用量　由切削试验证明，切削用量中对刀具寿命影响最大的是切削速度，其次是进给量，影响最小的是背吃刀量。切削速度与刀具寿命的关系具有"驼峰性"。以硬质合金为例（如车削淬硬钢），当切削速度达到一定值（60 mm/min）时，刀具寿命最长；随着切削速度继续提高，切削温度升高较快，刀具磨损加快，刀具寿命明显缩短。

二、刀具的刃磨

1. 刀具刃磨的基本要求

（1）对刀面的要求　刃磨刀具时，刀面质量对切削变形、刀具磨损影响很大。刃磨刀面的要求是表面平整且表面粗糙度值小。表面越平整，表面粗糙度值越小，刃磨的质量越高，刀具寿命就越长。

（2）对切削刃的要求　切削刃的质量主要是指切削刃的直线度和完整程度。切削刃的直线度和完整程度越好，工件的已加工表面质量越高。

（3）对刀具角度的要求　刃磨刀具时，刀具的几何角度要符合要求，以保证良好的切削性能。

2. 刀具的刃磨方法

车刀、麻花钻等刀具可装夹在机床上或用手工方法刃磨前面和后面。其几何参数可根据被加工工件材料、精度以及所选定的切削用量来决定。下面介绍成形车刀、铣刀、齿轮滚刀与铰刀的刃磨方法。

（1）成形车刀的刃磨　成形车刀磨损后，大多是在万能工具磨床上选用碗形砂轮对其前面进行刃磨。刃磨的基本要求是保持它的原始前角和后角不变。对于棱形车刀，须保证其前面与砂轮工作端面平行（见图6—24a）；对于圆形车刀，除保证刀具中间平面与砂轮工作端面平行外，还应偏移距离 h（见图6—24b），h 的值为：

$$h = R\sin(\gamma_{\mathrm{p}} + \alpha_{\mathrm{p}}) \tag{6—1}$$

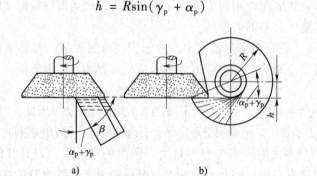

图6—24　成形车刀的刃磨

a）刃磨棱形车刀　b）刃磨圆形车刀

（2）铣刀的刃磨

1）尖齿铣刀的刃磨　尖齿铣刀刃磨部位是后面，刃磨是在万能工具磨床上进行的。圆柱形铣刀是尖齿铣刀，其刃磨方法如图 6—25a 所示。刃磨时，支承片顶端到铣刀中心的距离 h 的计算式为：

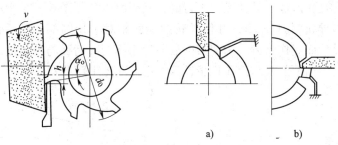

图 6—25　铣刀的刃磨

a）尖齿铣刀的刃磨　b）铲齿铣刀的刃磨

$$h = \frac{d_0}{2}\sin\alpha_o \qquad\qquad (6—2)$$

式中　d_0——钝刀直径，mm；

　　　α_o——铣刀后角，（°）。

2）铲齿铣刀的刃磨　铲齿铣刀的后面是经铲削的阿基米德螺旋面，不须刃磨，故铲齿铣刀只刃磨前面（见图 6—25b）。刃磨时须严格控制铣刀前角的大小，并且符合设计的要求和刀齿的圆周等分性。图 6—26 所示为在万能工具磨床上刃磨铲齿铣刀前面时用的夹具。

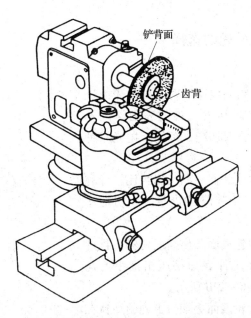

图 6—26　刃磨铲齿铣刀前面所用夹具

（3）齿轮滚刀的刃磨　齿轮滚刀是刃磨前面。刃磨是在具有精确的螺旋运动机构、分度机构、砂轮修整机构和砂轮头架的调整机构的专用滚刀开口机上进行的。图 6—27

所示为在万能工具磨床上用靠模刃磨滚刀的方法。

（4）铰刀的刃磨　铰刀的磨损主要发生在后面，所以，铰刀的刃磨沿切削部分的后面进行。若刃磨前面，会使校正部分的棱边逐渐变窄，甚至消失，以至于减少铰刀的重磨次数。

铰刀的刃磨是在万能工具磨床上进行的，其刃磨方法如图6—28所示。刃磨时，铰刀轴线相对磨床导轨倾斜 κ_r 角，并使砂轮的端面相对于切削部分的后面倾斜 $1° \sim 3°$，以免接触面积过大而烧伤刀齿。为使刃磨后的后角不变，后面与砂轮端面都应处于垂直位置，且支承铰刀前面的支承片应低于铰刀中心 h，其计算式为：

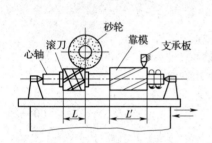

图6—27　齿轮滚刀的刃磨

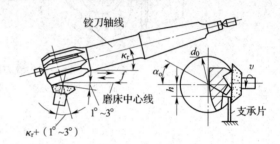

图6—28　铰刀的刃磨

$$h = \frac{d_0}{2}\sin\alpha_o \qquad (6—3)$$

式中　d_0——铰刀直径，mm；
　　　α_o——铰刀后角，（°）。

三、磨削原理及砂轮的选择

1. 磨削原理

磨削是用磨具以较高的线速度对工件的表面进行加工的方法。由于磨粒切入工件的表面深浅不同，磨削时的磨粒分别具有切削、刻划、抛光三种作用。

（1）切削作用　砂轮表面一些凸出且比较锋利的磨粒切入工件较深，切削厚度较厚，起切削作用，如图6—29a所示。

（2）刻划作用　砂轮表面凸出高度比较小且钝的磨粒切不下切屑，在工件表面挤压出细小的沟槽，起刻划作用，如图6—29b所示。

（3）抛光作用　砂轮表面更细、更钝的磨粒在磨削过程中只稍微划擦工件表面，起抛光作用，如图6—29c所示。

在磨削过程中，参加磨削的磨粒进入磨削区

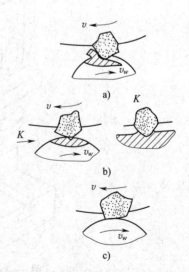

图6—29　磨削过程中的切削、刻划、抛光作用
a）切削作用　b）刻划作用　c）抛光作用

时，一般先经过划擦和刻划阶段，然后再进行切削。因此，磨削过程是包含切削、刻划和抛光作用的复杂过程。

2. 磨削加工的特点

磨削与一般金属切削加工一样，磨屑的形成过程也经历弹性变形、塑性变形和滑移等阶段，其间也有力和热产生。

（1）由于砂轮表面有大量的磨粒，因此，在磨削过程中参加切削的磨粒数极多。

（2）磨粒具有一些独特性能，例如，具有较高的硬度，能较顺利地切削硬的工件；热稳定性好，在高温下仍能保持良好的切削性能；有一定的脆性；磨削时会脆裂，出现新的切削刃，使磨粒更锋利。

（3）磨粒的切削速度很高，砂轮的圆周线速度一般为 35 m/s，高速磨削时可达 50 m/s，甚至更高。

（4）可以获得高精度和较小的表面粗糙度值。磨削后工件精度可达 IT6 ~ IT4 级，表面粗糙度为 Ra1.25 ~ 0.02 μm。

（5）可以获得高的加工效率，实现强力磨削和高速磨削。

（6）可以加工那些不便于切削加工的硬材料（如淬火钢、硬质合金等）。

（7）便于实现自动化。

3. 砂轮及其选择

砂轮是磨削时的磨具，是由磨粒加结合剂用粉末冶金的方法制成的一种多孔体，其结构如图6—30所示。砂轮的切削性能主要受磨料、粒度、结合剂、硬度、组织、形状和尺寸等要素的影响。

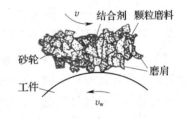

图6—30　砂轮的结构

（1）磨料　磨削中起切削作用，组成磨粒的材料称为磨料。磨料有天然和人造两种。目前制造砂轮的主要是人造磨料，主要有氧化物系（刚玉类）、碳化物系、高硬磨料系三种。

1）氧化物系（刚玉类）　它的主要成分是 Al_2O_3，根据 Al_2O_3 所含比例、颜色和加入金属元素不同，可分成棕刚玉、白刚玉、铬刚玉等几种。

2）碳化物系　它的主要成分是碳化硅、碳化硼。因材料的纯度不同，它又可分为黑色碳化硅和绿色碳化硅等几种。

3）高硬磨料系　高硬磨料主要有人造金刚石和立方氮化硼。

常用磨料的代号、特性及适用范围见表6—1。

表6—1　　　　　　　　　　常用磨料的代号、特性及适用范围

系列	磨料名称	代号	显微硬度 HV	特性	适用范围
氧化物系	棕刚玉	A	2 200 ~ 2 280	棕褐色。硬度高，韧性好，价格便宜	磨削碳钢、合金钢、可锻铸铁、青铜
	白刚玉	WA	2 200 ~ 2 300	白色。硬度比棕刚玉高，韧性比棕刚玉差	磨削淬火钢、高速钢、高碳钢及薄壁零件

系列	磨料名称	代号	显微硬度 HV	特性	适用范围
氧化物系	铬刚玉	PA	2 000～2 200	玫瑰红或紫红色。韧性比白刚玉好，磨削表面粗糙度值小	磨削淬火钢、高速钢、高碳钢及薄壁零件
碳化物系	黑色碳化硅	C	2 840～3 320	黑色，有光泽。硬度比白刚玉高，性脆而锋利，导热性和导电性良好	磨削铸铁、黄铜、铝、耐火材料及非金属材料
	绿色碳化硅	GC	3 280～3 400	绿色。硬度和脆性比黑碳化硅高，具有良好的导热性和导电性	磨削硬质合金、宝石、陶瓷、玉石、玻璃等材料
高硬磨料系	人造金刚石	JR	10 000	无色透明或淡黄色、黄绿色、黑色。硬度高，比天然金刚石脆	磨脆硬材料、硬质合金、宝石、光学玻璃、半导体等
	立方氮化硼	DL	8 000～9 000	黑色或淡白色。立方晶体，硬度仅次于金刚石，耐磨性高，发热量少	磨削各种高温合金、高钼钢、高钒钢、高钴钢、不锈钢等，还可做立方氮化硼车刀

（2）粒度及其选择　粒度表示磨粒尺寸的大小，以磨粒刚能通过的那一号筛网的网号来表示磨粒的粒度。如粒度60表示磨粒刚可通过每25.4 mm（1 in）长度上有60个孔眼的筛网。粒度号数越大，颗粒尺寸越细。

磨粒的粒度对工件表面粗糙度及磨削生产效率有很大影响。一般粗磨用粗粒度，精磨用细粒度。当工件材料软、塑性大和磨削面积大时，应采用粗粒度；反之，应采用细粒度。

（3）结合剂　结合剂的作用是将磨粒黏合在一起，使砂轮具有一定的强度、硬度和耐腐蚀、抗潮湿的性能。常用的结合剂有以下几种：

1）陶瓷结合剂（代号 V）　它由黏土、滑石、硼玻璃和硅石等陶瓷材料配制而成。特点是化学性质稳定，耐水、耐酸、耐热和成本低，但较脆。大多数砂轮都采用陶瓷结合剂。用它制成的砂轮的线速度一般为35 m/s。

2）树脂结合剂（代号 B）　其主要成分为酚醛树脂，也可采用环氧树脂。用该结合剂制成的砂轮强度高、弹性好，多用于高速磨削、切断和开槽工序，缺点是耐热性和耐腐蚀性差。

3）橡胶结合剂（代号 R）　它多采用人造橡胶。橡胶结合剂比树脂结合剂更富有弹性，具有良好的抛光作用，多用于制作无心磨床的导轮、切断砂轮及抛光砂轮。

（4）硬度及其选择　砂轮的硬度是指砂轮上磨粒在磨削力作用下从砂轮表面脱落的难易程度，也反映磨粒与结合剂的粘固强度。砂轮硬，表示磨粒难以脱落；砂轮软，表示磨粒容易脱落。砂轮的硬度等级及其代号见表6—2。

表 6—2　　　　　　　　　　　　　砂轮硬度等级及其代号

硬度等级		代号
大级	小级	
超软	超软	D、E、F
软	软1	G
	软2	H
	软3	J
中软	中软1	K
	中软2	L
中	中1	M
	中2	N
中硬	中硬1	P
	中硬2	Q
	中硬3	R
硬	硬1	S
	硬2	T
超硬	超硬	Y

选用砂轮时，应注意硬度选得适当。若砂轮选得太硬，会造成工件烧伤；若选得太软，会使磨粒脱落过快而无法磨削。砂轮硬度的选择原则如下：

1）工件材料越硬，应选择软的砂轮，使磨粒易脱落，以便保持良好的磨削性能；工件材料越软，砂轮的硬度应选得越硬。

2）工件与砂轮的接触面积大时，应选用较软的砂轮。

3）精磨或成形磨削时，为保持砂轮必要的形状精度，应选用较硬的砂轮。

4）砂轮粒度号越大时，为避免砂轮堵塞，应选较软的砂轮。

5）磨削导热性差的材料及薄壁工件时，为防止工件烧伤，应选用较软的砂轮；磨削有色金属、橡胶、树脂等软材料时，应选用较硬的砂轮。

（5）组织　砂轮的组织是指磨粒、结合剂、气孔三者之间的比例关系。磨粒在砂轮总体积中所占的比例越大，则砂轮的组织越紧密，气孔越小；反之，磨粒所占的比例越小，组织越疏松，气孔越大。

砂轮的组织号从 0～14 共分 15 级。磨削软材料最好采用 10 号以上疏松组织的砂轮；中等组织的砂轮适用于一般的磨削工作（如淬火钢的磨削及刀具的磨削）；紧密组织的砂轮可承受较大的磨削力，砂轮尺寸可以保持较久，故适用于在重压下磨削及精磨、成形磨削。

（6）形状　我国砂轮形状和尺寸均已标准化，可根据磨削工件的要求选用。砂轮端面上印有标志，如 WA60SV6P300×30×75 表示该砂轮的磨料是白刚玉，60 号粒度，硬度为硬1，陶瓷结合剂，6 号组织，平形砂轮，大径为 300 mm，厚度为 30 mm，小径为 75 mm。

第三节　机械制造工艺基础与夹具知识

一、机械加工精度的概念

零件加工后的实际几何参数（尺寸、形状和位置）与理想几何参数的符合程度称为加工精度。两者不符合的程度称为加工误差。加工精度越高，加工误差越小。零件加工精度的主要内容如下：

1. 尺寸精度

尺寸精度是指加工表面的尺寸（如孔径、轴长、长度等）及加工表面到基面的尺寸（如孔到面、面到面的距离等）的精度。

2. 几何形状精度

几何形状精度是指加工表面的宏观几何形状（如圆度、圆柱度、平面度等）的精度。

3. 相对位置精度

相对位置精度是指加工表面与其他表面的相对位置（如平行度、垂直度等）的精度。

在零件图或工序图中，尺寸精度以尺寸公差的形式表示，几何形状精度及相对位置精度以框格或文字形式表示。加工时应满足所有的精度要求。

二、工艺尺寸链的基本概念及简单尺寸链的计算

1. 尺寸链图及其基本术语

图6—31a所示为一零件的某工序简图，需保证尺寸 A_1、A_2 及 A_3。虽然 P、Q 表面间没有标注尺寸，但零件加工后，此尺寸就存在了。如在 P、Q 表面间注上尺寸 N，与 A_1、A_2 及 A_3 就可形成一个封闭的图形，如图6—31b所示。其中 A_1、A_2、A_3 的任何变化都会影响尺寸 N 的大小。这种在加工过程中形成的相互有关的封闭尺寸图形称为工艺尺寸链图。

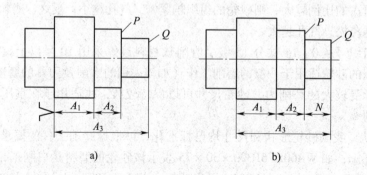

图6—31　尺寸链简介

a）工序简图　b）尺寸链图

（1）链环 尺寸链图中的每一个尺寸称为链环，所有的链环构成尺寸链。

（2）组成环 在尺寸链中，能人为地控制或直接获得的尺寸称为组成环。图 6—31b 中的 A_1、A_2 及 A_3 是组成环。

（3）封闭环（终结环） 在尺寸链中被间接控制的，当其他尺寸出现后自然形成的尺寸称为封闭环。封闭环以 N 为代号，一个尺寸链中只有一个封闭环。图 6—31b 中的 N 是封闭环。

每一个组成环的增大或减小都会使封闭环发生变化。根据对封闭环的影响方式不同，组成环又可分为增环与减环。

（4）增环 某组成环增大或减小而其他组成环不变，会使封闭环随之增大或减小，则此组成环称为增环，以 $\vec{A}$ 为代号。图 6—31b 中的 A_3 为增环。

（5）减环 某组成环增大或减小而其他组成环不变，会使封闭环随之减小或增大，则此组成环称为减环，以 $\overleftarrow{A}$ 为代号。图 6—31b 中的 A_1、A_2 为减环。

2. 工艺尺寸链图的绘制方法

工艺尺寸链图由表示各加工表面的尺寸界线及各加工尺寸组成。尺寸链图必须按工艺过程的次序、加工时的基准及各加工尺寸的起始和结束位置绘制。现以图 6—32 为例进行介绍。

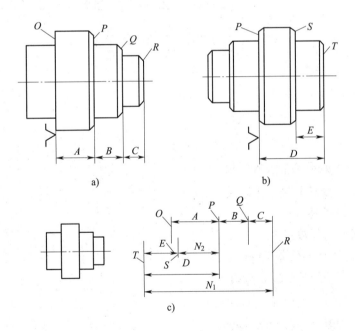

图 6—32 工艺尺寸链的绘制

a）工序 Ⅰ b）工序 Ⅱ c）工序尺寸链图

图 6—32 中工件分两道工序加工，工序 Ⅰ 以 O 面定位来加工 P、Q、R 面，尺寸分别为 A、B、C。工序 Ⅱ 以 P 面定位来加工 T、S 面，尺寸为 D、E。需计算工件最终总长及 S、P 面间的尺寸。两个工序图按实际加工位置绘制，方向相反。但工艺尺寸链图只可按一个方向绘制，所以应画一个零件简图以规定方向，如图 6—32c 左面的小图所

示。首先按所规定的方向画出表示 Q、P、Q、R 四个表面的尺寸界线，并注上尺寸 A、B、C，此是工序 I 的内容。工序 II 是以 P 面为基准，向未加工的一端加工 T 面及 S 面，故在尺寸链图上应由 P 面向左画出 T 面，标上尺寸 D，再由 T 面向右画出 S 面，并标上尺寸 E，至此，尺寸链图基本完成。需计算零件总长（即 R、T 间的尺寸），因为这个尺寸是间接形成的，故属封闭环，在 R、T 间标上尺寸 N_1。因此，D、B、C 及 N_1 构成了一个尺寸链。需计算 P、S 间的尺寸，从尺寸链图中可看出，由 D、E 可以求出此尺寸，所以此尺寸也是封闭环，在图上标以 N_2。D、E 及 N_2 构成另一个尺寸链。

3. 工艺尺寸链的基本计算公式

这里介绍用极限法进行尺寸链计算的基本公式：

$$N_{max} = \sum_{i=1}^{m} \vec{A}_{imax} - \sum_{i=1}^{n} \overleftarrow{A}_{imin} \tag{6—4}$$

$$N_{min} = \sum_{i=1}^{m} \vec{A}_{imin} - \sum_{i=1}^{n} \overleftarrow{A}_{imax} \tag{6—5}$$

$$\delta N = N_{max} - N_{min} = \sum_{i=1}^{m} \vec{A}_{imax} - \sum_{i=1}^{n} \overleftarrow{A}_{imin} - \sum_{i=1}^{m} \vec{A}_{imin} + \sum_{i=1}^{n} \overleftarrow{A}_{imax}$$

$$= \sum_{i=1}^{m} \vec{A}_{imax} - \sum_{i=1}^{m} \vec{A}_{imin} + \sum_{i=1}^{n} \overleftarrow{A}_{imax} - \sum_{i=1}^{n} \overleftarrow{A}_{imin}$$

$$= \sum_{i=1}^{m} \delta \vec{A}_i + \sum_{i=1}^{n} \delta \overleftarrow{A}_i = \sum_{i=1}^{m+n} \delta A_i \tag{6—6}$$

式中　N_{max}——封闭环的最大极限尺寸，mm；

N_{min}——封闭环的最小极限尺寸，mm；

$\vec{A}_{imax}$——各增环的最大极限尺寸，mm；

$\vec{A}_{imin}$——各增环的最小极限尺寸，mm；

$\overleftarrow{A}_{imax}$——各减环的最大极限尺寸，mm；

$\overleftarrow{A}_{imin}$——各减环的最小极限尺寸，mm；

m——增环的环数；

n——减环的环数；

δN——封闭环的公差，mm；

$\delta \vec{A}_i$——各增环的公差，mm；

$\delta \overleftarrow{A}_i$——各减环的公差，mm；

δA_i——各组成环的公差，mm。

式（6—4）表示当所有增环为最大极限尺寸而所有减环为最小极限尺寸时，封闭环为最大极限尺寸，而且封闭环的最大极限尺寸为所有增环的最大极限尺寸之和减去所有减环的最小极限尺寸之和。式（6—5）表示出现封闭环最小极限尺寸时的另一极端情况。

式（6—6）表示封闭环的公差，即封闭环的变化范围等于所有组成环的公差之和。

4. 尺寸链的正计算

已知所有组成环（包括尺寸及公差），求封闭环的尺寸，这样的计算称为尺寸链的正计算。计算时应用上述基本公式即可。

例6—1　图 6—33 中的零件依次在工序 Ⅰ、Ⅱ 中进行加工，计算加工 A 面时的最大加工余量 Z_{max}、最小加工余量 Z_{min} 及最终零件的总长。

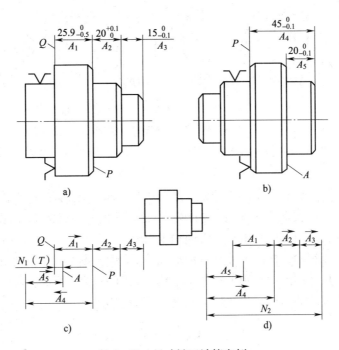

图 6—33　尺寸链正计算实例

a）工序 Ⅰ　b）工序 Ⅱ　c）计算加工余量的尺寸链图　d）计算工件总长的尺寸链图

解　按工序要求画出尺寸链图，如图 6—33c 所示。可以看出加工 A 面的余量就是 Q、A 面之间的尺寸，属封闭环，标以 N_1。在 N_1、A_1、A_4、A_5 构成的尺寸链中，A_1、A_5 为增环，A_4 为减环。

$$N_{1max} = A_{1max} + A_{5max} - A_{4min} = 25.9 + 20 - 44.9 = 1.0 \text{ mm}$$
$$N_{1min} = A_{1min} + A_{5min} - A_{4max} = 25.4 + 19.9 - 45 = 0.3 \text{ mm}$$
$$\delta N_1 = N_{1max} - N_{1min} = 1.0 - 0.3 = 0.7 \text{ mm}$$

验算：$\sum\limits_{i=1,4,5} \delta A_i = \delta A_1 + \delta A_5 + \delta A_4 = 0.5 + 0.1 + 0.1 = 0.7$ mm

因为 $\delta N_1 = \sum\limits_{i=1,4,5} \delta A_i$，所以计算正确，$Z_{max} = 1.0$ mm，$Z_{min} = 0.3$ mm。

在图 6—33d 的尺寸链图中，总长是自然形成的，属封闭环，标以 N_2。由 N_2、A_4、A_2、A_3 构成的尺寸链中，所有组成环都是增环。

$$N_{2max} = A_{4max} + A_{2max} + A_{3max} = 45 + 20.1 + 15 = 80.1 \text{ mm}$$
$$N_{2min} = A_{4min} + A_{2min} + A_{3min} = 44.9 + 20 + 14.9 = 79.8 \text{ mm}$$

故零件总长最大尺寸为 80.1 mm，最小尺寸为 79.8 mm。

5. 尺寸链的反计算

已知封闭环及部分组成环，需计算另一部分组成环，这样的计算称为尺寸链的反计算。计算时首先按式（6—4）和式（6—5）列出式子，然后移项求出所需的组成环即可。

进行反计算时要注意合理分配公差。由于封闭环的公差等于所有组成环的公差之和，所以当封闭环公差规定后，必须按加工的难易程度合理地分配给各组成环。

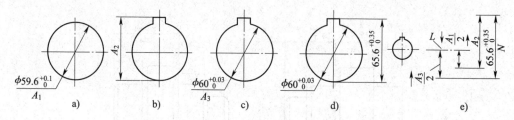

图 6—34 尺寸链反计算实例

a）车孔 b）插槽 c）磨孔 d）工件主要尺寸 e）尺寸链图

L——车孔、磨孔的孔中心线

例 6—2 图 6—34d 所示工件的内孔为 $\phi 60^{+0.03}_{0}$ mm，键槽深 65.6$^{+0.35}_{0}$ mm，因工件需渗碳淬硬，所以工艺流程为车孔—插槽—热处理—磨孔，试计算工序尺寸 A_2。设磨孔时以车出孔找正，两孔中心重合，无同轴度误差。

解 在工艺流程中，槽深尺寸是最后形成的封闭环，标以 N。因车出孔与磨出孔的中心重合，所以尺寸链图中利用了孔的中心线，如图 6—34e 所示。其中所求的尺寸 A_2 为组成环，各组成环的增环、减环情况如图 6—34e 所示。

$$N_{max} = A_{2max} + \frac{A_{3max}}{2} - \frac{A_{1min}}{2}$$

移项，得 $A_{2max} = N_{max} - \frac{A_{3max}}{2} + \frac{A_{1min}}{2} = 65.95 - 30.015 + 29.8 = 65.735$ mm

又 $N_{min} = A_{2min} + \frac{A_{3min}}{2} - \frac{A_{1max}}{2}$

移项，得 $A_{2min} = N_{min} - \frac{A_{3min}}{2} + \frac{A_{1max}}{2} = 65.6 - 30 + 29.85 = 65.45$ mm

$$\delta A_2 = A_{2max} - A_{2min} = 65.735 - 65.45 = 0.285 \text{ mm}$$

各组公差之和为：

$$\delta A_2 + \frac{\delta A_1}{2} + \frac{\delta A_3}{2} = 0.285 + 0.05 + 0.015 = 0.35 \text{ mm}$$

计算结果与封闭环公差相等，计算正确。插槽时按 $65^{0.735}_{0.450}$ mm 加工即可。

三、产生加工误差的原因及减小误差的方法

1. 理论误差

由于采用近似的加工方法而产生的误差称为理论误差。采用近似的加工方法一般可以简化工艺过程，简化机床及工艺装备，是一种较好的加工方法。近似加工方法有采用

近似的刀具形状、采用近似的成形运动轨迹和采用近似传动比的成形运动。

2. 装夹误差

工件在装夹过程中产生的误差称为装夹误差。装夹误差包括夹紧误差、基准位移误差和基准不符误差。

（1）夹紧误差　主要指由于夹紧力使工件变形，在加工中使加工表面产生的形状误差。对于薄壁环形零件，可采用宽的卡爪或在工件与卡爪间衬一开口圆形衬套来减小夹紧变形；对于夹紧力没有正对工件支承面的情况，可采用辅助支承来减小夹紧变形。

（2）基准位移误差和基准不符误差　构成工件的定位误差。定位误差是指一批工件在夹具中定位时，工件的设计基准（或工序基准）在加工尺寸方向上相对于夹具（机床）的最大变动量。为消除或减小定位误差，应尽可能选用工序基准、设计基准为定位基准。如果必须在基准不符情况下加工，一定要计算其定位误差来判断能否加工。

3. 机床误差

零件在机床上加工时，其精度在很大程度上是由机床保证的，机床的各种误差都将影响工件的精度。

（1）机床主轴误差　将导致孔产生圆度误差，增大表面粗糙度值和螺距误差等。更换滚动轴承，调整轴承间隙，换用高精度的静压轴承，可以恢复及提高主轴精度。在外圆磨床上用前、后固定顶尖装夹工件，使主轴仅起带动作用，是避免主轴误差的一种好方法。

（2）导轨误差　将导致工件产生外圆母线直线度误差、车削外圆时的直径尺寸误差及圆柱度误差等。为减小加工误差，应经常对导轨进行检查及测量，及时调整床身的安装垫铁，修刮磨损的导轨，以保持其必需的精度和导轨的位置精度。

（3）传动链误差　将破坏刀具与工件的正确运动关系。它是由齿轮、丝杆、螺母及蜗轮、蜗杆等传动机构的制造误差、装配间隙及磨损造成的。采取提高传动机构的精度、缩短传动链长度、减小装配间隙等方法，可减小传动链误差造成的加工误差。

4. 夹具误差

使用夹具进行加工时，工件的精度往往取决于夹具的精度。为减小夹具各元件间的位置误差所造成的加工误差，一般将夹具的制造公差定为工件相应尺寸公差的 1/5 ～ 1/3。为减小夹具的磨损所造成的加工误差，在生产中应定期检验夹具的精度及磨损情况，及时修理及更换磨损的零件。此外，必须降低夹具安装在机床上的定位误差及对刀误差。

5. 刀具误差

刀具的制造误差、装夹误差及磨损会造成加工误差。必须保证和提高刀具的制造精度，保证刀具的装夹位置正确，并在加工中及时刃磨、更换刀具，同时多次测量工件，以便掌握刀具的磨损与加工尺寸变化的规律，正确修正进刀刻度及定程元件的位置等，从而减小刀具误差所造成的加工误差。

6. 工艺系统变形引起的误差

机床、夹具、刀具和工件在加工时形成一个统一的整体，称为工艺系统。工艺系统受到力与热的作用都会产生变形，其中任何一个组成部分的变形都会影响工件的加工精度。

减小受力变形的方法包括：零件分粗、精阶段进行加工；减小刀具、工件的悬伸长度或进行有效的支承，以提高其刚度；减小使工艺系统产生变形的切削力；安排工序顺序时，尽可能不要断续加工表面；调整机床，提高刚度等。

减小热变形的方法包括：充分冷却，减小温升；预热机床，在热平衡状态下进行加工；在恒温室中进行精密加工；摸索温度变化与加工误差之间的规律，用预修正方法进行加工等。

7. 工件残余应力引起的误差

残余应力是指在没有外力作用的情况下存在于构件内部的应力。存在残余应力的工件处于不稳定状态，具有恢复到无应力状态的倾向，在常温下会缓慢地产生变形，直至此应力消失。因此，工件会逐渐改变形状，丧失其原有的加工精度。

减小残余应力的方法包括：高温时效；低温时效；振动去应力；粗、精加工分开；热矫直；自然时效等。

8. 测量误差

量具本身的误差及测量方法造成的误差是引起测量误差的主要原因。减小测量误差的方法包括：选用测量精度与工件加工精度相适应的量具；定期鉴定量具并注意维护和保养；测量时，正确选用测量方法并正确读数；精密零件应在恒温室中进行测量。

9. 调整误差

操作时的调整主要有刀具位置及定程元件位置的调整。为提高进刀的准确性，应修正丝杆副误差，并注意导轨的润滑，必要时应采用百分表或千分表，配合量棒或量块，精确控制实际进给量。为减小定程元件位置误差，加工前应检查定程元件的位置及重复精度，必要时应采用微调机构，便于做精确调节。

10. 操作误差

因操作失误而造成的误差称为操作误差。应努力提高操作者的技术素质及工作责任心，以保证和提高产品质量。

四、机床夹具的作用、分类及组成

1. 机床夹具的定义

使工件占有正确的加工位置并使其在加工过程中保持不变的过程称为工件的装夹。用于装夹工件的工艺装备称为机床夹具，即在机床上用以正确地确定工件的位置，并可靠而迅速地将工件夹紧的机床附加装置。

2. 机床夹具的作用

易于保证工件的加工精度，扩大机床的工艺范围，缩短辅助时间，提高生产效率。

3. 机床夹具的组成

机床夹具由定位元件、夹紧装置、对刀元件、夹具体、其他元件和装置等部分组成。

4. 常用机床夹具的分类

按通用性分类，一般可分为通用夹具、专用夹具、成组可调夹具及组合夹具等；按其加工工种分类，可分为钻床夹具、车床夹具、铣床夹具、磨床夹具、镗床夹具、拉床夹具、插床夹具、齿轮加工机床夹具等；按其使用动力源分类，可分为手动夹具、气动夹具、液压夹具、电动夹具、磁力夹具、真空夹具、向心力夹具等。

五、工件六点定位原理及合理的定位方法

1. 工件六点定位原理

任何一个未被约束的物体，在空间都可分解为三个沿坐标轴的平行移动和三个绕坐标轴的旋转运动。物体进行这六种运动的可能性称为物体的六个自由度。采用布置恰当的六个支承点来限制工件六个自由度的方法称为六点定位原理。

2. 完全定位和部分定位

限制了工件六个自由度的定位方式称为完全定位。没有限制全部自由度的定位方式称为部分定位。

在实际生产中，并不是所有的工件都需要完全定位，而是要根据工序的加工要求，确定必须限制的自由度个数。可以仅限制三个、四个或五个自由度。完全定位和部分定位都能达到工件定位的目的，都是合理的定位方法。

3. 欠定位和过定位

如果工件的实际定位点数不能满足加工要求，少于应有的定位点数称为欠定位。欠定位时无法保证加工要求，因此不允许在欠定位情况下进行加工。

在工件的六个自由度中，如果某个自由度由一个以上的定位元件限制，也就是在此方向上有一个以上的定位元件进行重复定位，称为过定位；如果工件定位时所限制的自由度总数超过六个，也称为过定位。以过定位方式进行定位，当将工件夹紧时，工件与定位元件将产生变形，甚至损坏。因此过定位也是不允许的。

六、夹具常用的定位元件和夹紧元件及其作用

1. 定位元件

常用的定位元件有支承钉、支承板、辅助支承、可调支承、定位衬套、V 形架、定位销、定位插销。定位元件的作用是确定工件定位基准的位置。

2. 夹紧元件

常用的夹紧元件有螺母、螺钉、槽面压块、压板、圆偏心轮、T 形槽、块卸螺栓等。夹紧元件的作用是固定和夹紧工件。

七、机床典型夹具的结构特点

1. 钻床夹具的分类和结构特点

钻床夹具分为固定式钻模、回转式钻模、翻转式钻模、盖板式钻模、滑柱式钻模。钻床夹具通常由夹具体、钻模板、钻套、定位元件及装置、夹紧装置共 5 个部分组成，结构比较简单。

2. 铣床夹具的分类和结构特点

铣床夹具按工件进给方向不同，分为直线送进夹具、圆周送进夹具以及沿曲线送进靠模夹具；按同时在夹具中装夹的工件数量不同，分为单件加工夹具、多件加工夹具；按是否利用机动时间进行工件装卸的情况，分为利用机动时间进行工件装卸的夹具、不利用机动时间进行工件装卸的夹具；按夹具的动作情况不同，分为连续动作的夹具、不连续动作的夹具；按结构特征不同，分为通用夹具、可调式夹具、专用夹具。在铣床夹具中，以直线送进的夹具为最多，其次是圆周送进夹具，而沿曲线送进靠模夹具最少。

铣床夹具在结构上大多开有安装连接螺栓用的半圆槽，以便用螺栓固定在机床工作台上。通常利用夹具底平面上的定位键在铣床工作台的 T 形槽内对夹具定位。刀具相对于夹具的位置一般都用对刀块来确定。铣床夹具一般还须有夹具体、工件夹紧装置、工件定位装置。

3. 车床和内、外圆磨床夹具的结构特点

车床及内、外圆磨床夹具是同一类型的夹具，都用来加工工件的回转表面。工作时夹具和工件都随机床主轴或过渡盘一起旋转，工件被加工孔和外圆的中心与机床主轴的回转中心一致。

使用车床及内、外圆磨床夹具时，必须把安装基面擦净并修去毛刺和表面伤痕，仔细地调整平衡块位置，保证安装精度，注意安全。

八、组合夹具的一般知识

1. 组合夹具的定义

组合夹具是一种由一套预先制造好的标准元件组装成的夹具。

2. 组合夹具的特点

在使用上具有专用夹具的特点。当组合夹具使用后或变更产品时，可将夹具的各种元件迅速拆开，清洗，重新组装成新的夹具。组合夹具既能适应单件、小批量生产，又适用于中等批量的生产。

第四节　液压传动知识（二）

一、液压传动系统的工作原理

图6—35 所示为往复运动液压传动工作原理简图。电动机启动后带动液压泵 B 工作，油箱中的油液经滤油器 U 进入液压泵。液压泵输出的压力油经管道至换向阀 C，1 与 2 相通，再经管道至液压缸 G 的右腔。由于液压缸的缸体固定，于是压力油推动油塞连同与活塞杆固连的工作台向左移动。同时，液压缸 G 左腔的油液经 3、换向阀 C 至 4，通过节流阀 L 流回油箱。当推动换向阀 C 的阀芯右移时，就改变了油液的流动方向，即 1 与 3 通，2 与 4 通，工作台向右运动。如此周而复始，即可实现工作台往复运动。

图 6—35 中节流阀 L 用以调节工作台运动速度。L 的节流口通流面积大，工作台移动速度快；反之，工作台移动速度慢。溢流阀 Y 用以调节液压系统的压力。若要使工作台运动，必须克服背压力、切削力、摩擦力等所有阻力，所以溢流阀的压力应根据最大阻力来调整。这样，当系统压力低于所调节压力时，溢流阀 Y 关闭；当阻力过大，系统压力升高到超过调节压力时，溢流阀打开，油液经溢流阀 Y 流回油箱，起到过载保护液压系统的作用。

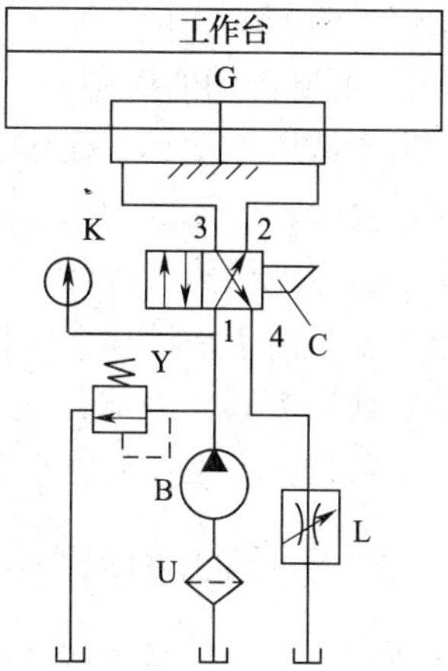

图 6—35 机床工作台往复运动液压传动原理

二、基本液压传动系统的组成

不论是最简单的还是很复杂的液压系统，基本上由以下 4 个部分组成。

1. 驱动元件

驱动元件是液压泵，它是供给液压系统压力和流量的元件。常用的液压泵有齿轮泵、叶片泵和柱塞泵等。

2. 控制元件

控制元件有压力控制阀（如溢流阀），它是控制液体压力的元件；方向控制阀（如换向阀），它是控制液体流向的元件；流量控制阀（节流阀），它是控制液体流量大小的元件。

3. 执行元件

直线运动用液压缸；旋转运动用液压马达（又称油马达）。

4. 辅助元件

由油箱、滤油器、蓄能器、油管、接头、密封件、冷却器以及压力表等元件组成。

三、液压传动的特点及应用

1. 液压传动的特点

（1）液压传动的主要优点　易获得很大的力或力矩，并易于控制；在输出同等功率下采用液压传动，惯性小，动作灵敏，便于实现频率的换向；可实现较宽的调速范围，而且较方便地实现无级调速；易于实现过载保护；因采用油液作为工作介质，对零件具有防锈蚀和自润滑能力，使用寿命长；便于布局，操纵力较小；易于实现系列化、标准化、通用化及自动化。

（2）液压传动的缺点　因采用油液作为工作介质，易产生渗漏和管件的弹性变形等问题，所以，液压传动不宜用于传动比要求严格的场合；系统如果密封不严或零件磨损后产生渗漏，将影响工作机构运动的平稳性，降低系统效率，而且污染环境；液压系统混入空气后，会产生爬行和噪声等问题；油液污染后，机械杂质常会堵塞小孔、缝隙，影响动作的可靠性；能量损失较大，系统效率较低，而且损失的能量均转化为热量，易引起热变形；发生故障后，不易检查和排除；为防止泄漏，液压元件制造精度要求较高。

2. 液压传动的应用

由于液压传动具有很多独特的优点，所以其应用日益广泛。现已应用于机床工作机构的往复运动、无级调速、进给运动、控制系统、静压支承以及各种辅助运动等，从而简化了机床的结构，减轻了质量，降低了成本，改善了劳动条件，提高了工作效率和自动化程度。由于液压执行元件的推力或转矩较大，操作方便，布置灵活，与电器配合使用易实现遥控等，因此，在冶金设备、矿山机械、钻探机械、起重运输机械、建筑机械、塑料机械、农业机械、航空、船舶、食品等工业部门被广泛采用。

四、液压油的物理性质及选用

液压油是液压系统的工作介质。在液压技术不断发展、液压油的品种越来越多的情况下，深入了解液压油的性质，正确地选用液压油显得更为重要。

1. 液压油的物理性质

（1）密度和重度 单位体积的油所具有的质量称为密度，用 ρ 表示。单位体积的油所具有的重量称为重度，用 γ 表示。密度与重度的关系为：

$$\rho = \gamma/g$$

式中 g——重力加速度，$g = 9.8 \ \text{m/s}^2$。

通常石油基液压油的密度一般取 $9 \times 10^2 \ \text{kg/m}^3$。

（2）黏度 液体在外力作用下流动时，液体内部各流层之间产生内剪切摩擦阻力，这种现象称为液体的黏性。表示黏性大小程度的物理量称为黏度。

（3）压缩性 一般情况下油的可压缩性可以不计，但在精确计算时，尤其在考虑系统的动态过程时，油的可压缩性是一个很重要的因素。液压传动用油的可压缩性比钢的可压缩性大 100～140 倍。当油中混入空气时，其可压缩性将显著增加，常使液压系统产生噪声，降低系统的传动刚度和工作可靠性。

2. 液压油的选用

在选用液压油时，应首先考虑液压系统的工作条件、周围环境，同时还应按照泵、阀等元件产品的规定选用液压系统用油。

（1）液压系统的工作条件 工作压力高，宜选用黏度较高的油液，因高压的液压系统泄漏较突出；工作压力较低时，宜选用黏度较低的油液。

（2）液压系统的环境条件 液压系统油温高或环境温度高，宜用黏度较高的油液；反之，宜用黏度较低的油液。

（3）液压系统中工作机构的速度（转速） 当液压系统中工作机构的速度（转速）高时，油流速度高，压力损失也大，系统效率低，还可能导致进油不畅，甚至卡住零件。因此，宜用黏度较低的油液；反之，宜用黏度较高的油液。

在选用液压油时，有时还要考虑到一些特殊因素。例如，高速、高压液压系统中的元件，要求所用的油液具有较高的抗磨性或油膜强度，以防止急剧磨损，这时可选用抗磨液压油。对于环境温度在 -15℃ 以下的高压、高速液压系统，为保证在低温下有良好的启动性，可选用低凝液压油。精密机床主轴使用滑动轴承，要求润滑油具有较好的抗氧化性、耐磨性、耐锈蚀性，以便有效地降低主轴温升，延长主轴使用寿命，因此宜选用精密机床主轴油。

五、液体压力、流量、功率的计算

1. 压力的计算

例 6—3　有一重 5×10^5 N 的物体，用液压缸将其顶升起一定的高度。已知液压缸活塞直径 $D = 0.25$ m，求输入液压缸内的压力。

解　根据压力公式 $p = F/A$

活塞面积　$A = \pi R^2 = 3.14159 \times 0.125^2 \approx 0.0491$ m^2

压力　$p = F/A = 5 \times 10^5/0.0491 = 10.2 \times 10^6$ Pa $= 10.2$ MPa

故输入液压缸内的压力应为 10.2 MPa。

2. 流量的计算

例 6—4　一单杆活塞液压缸的活塞直径 $D = 0.25$ m，活塞杆直径 $d = 0.18$ m，设计要求活塞杆伸出的理论运动速度 $v_1 = 2$ m/min，求进入液压缸无杆腔的流量。根据求出的流量计算出活塞杆的回程运动速度。

解　（1）已知 $D = 0.25$ m，$v_1 = 2$ m/min，根据流量公式　$Q = vA$ 可得：

$$A = \frac{\pi}{4}D^2 = \frac{\pi}{4} \times 0.25^2 \approx 0.0491 \text{ m}^2$$

$$Q = v_1 A = 2 \times 0.0491 \times 10^3 = 98.2 \text{ L/min}$$

故流入液压缸无杆腔的流量为 98.2 L/min。

（2）已知 $D = 0.25$ m，$d = 0.18$ m，$Q = 98.2$ L/min

$$v = 4Q/\pi(D^2 - d^2) \times 10^{-3}$$

$$v_2 = \frac{4 \times 98.2}{3.14159 \times (0.25^2 - 0.18^2)} \times 10^{-3} \approx 4.154 \text{ m/min}$$

故活塞杆回程运动速度为 4.154 m/min。

3. 功率的计算

例 6—5　某液压泵输出口的压力为 10.2 MPa，流量为 98.2 L/min，总效率 η 为 0.8，求输入液压泵的功率。

解　已知压力 $p = 10.2$ MPa，流量 $Q = 98.2$ L/min，总效率 $\eta = 0.8$，

根据　$N = pQ/60\eta$

$$N_入 = \frac{10.2 \times 98.2}{60 \times 0.8} \approx 20.87 \text{ kW}$$

故输入液压泵的功率为 20.87 kW。

第七章　中级钳工专业知识

第一节　复杂零件的划线

许多箱体零件、大型零件、畸形零件和由各种特形曲面组成的零件，具有体积大、结构和形状复杂、加工精度要求高等特点。划线过程中，复杂零件在装夹、支承、找正和借料等方面都有较大的难度。本节将介绍其划线时的注意要点和方法。

一、箱体零件的划线要点

箱体零件外形较复杂，多凸台、多轴和孔，且对尺寸精度和几何精度有较高的要求。划线时应注意以下几点：

1. 划线前须进行加工工艺分析

划线前，要对零件加工工艺过程认真地进行分析，确定其划线次数、顺序及每次划线的位置范围，制定好划线方案。

2. 确定第一划线位置

第一划线位置应选择待加工部位比较重要和划线比较集中的表面。这样有利于划线时正确找正和及早发现毛坯的缺陷，减少零件的翻转次数。

3. 划十字找正线

一般箱体零件要在几个表面划出十字找正线。找正线要求划在长或平直的部位，通常以基准孔的轴线作为十字找正线。毛坯上划的十字找正线经过一次加工后再次划线时，必须以已加工面作为基准面重划十字找正线。

4. 划垂直线

箱体零件划线面上的垂直线可利用角铁、90°角尺或样板一次划出，这样可减少零件翻转次数。

5. 找正箱体零件的内壁

当箱体内装配齿轮等零件时，划线找正过程中要特别注意找正箱体内壁，合理分配加工余量，保证加工后的装配空间。

二、大型零件划线的方法

大型零件具有体积大、质量重的特点。划线时吊装、支承、找正困难。大型零件划线需要大型平台，在缺少大型平台的情况下，可采用拼凑大型平面或拉线与吊线方法来满划线要求。

1. 拼凑大型平面的方法

（1）零件移位法　当零件的长度超过划线平台平面长度1/3时，可先在零件中部划线，然后分别向左、右移动零件，按已划出的基准线找正后，分区划出零件两端剩余线条。

（2）平台接长法　若大型零件尺寸比划线平台略大，可将其他平尺或平台放在划线平台的外端，以划线平台为基准，校准平台工作面间的平行度及测准各平台工作面间相互位置差，然后将零件放置在划线平台上，用划线盘或游标高度尺在接长平尺或平台上移动划线。

（3）条形垫铁与平尺调整法　将大型零件放置在调整垫铁上，用两根加工好的条形垫铁相互平行地放在大型零件两端，在条形垫铁的端部靠近大型零件的两侧分别放置两根平尺，再将平尺工作面调整在同一水平面上，以平尺工作面为基准找正零件，用划线盘或游标高度尺在平尺工作面上移动完成划线。划线完毕，必须再次检测两根平尺工作面是否仍在同一水平面上，若两工作面不平行，则需校正后重新划线。

2. 拉线与吊线法

拉线与吊线法适用于特大型零件的划线，一般只需经过一次吊装、找正即能完成零件的全部划线工作。

该法采用 $\phi 0.5 \sim 1.5$ mm 的钢丝作为拉线，用 30°锥体线坠吊直尼龙线为吊线，结合使用 90°角尺和钢直尺，通过投影引线的方法来完成划线工作。其原理如图 7—1 所示。

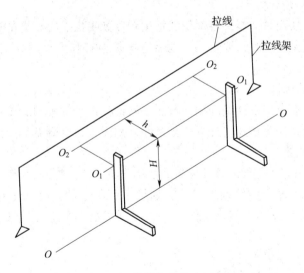

图 7—1　拉线与吊线法原理

在平台上设一基准线 O—O，将两个 90°角尺的测量面对准 O—O 线，用钢直尺在 90°角尺上量取同一高度 H，再用拉线或钢直尺得到平行于直线 O—O 的平行线 O_1—O_1。若要得到距离 O_1—O_1 尺寸为 h 的平行线 O_2—O_2，可在所需位置设一拉线，移动拉线，用钢直尺在两个 90°角尺的 O_1—O_1 处到拉线处量取 h，并使拉线与平台工作面平行即可。若尺寸 H 较高，则可用线坠代替 90°角尺。

3. 大型零件划线注意事项

大型零件划线时，应特别注意零件安置基面和支承点的选择，以及正确借料。

（1）零件安置基面的选择　大型零件划线时，应选择大而平直的面作为安置基面，以保证零件安置平稳、安全可靠。第一划线位置确定后，若有两个面可作为安置基面，应优先选择重心较低的一面作为安置基面。

（2）合理选择支承点　三点支承调整方便，一般划线都采用该方法。大型零件采用三点支承时，应该使三点位置分散，以确保重心落在三个支承点构成的三角形中心部位，使各支承点受力均匀。对偏重的大型零件，则应在必要位置增设几个辅助支承，分散各支承点的承载量。放置零件时，先用枕木或垫铁支承，然后调整好千斤顶后将零件顶起，避免千斤顶因承受大的冲击力而损坏。需要在零件内部划线时，应采用方箱支承零件，在确保安置平稳后，方可在零件内部划线。

（3）正确借料　大型零件毛坯多为铸件、锻件和焊接件。毛坯在几何尺寸、几何形状和各加工表面之间的相对位置等方面常有较大的偏差，划线时更应注意正确借料。划线时，首先要保证加工精度高或面积大的表面有足够的加工余量，其次要保证各加工表面都有最低限度的加工余量，并兼顾加工后的零件外观匀称、美观。

划线时还要考虑到加工面与非加工面之间的相对位置。对一些运动零件，要保证其运动轨迹的最大尺寸与非加工面间所允许的最小间隙。

三、畸形零件划线操作要点

1. 划线前的工艺分析

进行畸形零件划线时，零件各部位的加工顺序和每次装夹位置的选择十分重要。在确定划线顺序及装夹位置时，要特别重视该选择是否有利于以后各工序的装夹、校正，并兼顾划线和加工的效率。

2. 划线基线的选择

划线的尺寸基准应与设计基准相一致。必须选择过渡基准时，要慎重考虑该选择是否会增加划线的尺寸误差和几何计算的复杂性，从而是否会降低划线的质量。

3. 零件装夹方法

由于零件形状奇特，划线时往往要借助某些辅助工具、夹具进行装夹、找正和划线。

（1）零件套在心轴上用辅助工具装夹划线　利用零件上已加工孔套在心轴上，用分度头（见图7—2）或V形架（见图7—3）等工具夹持后完成划线工作。

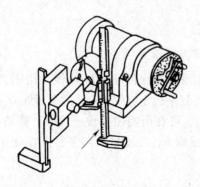
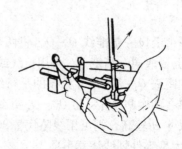

图7—2　用分度头装夹零件并划线　　　　图7—3　用V形架支承零件并划线

（2）零件夹持在方箱、直角铁或活角铁上划线　将零件夹持在方箱（见图 7—4）、直角铁或活角铁上，找正零件垂直或水平位置，划完一个方向的线条后，只需将方箱或直角铁翻转 90°，即可划另一方向的线条。若采用可调整活角铁装夹划线，可将活角铁调至需要的角度，就可划出另一位置的线条。

（3）用样板划线　某些畸形零件划线时，可将样板放在适当位置，调整外形，对准样板上已划好的找正线后，完成划线工作，如图 7—5 所示。

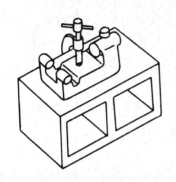

图 7—4　零件夹持在方箱上划线

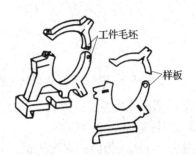

图 7—5　用样板划线

4. 正确借料

畸形零件借料时考虑的因素与大型零件借料时考虑的因素相同。

5. 合理选择支承点

畸形零件的重心位置一般很难确定。划线时，估算的零件重心或零件和夹具的组合重心位置常常会落在支承面边缘部位，此时必须增加辅助支承，以确保划线安全。

四、凸轮的划线方法

1. 常用特形曲线——阿基米德螺线（又称等速螺线）的划法

阿基米德螺线的划法有逐点划线法、圆弧划线法和分段作圆弧法三种，这里介绍逐点划线法，如图 7—6 所示。

先划起止角度射线 OA、OB。以 O 为圆心，OA 和 OB 为半径作圆弧，分别交射线于 A'、0 点，$A'B$ 即为阿基米德螺线的升程。将 $\angle AOB$ 分成若干等份（图中为 8 等份），然后将直线 $A'B$ 也分成相同的等份。在射线 OB 上，以 O 为圆心，自 A' 点起过各等分点作同心圆弧，分别与对应的射线 $O0$、$O1$、$O2$…相交得一系列交点，最后用曲线板圆滑连接各交点，即得阿基米德螺线。

2. 尖顶从动杆盘形凸轮的划法

当凸轮基圆的半径为 r，顺时针旋转 180° 等速升程为 H，再转 180° 等速回落至原位置时，该凸轮曲面轮廓曲线的划法如图 7—7 所示，具体步骤如下：

（1）在零件毛坯上选取一点 O 为圆心，以 r 为半径划基圆，并将圆周分成 N 等份（$N=12$），过圆心和各等分点分别作射线 $O—1$、$O—2$、…、$O—12$。

（2）在线段 12—6 的延长线上截取 H 长并分成 $N/2$ 等份，然后以 O 为圆心，过各等分点划圆弧，分别与相应的各条射线交于 $1'$、$2'$、…、$11'$ 点。

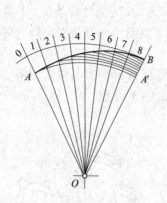

图7—6　阿基米德螺线逐点划线法

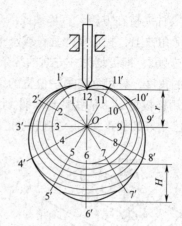

图7—7　尖顶从动杆盘形凸轮的划线

（3）圆滑连接各交点得到的曲线即为该凸轮轮廓曲线。

3. 圆柱端面凸轮的划法

图7—8a 所示为圆柱端面凸轮，其轮廓曲线的划线方法如图7—8b 所示。划线步骤如下：

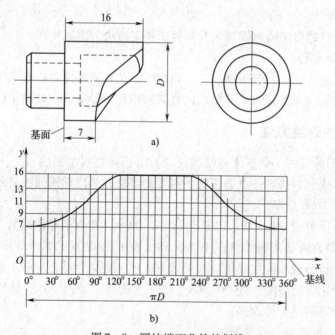

图7—8　圆柱端面凸轮的划线

（1）取一块平整的钢箔（或铜箔），划出 Ox、Oy 坐标线。

（2）在 Ox 坐标线（基线）上截取 πD 长度表示凸轮周长，并将其分成 N 等份（$N = 36$）。

（3）过各等分点分别作 Oy 坐标线的平行线，并在其上对应量取已知凸轮的 Oy 坐标高度，依次划出各交点，然后圆滑地连接各交点，即得凸轮轮廓曲线。

（4）沿基线和轮廓曲线剪成凸轮展开样板。

（5）将样板围在圆柱上，使基线对齐零件基面，并按图样要求对准 O 线，然后沿样板曲线在零件圆柱面上划出凸轮轮廓曲线。

第二节　钻　孔

一、标准群钻的结构特点、性能特点及应用

1. 标准群钻的结构特点

标准群钻是用麻花钻经合理修磨而成的高生产率、高加工精度、适应性强、使用寿命长的新型钻头，其切削部分的结构如图 7—9 所示。

（1）群钻上磨有两条月牙槽，将主切削刃分成两条直刃、两条圆弧刃和两条内刃，加上横刃，形成三尖七刃。

（2）横刃经修磨只有标准麻花钻横刃的1/7 ~ 1/5。同时，内刃前角增大，钻尖高度降低。

（3）磨有单边分屑槽。

2. 标准群钻的性能特点

（1）磨出的月牙槽将主切削刃分成三段，能分屑、断屑，使排屑流畅；增大了钻心处和圆弧刃上各点的前角，减小了挤刮现象，使切

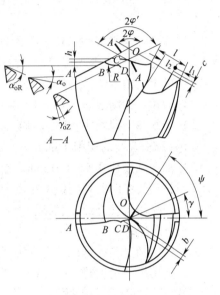

图 7—9　标准群钻切削部分的结构

削省力；圆弧刃在孔底切削出一道圆环筋，进一步限制了钻头的摆动，加强了定心作用；钻头高度降低，可使横刃更加锋利而不影响钻尖强度。

（2）横刃磨短、磨尖、磨低后，内刃前角相应增大，内刃切削省力，减小了轴向阻力，从而使机床负荷减小，钻头和零件热变形减小，延长了钻头的使用寿命，提高了孔的加工质量。

（3）磨出的单边分屑槽有利于断屑和排屑，而且使切削液容易进入切削区，从而降低了切削温度，有利于延长钻头的使用寿命及提高孔壁的表面质量。

3. 标准群钻的应用

标准群钻主要用来钻削碳钢和各种合金结构钢。应用时，根据被加工材料的性能和孔的加工精度要求来选用相应的几何参数，从而获得良好的加工效果。

将标准群钻的几何参数、外形结构做相应的改变，可扩大其加工范围，如钻削铸铁、薄板、黄铜和青铜等。

二、各种特殊孔的钻削要点

钻削精密孔、小孔、深孔、多孔和相交孔等，因其钻孔部位长径比和加工质量要求

不同，对钻削工艺必须采取相应技术措施，才能保证加工质量。下面分别介绍钻削这几类孔的工艺方法。

1. 钻精密孔

钻精密孔是以扩代铰的精加工方法。可加工出尺寸精度为 IT8 ~ IT7 级、表面粗糙度为 $Ra3.2 ~ 0.4$ μm 的精密孔。钻孔时须采取以下措施：

（1）改进钻头切削部分几何参数

1）修磨出 $2\varphi = 70° ~ 75°$ 的第二顶角。新磨出切削刃长度为钻头直径的 0.15 ~ 0.4 倍，钻头直径小的取大值，反之取小值，刀尖角处须用油石磨出 $R0.2 ~ 0.5$ mm 的小圆角。

2）在副切削刃上磨出 6° ~ 8° 的副后角，并保留棱边宽 0.10 ~ 0.20 mm，修磨长度为 4 ~ 5 mm。用油石磨光刃带，可减小其与孔壁的摩擦。

3）磨出负刃倾角，一般取 $\lambda_s = -15° ~ -10°$，使切屑流向待加工表面。

4）后角一般磨成 $\alpha_o = 6° ~ 10°$，可避免产生振动。

5）用细油石研磨主切削刃的前面、后面，降低表面粗糙度值。

（2）选用合适的切削用量

1）加工余量留 0.5 ~ 1.0 mm，预加工孔壁表面粗糙度为 $Ra6.3$ μm。

2）钻削铸铁时，切削速度小于 15 m/min；钻削钢件时，切削速度小于 10 m/min。

3）应采用机动进给，进给量为 0.10 ~ 0.15 mm/r。

（3）其他要求

1）选用精度高的钻床，若主轴径向跳动量大，可采用浮动夹头。

2）选用尺寸精度符合孔径精度要求的钻头钻削。必要时可在与零件材质相同的材料上试钻，以确定其是否适用。

3）钻头两主切削刃修磨要对称，两刃径向摆动差应小于 0.05 mm。

4）扩孔过程中要选择植物油或低黏度的机油进行润滑。

5）钻孔至终点应先停车，然后退出钻头，避免钻头退出时擦伤孔壁。

2. 钻小孔

（1）钻小孔的加工特点

1）加工直径小　钻孔直径不大于 3 mm。

2）排屑困难　在钻削直径小于 1 mm 的微孔时排屑更加困难。切屑堵塞严重时，钻头易折断。

3）切削液很难注入切削区　由于切削液很难注入切削区，钻头冷却及润滑不良，使用寿命缩短。

4）钻头重磨困难　直径小于 1 mm 的钻头需在放大镜下刃磨，操作难度大。

（2）钻小孔的加工要点

1）对钻床的选择　钻小孔时要选择主轴回转精度高、转速高、刚度高的钻床。钻削 1 ~ 3 mm 孔时，转速应达到 1 500 ~ 3 000 r/min；钻削直径小于 1 mm 的孔时，转速应达到 10 000 ~ 15 000 r/min。进给量要小而均匀，钻削过程中不允许有振动，要采用适当的减振措施。

2）钻头的导引　钻削时，需用钻模钻孔或用中心钻引孔。用刚度高的钻头直接钻孔时，初始进给力要小，避免钻孔时引偏和钻头折断。

3）修磨钻头　为改善钻头的切削性能、排屑条件，适当修磨钻头切削部分的几何角度，例如，加大顶角（140°~160°）；磨出双重顶角；磨出单边分屑槽等，可取得好的钻削效果。

4）钻头的装夹和校正　采用对中夹头装夹钻头可降低校正难度。有条件时，配置放大镜或瞄准对中仪校正。

5）加入滑润油　钻小孔应加注适量低黏度的机油或植物油（菜油）进行润滑。

6）钻削时的排屑　要频繁退钻排屑，防止因切屑堵塞而折断钻头和擦伤孔壁。钻小孔退钻次数可根据钻孔深度与孔径之比来确定。钻孔深度与孔径之比在 3.5~5.9 之间时，退钻 1~2 次；深度与孔径之比在 5.9~10.2 之间时，退钻 3~6 次；深度与孔径之比在 10.2~12.5 之间时，退钻 6~8 次。

3. 钻深孔

一般把深度和直径之比大于 5 的孔称为深孔。钻削深孔过程中，钻头的切削性能随钻孔深度的增大而变差，无论是用接长的标准麻花钻钻孔，还是用深孔钻钻孔，均有许多不利因素需要解决。

（1）钻深孔过程中存在的问题

1）由于钻头较长（长径比大），使钻头刚度降低，钻削时钻头容易弯曲或折断。

2）钻削深孔时，排屑困难程度随长径比的增大而增大，切屑易堵塞或排屑不流畅。切屑堵塞时容易折断钻头或擦伤孔壁。

3）冷却、润滑困难，切削液不易进入切削区，造成钻头磨损加快，甚至因过热而烧坏钻头。

4）钻头的导向性能差，钻削时钻头易偏斜。

5）切削用量不能选择过高。

（2）钻深孔的操作要点　为防止出现上述问题而影响钻孔质量和钻孔效率，在钻深孔时应注意以下要点：

1）要选用刚度高和导向性好的钻头钻孔。用标准麻花钻接长时，接长杆必须经过调质处理，接长杆四周需镶铜质导向条，这样可提高钻头的刚度，改善其导向性。

2）机床主轴、刀具导向套、刀杆支承套、零件支承套等的中心要求同轴度精度高。钻削精度要求较高、长径比大的孔，其同轴度误差一般不大于 0.02 mm。

3）钻头前面或后面要磨出分屑槽与断屑槽，使切屑呈碎块状，易于排屑。

4）随时注意钻削过程中排屑是否正常，发现异常应及时退钻排屑，并停车检查原因。

5）要保证切削液输送系统的畅通，注意工作压力和流量是否达到规定值。

6）零件加工端面上不应有中心孔；端面不能歪斜；并避免在斜面上钻孔，必要时可用短钻头加工出导引孔。

7）切削速度不能太高。当孔即将钻穿时，应改用手动进给，减小进给量，以防止损坏钻头和孔口处。

8）应尽量避免在钻削过程中停车。如果必须停车，则应先停止进给，将刀具退回一段距离后再停车，防止刀具在孔内咬死。

4. 钻多孔

有些零件，要在同一平面上钻削较多的轴线相互平行的孔（称孔系），而且对孔距有较高的要求。该类孔系常在钻床上用钻、扩、镗或钻、扩、铰的方法加工。这两种方法适合加工深度较浅的孔。钻削该类孔系时可采用以下方法：

（1）精度要求不太高的孔系的加工方法

1）做好钻孔前的基准校正工作，划线误差控制在 0.1 mm 范围内。对于直径较大的孔，须划出扩孔的圆周线和检查圆。

2）按划线钻出 0.5 倍孔径的预加工孔。

3）利用待加工孔的圆周线、检查圆或已钻出的预加工孔找正基准，然后边扩孔或镗孔，边测量和调整，使孔距符合图样要求。

（2）孔径和孔距精度要求较高的孔系的加工方法

1）在零件上划出待加工孔的十字中心线。

2）分别在零件待加工孔的十字线的中心钻小孔和攻出螺线（一般螺孔小于 M6）。

3）制作与孔数相同、外径磨至同一尺寸的校正圆柱套。

4）将圆柱套用螺钉分别装在各螺孔中心位置，并用量具校正各圆柱套的中心距至符合孔距尺寸精度要求，然后紧固各圆柱套。复核尺寸，若孔距有变化，则重新进行校正，直至完全符合图样要求。

5）钻孔前，在钻床主轴上装上杠杆百分表并校正其中任一个圆柱套，使其与钻床主轴同轴，然后紧固零件，复查钻床主轴与圆柱套的同轴度，符合要求后拆去该圆柱套。

6）在零件拆去圆柱套的位置上扩孔并留铰削余量，最后铰削该孔，使孔径符合精度要求。

7）依照上述方法，逐个完成其余各孔的加工。

5. 钻相交孔

钻削相交孔时，除保证孔径精度外，还应保证各孔轴线交叉角准确。加工时应注意以下几点：

（1）某些具有相交孔的零件外形复杂，给装夹、校正带来困难，因此，零件找正基准要求划线清晰、精确。

（2）要重视钻孔顺序。对不等径相交孔，应先钻大孔，然后钻小孔。钻削第二孔即将穿过交叉部位时，须减小进给量或改用手动进给，避免造成孔歪斜或钻头折断。

（3）每次背吃刀量不能太大，一般应该分 2~3 次钻孔、扩孔，直至完成孔的加工。

第三节　量具、量仪的结构、工作原理及使用方法

一、微动螺旋量具

1. 微动螺旋量具的工作原理

微动螺旋量具应用了螺纹传动原理，借助测微螺杆与测微螺母的精密配合，将测微螺杆的旋转运动变成直线位移来进行测量。测微螺杆的直线位移与角位移成正比，其关系式为：

$$L = \frac{\varphi}{2\pi}P \qquad\qquad (7\text{—}1)$$

式中　L——测微螺杆的直线位移，mm；

　　　φ——测微螺杆的角位移，rad；

　　　P——测微螺杆的螺距，mm。

测微螺杆和测微螺母是测微量具的核心件，如图 7—10 所示。测微螺杆 3 的左端为测量杆，右端带有精密外螺纹，并通过弹簧套 8 与微分筒 6 连接。测微螺母与轴套做成一体，称为螺纹轴套 4。当转动微分筒时，测微螺杆在螺纹轴套内与微分筒同步转动，并做轴向移动，其移动量与微分筒的转动量成正比。为了准确读出测微螺杆的轴向位移量，在微分筒斜面上刻有 50 个等分刻度，通常测微螺杆的螺距为 0.5 mm，因此，当微分筒每转过 1 格时，测微螺杆就轴向移动 0.5 mm/50，即 0.01 mm。所以，常用测微量具的分度值为 0.01 mm。

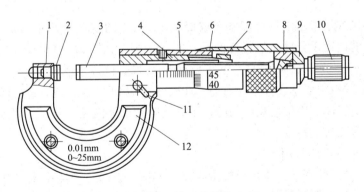

图 7—10　千分尺

1—尺架　2—测砧　3—测微螺杆　4—螺纹轴套　5—固定套管　6—微分筒
7—调节螺母　8—弹簧套　9—垫片　10—测力装置　11—锁紧装置　12—隔热装置

为了读出被测工件的毫米和半毫米部分，在固定套管 5 上刻有两排间距为 1 mm 的刻线，上、下排刻线和有 25 个格，上、下排刻线的起始位置错开 0.5 mm，上排刻线为毫米刻线，下排刻线为半毫米刻线，再加上微分筒上的小数部分，就可以在测量范围内

读出被测尺寸。

测微螺旋量具的种类不同，但其工作原理及读数方法相同。

2. 内径千分尺的结构及使用方法

（1）内径千分尺的结构　图7—11a所示的内径千分尺相当于在千分尺的测微头两端各加一球面测头。固定测头1被压入固定套管3的左端孔中，活动测头8被压入螺母7的孔中，拧紧螺母7，使微分筒6和测微螺杆5连成一体。旋转微分筒时，活动测头可与测微螺杆一起运动。通过改变两测头测量面间的距离，可进行内尺寸测量。锁紧装置4采用螺钉式结构，可把测微螺杆固定在固定套管上。螺母2是用来保护固定套管左端外螺纹的。内径千分尺没有测力装置。调整量具9可校对内径千分尺的测量下限值。

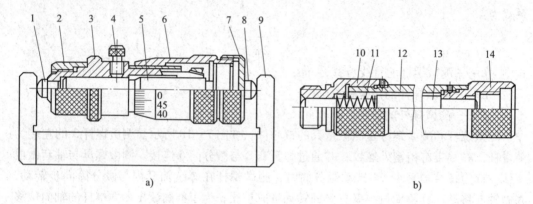

图7—11　内径千分尺

a）内径千分尺的结构　b）接长杆

1—固定测头　2、7—螺母　3—固定套管　4—锁紧装置　5—测微螺母　6—微分筒

8—活动测头　9—调整量具　10、14—管接头　11—弹簧　12—套管　13—量杆

内径千分尺的示值范围只有13 mm或25 mm，最大的也不大于50 mm。为了扩大测量范围，成套的内径千分尺还带有各种尺寸的接长杆，如图7—11b所示。每根接长杆内有一根量杆13，为了提高刚度，外部套有套管12，两端有管接头10、14。未接长时，在弹簧11的作用下把量杆推向右边，并被管接头14挡住，这时量杆两测量面都不露在外面，以免损坏。不带接长杆的内径千分尺叫做单体内径千分尺，测量上限较大的内径千分尺带有隔热装置。

（2）内径千分尺的使用方法

1）内径千分尺使用前，应用调整量具校对零值，以防止两测头或量杆松动等因素造成示值误差。没有调整量的内径千分尺，可用量块和量块附件组成内尺寸来校对零值。

2）内径千分尺需要接长时，先拧下螺母2，将管接头14旋入内径千分尺左端的外螺纹上。继续接长时，只要把下一根接长杆的管接头14旋在已接上的管接头10上即可。使用接长杆时，应尽量减少根数。连接时应按尺寸大小排列，尺寸最大的与管接头连接。

3）测量时，固定测头与被测表面接触，摆动活动测头的同时转动微分筒，使活动测头在正确的位置上与被测工件接触，就可以从内径千分尺上读数。所谓正确位置，是指测量两平行平面间的距离时，应测得最小值；测量内径尺寸时，轴向找最小值，径向找最大值。离开工件读数前，应用锁紧装置将测微螺杆锁紧后再进行读数。

4）内径千分尺是细长杆状，温度变化对示值误差的影响很大。测量时，除严格控制温度外，还要尽量减少测量时间。

5）被测面的曲面半径应大于所用内径千分尺的测量下限的一半，否则应在测量结果中加以修正。

二、指示量具

1. 指示量具的工作原理

指示量具的结构形式较多，但工作原理相同。指示量具的工作原理是借助齿轮、齿条、杠杆或扭簧等传动，将测杆的微小直线位移变为指针的角位移，从而使指针在表盘上指示出相应的数值。

指示量具按用途和结构不同，可分为百分表、千分表、杠杆百分表、内径百分表、内径千分表等。

2. 杠杆百分表的结构及使用方法

（1）杠杆百分表的结构　图7—12所示的杠杆百分表主要由测头1、表体7、换向器8、夹持柄6、指示部分（3、4、5）和表体内的传动系统所组成。杠杆百分表表盘3的刻线是对称的，分度值为0.01 mm。由于它的测量范围小于1 mm，所以没有转数指示装置。转动表圈5，可调整指针与表盘的相对位置。夹持柄用于装夹杠杆百分表。有的杠杆百分表的表盘安装在表体的侧面或顶面，分别称为侧面式杠杆百分表和端面式杠杆百分表。

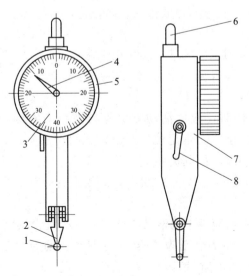

图7—12　杠杆百分表

1—测头　2—测杆　3—表盘　4—指针　5—表圈　6—夹持柄　7—表体　8—换向器

（2）杠杆百分表的使用及注意事项

1）杠杆百分表在使用前应对外观、各部分的相互作用进行检查，不应有影响使用的缺陷，并注意球面测头是否磨损，防止测杆配合间隙过大而产生示值误差，可用手轻轻上下左右晃动测杆，观察指针变化，左右变化应不超过分度值的一半。

2）测量时，测杆的轴线应垂直于被测表面的法线方向，否则会产生测量误差。

3）根据测量需要，可扳动测杆来改变测量位置，还可扳动换向器改变测量方向。

3. 内径百分表的结构及使用方法

（1）内径百分表的结构　图7—13所示的内径百分表主要由百分表5、推杆7、表体2、转向装置（等壁直角杠杆8）以及测头1和10等组成。百分表5应符合零级精度。表体2与直管3连接成一体；百分表装在直管内并与推杆7接触，用紧固螺母4固定。表体左端带有可换固定测头1，右端带有活动测头10和定位护桥9，定位护桥的作用是使测量轴线通过被测孔直径。等壁直角杠杆8的一端与活动测头接触，另一端与推杆接触。当活动测头沿其轴向移动时，通过等臂直角杠杆推动推杆，使百分表的指针转动。弹簧6能使活动测头产生测力。

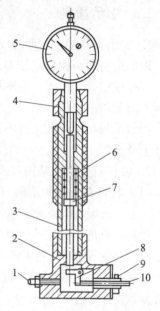

图7—13　内径百分表
1—固头测头　2—表体　3—直管
4—紧固螺母　5—百分表　6—弹簧
7—推杆　8—等壁直角杠杆
9—定位护桥　10—活动测头

（2）内径百分表的使用及注意事项

1）使用内径百分表之前，应根据被测尺寸选好测头，将经过外观、各部分相互作用和示值稳定性检查合格的百分表装在弹簧夹头内，使百分表至少压下1 mm，再紧固弹簧夹头，夹紧力不要过大，防止将百分表测杆夹死。

2）测量前，应按被测工件的基本尺寸用千分尺、环规或量块及量块组合体来调整尺寸（又称校对零值）。

3）测量或校对零值时，应使活动测头先与被测工件接触。对于孔径，应在径向找最大值，轴向找最小值。带定位护桥的内径百分表只需在轴向找到最小值，即为孔的直径。对于两平行平面间的距离，应在上下、左右方向上都找最小值。最大（小）值反应在指示表上为左（右）拐点。找拐点的办法是摆动或转动直杆使测头摆。

4）被测尺寸的读数值应等于调整尺寸与指示表示值的代数和。值得注意的是，内径百分表的指示表指针顺时针转动为"负"，逆时针转动为"正"，与百分表的读数相反。这一点要特别注意，切勿读错。

5）内径百分表不能用来测量薄壁件，因为内径百分表定位护桥的压力与活动测头的测力都比较大，会引起工件变形，造成测量结果不准确。

三、水平仪

1. 水平仪的结构和工作原理

普通水平仪包括条式水平仪（又称钳工水平仪）和框式水平仪，其结构如图 7—14 所示。它们的主要区别在于主体的形状。条式水平仪的主体 1 是条形的，只有一个带有 V 形槽的工作面，只能检测被测面或线相对于水平位置的角度偏差。框式水平仪的主体 7 是框形结构，四个面都是工作面，两侧面垂直于底面，上面平行于底面。它的底面和侧面上的 V 形槽不但能检测平面或直线相对于水平位置的误差，还可以检测铅垂面或直线对水平位置的垂直度误差，如图 7—15 所示。

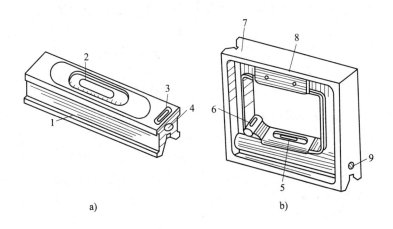

图 7—14　水平仪

a）条式水平仪　b）框式水平仪

1、7—主体　2、5—主水准器　3、6—横水准器　4、9—零位调整装置　8—隔热装置

条式水平仪和框式水平仪主要由主体 1、7 和主水准器 2、5 组成。主水准器 2、5 和横水准器 3、6 装在主体 1、7 上。主水准器精度高，供测量用，而横水准器只供横向水平参考。零位调整装置 4、9 可调整水平仪的零位。水准器是一个内壁轴向呈弧状的封闭玻璃管，内部装有乙醚或酒精等液体，但不装满，还留有一个气泡，无论水平仪放在什么位置，这个气泡总停留在最高点。当工件底面处在水平位置时，气泡在玻璃管

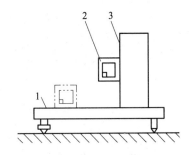

图 7—15　用框式水平仪检测垂直度误差

1—基面　2—框式水平仪　3—被测量面

的中央位置。若工作底面相对水平位置倾斜，玻璃管内的液体就会流向低处，而气泡将移向高处。水平仪是利用水准器内的液体作为水平基准，从气泡的移动方向和移动位置读出被测表面相对于水平位置的角度偏差，从而实现测量工件的直线度、平面度或垂直度等目的。

2. 水平仪的使用方法

（1）零值的调整方法　将水平仪的工作底面与检验平板或被测表面接触，从普通

水平仪水准器上的刻线或合像水平仪的窗口与微分盘上读取第一次读数；再在同一位置上把水平仪转180°后，读取第二次读数；两次读数代数差的一半为水平仪零值误差。用同样的办法还可以判定被测表面相对于水平位置的偏差。两次读数代数和的一半为被测表面的误差。

（2）普通水平仪的零值正确与否是相对的，只要水准器的气泡在中间位置，则表明零值正确。由于气泡的长度不同，所以每块水平仪的零值不可能都在同一刻线上，因此，使用前应明确水平仪处于零位时气泡的左右边缘与哪条刻线相切（或靠近），测量时就以此刻线为零刻线。

（3）水平仪的分度值一般是0.02 mm/1 000 mm，测量时要把水平仪的读数值换算为某一长度。水平仪垫铁（或桥板）长度上的高度差可按下式计算：

$$x = lNL \tag{7—2}$$

式中　x——被测长度或垫铁（桥板）长度上的高度差，mm；

　　　l——水平仪的分度值，0.02 mm/1 000 mm；

　　　N——读数值，格；

　　　L——垫铁（桥板）的长度，mm。

（4）测量时，要等气泡稳定后再读数。

（5）用框式水平仪测量垂直度误差时，如有水平基面，应将水平基面调到水平位置，或测得基面水平误差，然后将框式水平仪的侧工作面紧贴被测面，并使横向水准器处于水平位置，再从主水准器上读出被测面相对于基面的垂直度误差，如图7—15所示。

（6）用合像水平仪测量时，应从窗口内的标尺上和微分盘上分别读取数值（标尺上的分度值为0.05 mm/1 000 mm；微分盘上的分度值为0.01 mm/1 000 mm）。

四、自准直仪

1. 自准直仪的结构

自准直仪又称自准直平行光管。图7—16a所示为其外观图，图7—16b所示为其光路系统。

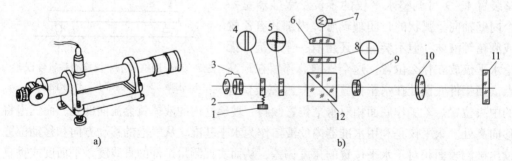

a)　　　　　　　　　　　　　　b)

图7—16　自准直仪光路系统

a）外观图　b）光路系统

1—鼓轮　2—测微丝杆　3—目镜　4、5、8—分划板　6—聚光镜

7—光源　9、10—物镜组　11—目标反射镜　12—棱镜

从光源 7 发出的光线，经聚光镜 6 照亮分划板 8 上的十字线，由半透明棱镜 12 折向测量光轴，经物镜组 9、10 成平行光束射出，再经目标反射镜 11 反射回来，使十字线成像于分划板 5、4 的刻线面上。旋转鼓轮 1 带动测微丝杆 2 移动，对准双刻线（刻在可动分划板 4 上），由目镜 3 观察，使双刻线与十字线像重合，然后在鼓轮 1 上读数。

自准直仪的国产型号有 42J、JZC 等，其主要技术数据大致相同。测微鼓轮示值读数每格为 1″，测量范围为 0′~10′，测量工作距离为 0~9 m。

2. 自准直仪的工作原理

自准直仪是根据光学的自准直原理制造的测量仪器，其基本原理如图 7—17a 所示。在物镜的焦点 F 发出的光束经物镜折射后，成为平行于光轴的光束。当光束遇到严格垂直于光轴的平面反射镜 PP 后，光线均按原路反射回来，经物镜后仍会聚在焦点 F 上，即 F 点和它的像 F′ 完全重合。

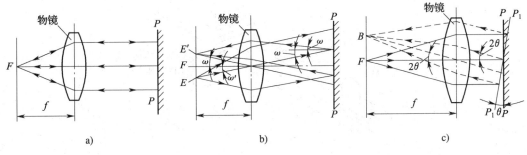

图 7—17　自准直原理

在物镜焦平面内任一点 E 发出的光束（见图 7—17b），经物镜折射后成为与光轴成 ω 角的平行光束（ω 角是 E 点和物镜主点的连线与光轴的夹角）。当遇到严格垂直于光轴的平面反射镜 PP 后，根据反射定律，光线以反射角 ω 返回，经物镜后会聚在焦平面上的 E′ 点。E′ 点就是 E 点的像，并与 E 点相对于光轴是互相对称的。设物镜焦距为 f，则：

$$E'F = EF = f\tan\omega \tag{7—3}$$

若平面反射镜在子午面内对光轴偏转 θ 角（见图 7—17c），根据反射定律，被平面反射镜反射的光束偏转 2θ 角，这时自准像相对于物点的焦平面内产生了偏移，偏移量的大小为：

$$BF = f\tan2\theta \tag{7—4}$$

以上三种情况均说明，物镜焦平面上的物体由于物镜的成像作用而发出平行光束，此光束经反射面反射回来重新进入物镜后，仍能在物体所在平面内显出物体的实像，这就是自准直原理。

利用自准直原理制造的光学量仪有自准直仪、光学平直仪、自准测微平行光管、测微准直望远镜和工具经纬仪等多种。

3. 使用及调整方法

由于光学平直仪（自准直仪）在测量 V 形导轨时具有明显的优越性，所以就以测量 V 形导轨为例介绍光学平直仪的使用方法。

图 7—18 所示为用光学平直仪（自准直仪）测量 V 形导轨。将反光镜放在导轨一端

的V形垫铁上（垫铁必须与V形导轨配刮研），在导轨另一端外也放一个可升降的调节支架，在其上固定着光学平直仪本体。移动反光镜垫铁，使其接近光学平直仪本体。左右摆动反光镜，同时观察目镜，直至反射回来的亮"十字像"位于视场中心为止。然后将反光镜垫铁移至原来的端点，再观察"十字像"是否仍在视场中，否则需重新调整光学平直仪本体和反光镜（可用薄纸片垫塞），使其达到上述要求。调整好后，光学平直仪本体不许移动。此时将反光镜用橡皮泥固定在垫铁上，然后将反光镜及垫铁一起移至导轨的起始测量位置，转动手轮，使目镜中指出的黑线在亮"十字像"中间，记录下微动手轮刻板上的读数值。然后，每隔200 mm移动反光镜一次，记下读数，直至测完导轨全长。根据记下的数值，便可采用作图或计算的方法求出导轨的直线度误差。

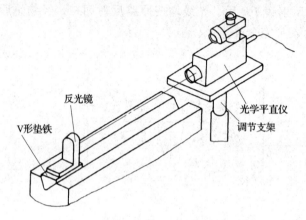

图7—18 用光学平直仪测量V形导轨

目镜观察视场如图7—19所示。图7—19a、b为测量导轨在垂直平面内的直线度误差情况。图7—19a"十字像"重合，表示在此段200 mm长度内导轨没有误差。图7—19b"十字像"不重合，距离为Δ_2，表示此段200 mm长度内导轨有误差。将目镜旋转90°，即可测量导轨在水平面内的直线度误差。图7—19c、d为目镜旋转90°后"十字像"重合与不重合的情况。

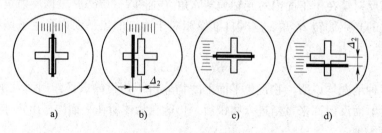

图7—19 目镜观察视场

五、经纬仪

1. 经纬仪的结构和工作原理

经纬仪在机床精度检查中是一种高精度的测量仪器，主要用于坐标镗床的水平转台、万能转台以及精密滚齿机和齿轮磨床分度精度的测量，常与平行光管组成光学系统来使用。

经纬仪的光学原理与测微准直望远镜没有本质的区别。它的特点是具有竖轴和横轴，可使瞄准望远镜管在水平方向做360°的全方位转动，也可在垂直面内做大角度的俯仰。其水平面和垂直面的转角大小可分别由水平度盘和垂直度盘示出，并由测微尺细分，测角精度为2″。

2. 经纬仪的使用及调整方法

（1）经纬仪在水平面内水平精度的调整方法　将经纬仪固定在水平转台的工作台面上后，除用水平仪进行水平精度调整外，还应仔细地进行精调。用手调整经纬仪的三个三角基座调平手轮，将水准器校正至水平位置，这时水准器的气泡处于零位状态，表示水准器在纵向平面内处于水平。然后将经纬仪转90°位置再调整三角基座中的任何一个手轮，使水准器处于水平，表示经纬仪在横向平面内处于水平。此后，使经纬仪逆向旋转90°，即恢复原位。再观察水准器的气泡是否处于原来调整好的水平位置，若有变动，可调整三角基座的另一个调平手轮，使水准器中气泡的误差值小于原来的1/2。再继续使经纬仪旋转90°，观察水准器的气泡，使其再次处于水平。经过这样反复调整，使经纬仪在水平面内任何位置时都处于水平状态，即使转动经纬仪使其回转360°，水准器气泡也不变。

（2）望远镜管水平状态的调整方法　将换向手轮旋转在竖直位置上，旋转测微器手轮，将经纬仪读数微分尺放在零分零秒，观察读数目镜，用竖直水准器微动手轮调整水准管至水平状态。用望远镜微动手轮将经纬仪的望远镜管调整至水平位置。

六、测量误差的种类及生产原因

任何测量总是不可避免地存在着误差，这些误差可以归纳为五个方面，即仪器误差、标准器误差、测量方法误差、测量条件误差和人为误差，它们影响着测量结果的准确性。

1. 影响仪器精度的因素

（1）仪器的设计原理误差　一些精密仪器在设计原理上本身就存在着一定的近似关系，或者在测量布线上不符合阿贝原理。因不符合阿贝原理而在测量中产生的误差称为阿贝误差。

（2）标准系统的检定误差　任何精密仪器的标准系统都是由更高一级的标准来评定的。更高一级标准本身的误差也直接影响标准系统的精度。

（3）标准系统本身的误差　如标尺的刻度误差、刻度盘和指针的安装偏心等。

（4）仪器及附件的制造误差　如仪器导轨的直线度误差、附件的制造偏差等

（5）仪器零部件本身的影响　包括仪器零部件配合不稳定或变形、配合表面油膜不均匀及摩擦等因素的影响。

（6）仪器瞄准系统的瞄准和估读误差　瞄准误差的大小因瞄准的对线方式不同而异；估读误差因人而异。

（7）仪器测力变化的影响　接触测量过程中测力不是恒定的，但其变化范围是一定的。测力的不稳定决定了仪器的测头在被测件上的压陷程度和在标准件上的不同，因而对测量精度有影响。

（8）仪器校正及检定时温度变化的影响　精密仪器都有一定的使用条件，其中包括对温度变化范围的要求。

上述误差合成后即得到仪器的不确定度。

2. 影响测量不确定度的因素

（1）仪器的不确定度　该项误差是影响测量精度的主要因素之一。

（2）测量方法的原理误差　由于受到测量条件或其他因素的影响，测量方法本身就存在一定的原理误差，或者测量方法是在一定的假设理想状态下成立的，而在实际情况中必然产生某些误差因素。

（3）函数误差　在间接测量过程中，被测量是通过测量相关的间接量然后经一定的函数关系计算求得的。但这绝不是一般的数学计算。间接量的测量误差必然以一定的函数关系反映到被测量中。

（4）标准件误差　在相对测量过程中，将被测件与标准件相比得出被测量相对标准量的偏差，因而标准件的误差将直接影响被测量值的精确度。另外，当被测量与标准量的几何特性不同时，也可能产生影响。

（5）温度误差　在测量时，由于被测件与仪器温度不等、被测件与标准件温度不等、被测件与标准件线膨胀系数不同，从而产生温度误差。

上述误差合成后即得到测量的最大不确定度。

第四节　通用机械设备的工作原理和结构

一、泵

1. 概述

泵的种类很多，但归纳起来可分为三大类：容积泵，依靠工作室容积间歇地改变来输送液体（如往复泵和回转泵）；叶片泵，依靠工作叶轮的旋转来输送液体（如离心泵和轴流泵）；流体作用泵，依靠流体活动的能量来输送液体（如喷射泵和扬酸器）。泵的工作性能主要用流量（单位为 m^3/h）、压力（单位为 MPa）、扬程（单位为 m）、功率（单位为 kW）等主要参数来表示。

2. 离心泵的工作原理及构造

（1）工作原理　离心泵是依靠高速旋转的叶轮使液体获得压力的，如图 7—20a 所示。当泵充满液体时，由于叶轮 3 的高速旋转，叶轮叶片之间的液体受到叶片的带动而跟着旋转。在离心力作用下，液体不断从中心流向四周，并进入蜗壳中，然后通过排出管排出。当液体从中心流向四周时，叶轮中心部位形成低压（低于大气压）。在大气压力作用下，液体便从吸入管中进入泵内，补充被排出的液体。叶轮不断旋转，离心泵便连续地吸入和排出液体。

离心泵在工作前应预先灌满液体，把泵中空气排出。一般在离心泵的进口端都装有单向阀 5，以保证预先灌入液体时不至于泄漏，如图 7—20b 所示。

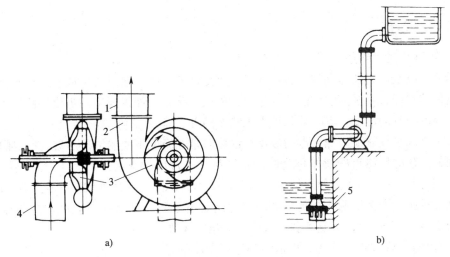

图 7—20　离心泵的工作原理

a）工作原理　b）泵中预先注满液体

1—排出管　2—涡壳　3—叶轮　4—吸入管　5—单向阀

（2）构造　图 7—21 所示为一台单级卧式离心泵。叶轮 1 安装在主轴 6 的端部，轴由两个滚动轴承 7 支承。加入填料 4（常用石墨、石棉绳）密封，填料由压盖 5 压紧。为了防止空气进入泵内，在填料之间还装有水封环 3，通过小孔 2 引入来自叶轮出口处带一定压力的液体，将主轴间隙更好地密封。

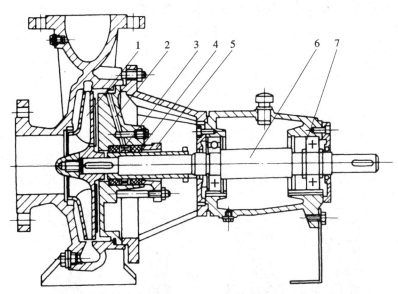

图 7—21　单级卧式离心泵

1—叶轮　2—小孔　3—水封环　4—填料　5—压盖　6—主轴　7—滚动轴承

叶轮两侧的液体压力是不相等的，叶轮进口一侧的压力较低，而另一侧受到的是从叶轮出口排出的液体压力。因此，两侧压力不平衡将产生轴向推力负荷，通常在结构上考虑装有平衡块或平衡盘。

二、冷冻机

1. 冷冻机的工作原理

两个不同温度的物体互相接触就会发生传热现象，并且热量总是从温度高的物体传给温度低的物体，直至两物体的温度相等，传热才终止。如果要进一步使一种物体的温度低于周围空气的温度，就必须采用人工制冷的办法。

人工制冷是依靠某些低沸点的液体在汽化时且在温度不变的情况下吸收一定的热量来实现的。这些低沸点的液体称为制冷剂。例如，常用的氟利昂 12（R12）制冷剂在 10^5 Pa 下沸点为 $-29.8℃$。如果把它喷洒于物体表面，使它受热而沸腾汽化，则物体表面温度会迅速下降至很低或接近 $-29.8℃$。这是由于制冷剂 R12 在汽化时虽然温度不变（仍保持 $-29.8℃$），但是需要吸收一定热量的缘故。

利用上述特性并加以完善，可以达到连续制冷的目的。下面以常见的压缩式制冷方法来说明其工作原理。

图 7—22 所示为一种压缩式制冷系统，它主要由制冷压缩机、蒸发器、冷凝器和膨胀阀（或毛细管）四个基本部件组成。四个基本部件形成互相连接又密闭的系统。工作时制冷剂在系统中循环流动并吸收热量。

制冷系统的工作主要是使制冷剂的状态循环地变化。其中，蒸发器是使制冷剂液体吸热而汽化，达到制冷目的；压缩机压缩蒸气，使其压力提高；冷凝器使高压蒸气放热并冷凝为高压液体；膨胀阀使高压液体膨胀降压后成为低压、低温的液体，再供给蒸发器。在此循环过程中，消耗的能量就是驱动压缩机所需的动力。

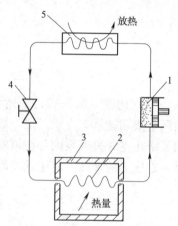

图 7—22　压缩式制冷原理
1—压缩机　2—蒸发器　3—冷库
4—膨胀阀　5—冷凝器

2. 活塞式制冷压缩机

目前，我国制造的中、小型制冷压缩机中应用最普遍的是活塞式制冷压缩机。图 7—23 所示为活塞式压缩机的工作过程。每次循环包括压缩、排气、膨胀和吸气四个过程。其中，压缩和排气在一个行程内完成；而膨胀和吸气在另一行程内完成。

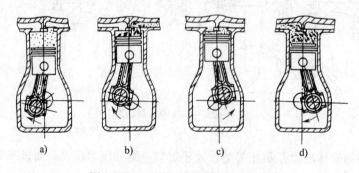

图 7—23　活塞式压缩机的工作过程
a）压缩　b）排气　c）膨胀　d）吸气

活塞式压缩机的结构形式很多。按照冷冻机械的特点，其组合形式可分为开启式、半封闭式和全封闭式三种。

图 7—24 所示为一台全封闭式压缩机的结构。外部的罩壳是用 3~4 mm 厚的铁板冲压成上、下两部分并焊接而成的。电动机轴 5 与压缩机曲轴是一个整体，转子垂直安装，这样可消除水平安装时悬臂质量所引起的弯曲变形，同时可使轴承受力减小，从而使运转平稳。罩壳内的所有机件都装在气缸体 8 上面，气缸体装在罩壳上，一般还装有避振弹簧装置。滤油网 10 用来过滤压缩机所用的润滑油。由蒸发器得到的蒸气经吸气包 6 进入压缩机，压缩后的蒸气再经排气管 7 排出。稳压室 11 可使排出的蒸气保持较稳定的压力，以减少波动的影响。

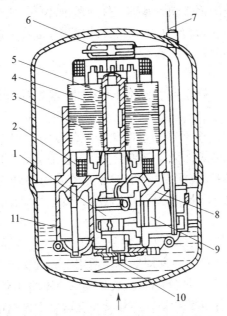

图 7—24　全封闭式压缩机的结构

1—连杆　2—电动机绕组　3—定子铁芯　4—电动机转子铁芯　5—电动机轴　6—吸气包　7—排气管
8—气缸体　9—活塞　10—滤油网　11—稳定室

三、其他常用设备

钳工常用的设备还有台钻、立钻、摇臂钻等，其结构特点及使用、维护和操作要点详见第二章第二节。

第五节　装配工艺规程和操作知识

一、装配工艺规程的基本知识

1. 装配工序的划分

零件是构成机器（或产品）的最小单元。若干个零件装配成机器的某一部分，无论其装配形式和方法如何，都称为部件。把零件装配成部件的工作过程称为部件装配，简称部装。直接进入机器（或产品）装配的部件称为组件；直接进入组件装配的部件称为一级分组件；直接进入一级分组件装配的部件称为二级分组件；以此类推。机器越复杂，分组件的级数也越多。任何级的分组件都由若干个低一级的分组件和若干零件组成；但最低的分组件则只由若干个单独零件所组成。

把零件和部分（组件和分组件）装配成最终机器（或产品）的过程称为总装配，简称总装。根据机器的复杂程度，在制定工艺规程时可划分为工序Ⅰ、工序Ⅱ、工序Ⅲ等。可以单独进行装配的部件称为装配单元。在制定装配工艺规程时，每个装配单元通常可作为一道装配工序。任何一个产品一般都能分成若干个装配单元，即分成若干道装配工序。每一道工序的装配都必须有基准零件或基准部件，它是装配工作的基础，部件装配或总装配都是从这里开始的。它的作用是连接需要装在一起的零件或部件，并决定这些零件或部件之间正确的相互位置。

2. 装配的组织形式

根据装配产品的尺寸、精度和生产批量的不同，装配的组织形式分为固定装配和移动装配。

（1）固定装配　将产品或部件的全部装配工作安排在固定地点，由一个人、一个组或几个组来完成的装配形式称为固定装配。固定装配又分为集中装配和分散装配。

1）集中装配　是将零件装配成部件或产品的全部过程均由一个人或一个组来完成的装配形式。这种形式对工人技术水平要求较高，装配周期长，适用于装配精度高的单件、小批量生产。

2）分散装配　是把产品装配分为部装和总装，分配给个人或各小组来完成的装配形式。这种形式生产效率较高，装配周期短，适用于成批生产。

（2）移动装配　装配工序是分散的，被装配的零部件由传送工具传送，一个工人或一组工人只完成一定工序的装配形式。移动装配适用于大批量生产。按传送方式不同可分为以下两种：零部件按节奏（自由节奏或按一定的节奏）移动或周期性移动进行装配；零部件按一定的速度连续移动进行装配。

3. 装配尺寸链

部件装配和总装配中零部件与装配尺寸链密切相关，各种装配方法是建立在尺寸链原理基础上的。为了保证产品的质量，必须保证这些零部件之间的尺寸和位置精度，以及装配成机械后达到规定的精度要求。设计产品、制定装配工艺或是解决装配质量问题时，都必须应用尺寸链原理来分析、计算装配尺寸链。

装配尺寸链的封闭环是有关的零部件装配好之后形成的。它由零部件上有关尺寸和位置关系间接保证。因此，装配尺寸链的封闭环就是装配后要求保证的尺寸和位置精度。

图7—25所示为简单轴和孔零件的装配尺寸链。将轴装入孔中后形成的间隙 N 就是封闭环，由孔尺寸 A_1 与轴尺寸 A_2 间接保证。当轴尺寸 A_2 不变时，孔尺寸 A_1 增大，间隙 N（封闭环）也随之增大，所以 A_1 为增环；当孔尺寸 A_1 不变时，间隙 N 随轴尺寸 A_2 的减小而增大，则轴尺寸 A_2 为减环。

如图 7—26 所示，在普通车床前、后顶尖的中心高等高性尺寸链中，封闭环 N 是将主轴箱和尾座装在床身上后形成的，由主轴箱和尾座部位有关尺寸间接保证。尺寸 A_2、A_3 是增环；尺寸 A_1 是减环。

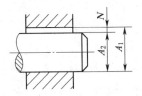

图 7—25　轴和孔的配合尺寸链

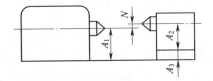

图 7—26　车床顶尖中心高等高性尺寸链

以上都是简单的直线尺寸链，所涉及的都是尺寸问题。此外，相互位置精度问题（如平行度、垂直度、同轴度等）同样也可以利用尺寸链原理来分析。

图 7—27 所示的立式钻床立轴中心线对工作台面的垂直度 a_N 应保证一定的精度要求。它是通过主轴座孔轴线对立柱导轨面平行度误差 a_1、工作台面对立柱导轨面垂直度误差 a_2 决定的。垂直度误差可以用 90°角尺来测量，如图 7—27b 所示。这样，将上述垂直度问题转化成平行度问题，就构成了与直线尺寸链相似的以平行度为组成环的装配尺寸链（见图 7—27c），从而可以用解直线尺寸链的方法来求解。不过，以平行度为环的基本尺寸应为零。另外，应注意平行度误差的方向，设定往某一方向倾斜为正，而往另一方向倾斜为负。一般设定倾斜方向相当于逆时针方向偏转的为正，相当于顺时针方向偏转的为负。

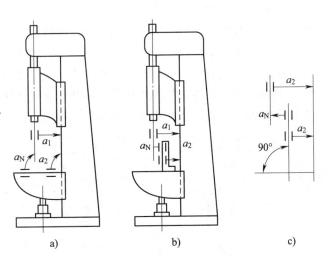

图 7—27　钻床的装配尺寸链

a)、b) 立式钻床　c) 立轴的垂直度装配尺寸链

若装配尺寸链中具有同轴度的组成环，也可按直线尺寸链处理。前面讨论过的车床前、后顶尖等高问题的装配尺寸链，若考虑主轴、轴承及顶尖套筒等零件有关误差，则组成环中将含有零件内、外圆表面的同轴度，如图 7—28 所示（图中同轴度以 e 表示）。以同轴度为环的基本尺寸变为零。

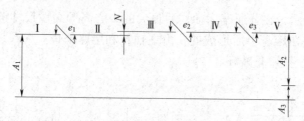

图 7—28　车床顶尖等高性装配尺寸链

Ⅰ—箱体孔轴线　Ⅱ—主轴前锥孔轴线　Ⅲ—顶尖套锥孔轴线　Ⅳ—顶尖套外圆柱轴线　Ⅴ—尾座孔轴线

　　由于机械结构通常较复杂，因此装配尺寸链也较复杂。通常一个机构有若干个装配尺寸链，而每个装配尺寸链又常由若干个简单尺寸链组成。其中某些装配尺寸链常彼此有关联，某一组成环是几个不同装配尺寸链的公共组成环。但无论多么复杂的装配尺寸链，首先以规定的各项装配精度要求为封闭环，根据装配图查明与各项精度要求有关的零部件，确立相应的装配尺寸链，然后把这些装配尺寸链逐步分解成简单尺寸链，即可对它进行分析和计算。

　　解装配尺寸链的核心问题是根据装配精度要求确定有关零部件的精度要求，即已知封闭环公差求各组成环的公差。可按极值法或概率法求解。

　　4. 装配单元系统图

　　机器中的部件装配或总装配都必须按一定的顺序进行。要正确确定某一部件的装配顺序，先要研究该部件的结构及其在机器中与其他部件的相互关系以及装配方面的工艺问题，以便将部件划分为若干装配单元。表示装配单元先后顺序的图称为装配单元系统图。这种图能简明、直观地反映出产品的装配顺序。

　　图 7—29 所示为某产品的装配系统图。图中每一零件、部件或组件都用一长方格表示，方格内注明零件或分组件的名称、编号以及装入的件数。这种形式的装配单元系统图绘制方法如下：首先画一条较粗的横线，横线右端画一箭头指向装配单元的长方格，左端画基准件长方格，然后在横线上方将其他直接进入该装配单元的零件按装配顺序画上，在横线下方按装配顺序画上进入该装配单元的其他装配单元。

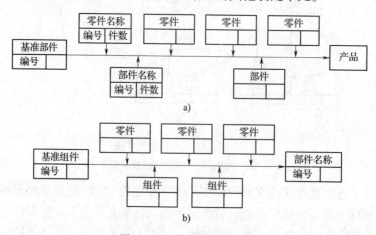

图 7—29　装配单元系统图

a）产品装配系统图　b）部件装配系统图

二、提高主轴旋转精度的装配要点

1. 影响主轴旋转精度的误差因素

主轴旋转精度直接受轴承精度和间隙的影响，同时也和与轴承相配合的零件（箱体、主轴本身）的精度及轴承的安装、调整等因素有关。

（1）轴承精度的影响

1）滚道的径向圆跳动和形状误差　确定主轴旋转轴线的是轴承滚道表面，而轴承的内孔则决定主轴的几何偏心位置。当内圈滚道（外表面）与内孔偏心时（见图7—30a 中的 e_1），则主轴的几何轴线将产生径向圆跳动。由于外圈一般是固定不动的，因此外圈滚道（即外圈内表面）的偏心（见图7—30b 中的 e_2）不会引起主轴的径向圆跳动。与滚道的偏心不同，轴承滚道的形状误差（圆度、波度等）会使主轴的旋转轴线发生径向圆跳动。

2）各滚动体直径不一致和形状误差将引起主轴旋转轴线的径向圆跳动　每当最大的滚动体通过承载区一次时，就使主轴旋转轴线发生一次最大的径向圆跳动。

3）滚道的端面圆跳动　滚道端面圆跳动将引起主轴的轴向窜动。主轴旋转一圈，来回窜动一次。对于同时承受径向载荷和轴向载荷的轴承，则滚道的倾斜既会引起轴向窜动，又会引起径向圆跳动。

4）轴向间隙　轴承间隙对主轴旋转精度有很大影响，不但使主轴在外力作用下产生一个随外力方向变化的位移，即旋转轴线出现漂移，而且其漂移量还会发生周期性变化。这是由于承载区中心 k（见图7—31）交替处于出现滚动体和处在两滚动体之间的两种状态，从而造成轴线的附加变动量。

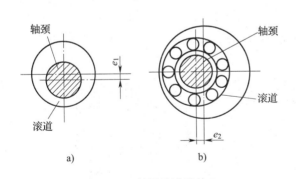

图7—30　轴承滚道的偏心

a）内圈滚道的偏心　b）外圈滚道的偏心

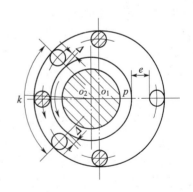

图7—31　轴承间隙的影响

（2）主轴及配合零件的影响

1）主轴轴颈和支承座孔的尺寸及形状误差　由于轴承的内、外圈是薄壁弹性元件，当轴颈和支承座孔不圆而且配合过紧时，必然使内、外圈滚道发生相应的变形，使主轴工作时的旋转精度降低。

2）主轴锥孔、定心轴颈对主轴轴颈的同轴度误差　它包含了简单的偏心误差和中心线的倾斜误差，都会引起主轴相应表面的径向圆跳动。

3）支承座孔和主轴前、后轴颈的同轴度误差　使轴承内、外圈滚道相对倾斜，引起旋转轴线的径向圆跳动和轴向窜动，如图7—32所示。

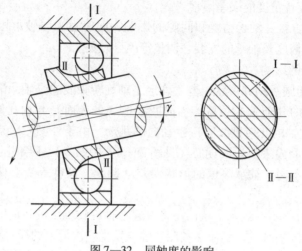

图7—32　同轴度的影响

4）调整间隙用的螺母、过渡套、垫圈和主轴轴肩等的端面垂直度误差　将使轴承的装配因受力不均匀而造成滚道畸形。实践证明，调整螺母的端面圆跳动超过0.05 mm时，对主轴端面径向圆跳动影响十分显著。引起调整螺母端面圆跳动的主要原因是：螺母本身的端面与其轴线不垂直；主轴的螺纹轴线与轴颈轴线偏斜。

2. 提高主轴旋转精度的装配要点

提高主轴组件装配和调整的质量，与主轴旋转精度有密切的关系。例如，高精度机床主轴轴承（C级）内圈的径向圆跳动为3～6 μm，而主轴的径向圆跳动只允许1～3 μm，这就要靠装配和调整的质量来保证。采用高精度轴承，并保证主轴、支承座孔以及有关零件的制造精度，是提高主轴旋转精度的前提条件。但从装配和结构的结合形式出发，还可采取以下措施：

（1）采用选配法提高滚动轴承与轴颈和支承座孔的配合精度，减小配合件的形状误差对轴承精度的影响。

（2）装配滚动轴承时可采取预加载荷的方法来消除轴承的间隙并使其产生一定的过盈，可提高轴承的旋转精度和刚度。

（3）对滚动轴承主轴组采取定向装配法，来减小主轴前端的径向圆跳动误差。

（4）为了避免因调整螺母与端面产生的不垂直而影响主轴的旋转精度，可采用十字垫圈结构，即在两个平垫圈2之间夹一个十字形的特种垫圈4（见图7—33），以消除调整螺母1的垂直度误差。

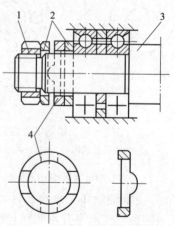

图7—33　用十字垫圈消除轴承的变形
1—调整螺母　2—平垫圈
3—主轴　4—特种垫圈

三、保证机床导轨精度的装配要点

机床主要零部件的相对位置和运动精度都与
导轨的精度有关，故导轨的误差将直接影响机床的精度，并反映在被加工工件的精度
上。保证导轨精度主要依赖于导轨面的正确加工、正确测量和控制各种因素造成的精度
变化。下面仅对影响导轨精度变形的因素和控制方法做几点归纳说明。

1. 导轨材料的内应力影响

为消除导轨的内应力所造成的精度变化，需在加工前做回火时效处理。

2. 重力的影响

重力影响包括基准导轨件本身的重力和附装件质量对其精度变形的影响。为消除本
身重力的影响，在装配时，必须将基准导轨件安置在坚实的地基上，并通过调整垫铁使
其安放稳定。调整垫铁应放置在地脚螺栓孔处，并调整好导轨面的水平位置。对受附装
件质量影响的机床导轨，特别是精密的和大型的机床基准导轨件，在测量和校正其精度
时，应增加与变形方向相反的补偿偏差量。当不能预知其变形情况时，可在试装附装件
的条件下进行导轨面最终精度的测量和修整。

3. 刚度不够与配合间隙不当的影响

机床各处都有预留的装配间隙，受外力时因零件刚度不够也易产生变形。机床的
结构较复杂，它是由大量零件装配而成的。零件之间各种连接方式和相对运动方式导
致其刚度问题也较为复杂。机床的刚度目前很难用一个数学模型来描述，主要通过
试验法测定。通过测定，找出刚度变化特点，从而采取适当的措施来提高机床的刚
度。

4. 装配场所的影响

装配场所的条件是产品达到规定的装配和测量精度的一项基本条件。其中最主要的
影响因素是温度和外界振动。

（1）环境温度的影响　环境温度的高低对机床导轨精度的影响一般并不明显。主
要的影响是不同的温度层造成机件受热的不一致性而产生不同的热变形。为减少环境温
度对装配或测量的影响，在装配过程中，除注意避免局部热源的影响因素外，对精度的
测量工作应尽量在最短的时间内完成，避免环境温度变化所造成的测量误差。对于成批
生产的高精密产品，则需要建立恒温条件。

（2）环境振动的影响　环境振动将造成测量的不稳定和误差。环境振动的主要振
源有起重运输设备工作时的振动、邻近道路上汽车行驶的振动等。减少环境振动的技术
措施首先是严格控制外界振源，其次才是在装配和测量场所采取隔振措施。

四、提高机床工作精度的措施

机床的工作精度是在动态条件下对工件进行加工时所反映出来的，而机床的装配精
度则在静态下通过装配及检验后得出。机床只有在装配精度符合规定要求的条件下，才
能保证其应有的工作精度。同时，还必须考虑其他一些有害因素的影响，其中较为主要
的就是机床工作的变形和振动。

1. 机床变形及其防止措施

造成机床变形的具体原因是多方面的，防止变形除了要求结构设计正确、合理以外，还必须在工艺和使用条件上加以控制。

（1）机床安装不妥引起的变形　机床在安装时必须找正水平，以免由于重力分布不合理而引起局部磨损加快和变形。一般用于找正的水平基准面是床身导轨或工作台面。水平基准面的安装允差和某些特殊要求都有标准规定，调整得不好，就会破坏导轨的制造精度，影响导轨在机床工作时所起的基准作用。特别是长度较长的龙门刨床、龙门铣床和导轨磨床等，它们的床身导轨是一种细长的结构，刚度较低，在本身自重的作用下就容易变形，如果安装不正确，或者地基基础不好，都会使床身弯曲。此外，机床与基础之间选用的调整垫铁及其数量都必须符合规定要求。垫铁安放部位必须与地脚螺栓孔相对，以免引起机床的支承不稳和负荷分布不均匀而产生变形。

（2）连接表面间的结构变形　由于零件表面存在一定的几何误差且其表面粗糙度值较大，因此零件连接表面之间的实际接触面积小。在外力的作用下，接触处产生较大的接触应力而引起变形。所以，连接零件的配合面必须达到一定的接触面积，以提高接合面间的接触精度。

（3）薄弱零件本身的变形　在部件中，个别薄弱的零件对部件刚度影响颇大。图7—34所示为刀架和其他滑板中常用的楔铁。由于该结构薄而长、刚度很低，再加上不易做得平直，极易造成接触不良，因此，在外力作用下楔铁容易产生很大的变形，使刀架的刚度大为降低。在装配工作中就应注意将装配间隙调整得最小，配合表面刮得平直，否则极易产生受力变形，在机床切削时产生系统振动。

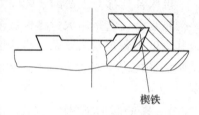

图7—34　滑板中常用的楔铁

（4）机床的热变形　机床在工作时会产生复杂的热变形。其结果是使刀具与工件相对运动的准确性降低而引起加工误差。尤其对于精密机床，热变形往往成为影响工作精度的主要因素。

1）引起机床热变形的热源　有内部的和外部的两类。内部热源有切削热和各种摩擦热（如轴承副、齿轮副、离合器、导轨副等）；外部热源有环境不同温度层的影响和热辐射（如阳光、照明灯等）的影响。

2）减少热源对机床的影响

①为减小摩擦热源的发热量，可改善传动部分的润滑条件（如采用低黏度润滑油、锂基润滑脂或油雾润滑）。为减小机床热变形量，可设法减小机床各部位之间的温度差。

②为了减少环境温度变化对机床精度的影响，对一些精密机床可安放在恒温室内进行工作。对一些不在恒温室工作的精度较高的设备，应控制环境温度（如均匀安排车间内加热器、取暖系统等的位置，以及建立车间门斗或帘幕等）。此外，精密机床还不应受到阳光的直接照射。同样，在装配时，要特别注意环境温度变化造成的设备精度变化，以免使装配精度不易控制。

③为了补偿机床热变形对精度的影响，在机床装配过程中，最后必须进行空运转，使机床在达到热平衡条件下进行几何精度和工作精度的检验，并做必要的调整，使其达到规定的精度要求。在加工一些精密零件时，尽管有不切削的间断时间，但仍让机床空转，以保持机床的热平衡。

2. 机床振动及其防止措施

机床在工作过程中的振动是一种极为有害的现象。它使被加工工件的表面质量恶化（有明显的振痕）、表面粗糙度值变大、刀具加速磨损、机床连接部分松动、零件过早磨损及产生振动噪声等。振动现象往往成为机械加工中限制生产效率提高的主要障碍之一。

（1）引起机床振动的振源　分为机内振源和机外振源。机内振源主要包括：机床各电动机的振动；机床旋转零件（如带轮、砂轮和高速旋转轴组等）的不平衡；运动传递过程中引起的振动（如齿轮啮合时的冲击、带轮的圆度误差、传动带厚薄不均匀引起的张紧力变化以及滚动轴承滚动体的尺寸和形状误差引起的载荷波动等）；往复运动零部件的冲击；液压传动系统的压力脉动和液压冲击；由切削力变化引起的振动等。机外振源是来自机床外部的各种有振动的机械设备。来自机床外的振动是通过地基传给机床的。

（2）减少机床振动的措施

1）为了减少机床由机内振源引起的振动，在结构设计上一般都有相应的措施。例如，外圆磨床装在砂轮架上的砂轮电动机的底座采用了硬橡皮、木板或其他吸振材料隔振；高速旋转件都做成对称的形状等。在机床的装配过程中，应尽量减少振源的有害影响。例如，做好电动机的平衡及旋转零部件的静平衡或动平衡；用多根带传动时，要尽量保证带的长度相等，每根带的厚薄均匀，且张紧力不宜过大；正确调整滑动轴承的间隙等。

2）为了减少机床由机床外振源引起的振动，应合理选择机床的安装场地，使机床远离振源。此外，精密机床的基座可做成防振的结构形式，设置隔振材料，使其具有一定的防振效果。

五、提高装配时测量精度的方法

提高装配时的测量精度是保证装配精度的一个重要方面。

1. 减小量仪的系统误差

（1）减小量具或量仪使用中的误差　量具或量仪的零位偏移造成的误差是使用中既常见又容易被忽略的一项误差。因此，应在测量前对量具或量仪进行检查并校准零位后方可使用。同时，量具或量仪安置在装配平台、装配基座或零部件的配合面上时，常因安装表面不清洁或是受安装尺寸和位置的限制造成安置误差，在测量前应注意校正。

（2）修正量具或量仪的系统误差　对于量仪存在的固定系统误差，可事先用高精度仪器对它进行检定，绘出相应的修正表或修正曲线，在使用时加以修正。

（3）用反向测量法补偿　在测量过程中，如能在两个相反状态下做二次测量，并取两次读数的平均值作为测量结果，就能使大小相同但正负号相反的两个定值系统误差 Δ_0 在平均值相加的计算中互相抵消，即第一次测量为 $L + \Delta_0$，第二次测量为 $L - \Delta_0$，结果为：

$$\frac{(L + \Delta_0) + (L - \Delta_0)}{2} = L$$

这就是反向补偿法的实质。例如，在用水平仪测量及调整机床水平时，可将水平仪做 180°方向变换，以两次测量值的平均值作为测量结果，即可消除水平仪的零件系统误差对测量的影响。

2. 正确选择测量方法

（1）根据被测对象的特点选择测量的形式　被测对象的特点是由被测对象误差的定义所确定的，那么测量的形式就必须根据被测对象误差的定义来选择。例如，经无心磨床加工的圆柱销具有三棱形的误差特征。当用千分尺测量时，无论在哪一点测量总是记录出相同的直径，如图 7—35a 所示。当用 60°V 形架和百分表示测量其圆度时，误差将被扩大，如图 7—35b 所示。由于上述测量方法不符合圆度误差定义，故不能得出其圆度误差的真实情况。

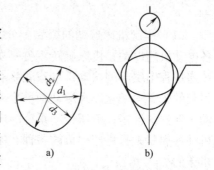

图 7—35　不合适的圆度测量方法
a）用千分尺测量圆柱销的圆度
b）用 60°V 形架和百分表测量圆柱销的圆度

（2）正确选择测量基准面　在选择测量基准时，应尽量遵守"基准统一"的原则。因受被测量件结构和形状或量仪测量条件的限制，不得不另行选择辅助基准面时，则应选择有较高精度、测量时定位稳定性好并与基准面仅有一次位置变换的配合面，以减小测量的累积误差，在必要时还应进行误差的修正。

（3）遵守量仪的单向趋近操作原则　由于量仪的测量机构中存在装配间隙和摩擦阻力，会产生回程误差。因此，无论是使用机械的、光学的或电子操纵测量装置，都应采用单向趋近操作，以消除回程误差。

（4）正确选择测力与接触形式　测力大小要适宜，特别在测量细而软的配合面时，必须注意测头与配合面之间因接触变形而引起的误差。在相对测量时，量具或量仪与所测零部件的接触形式以点接触的测量误差较小。在用百分表检查刮削表面时，为避免刮削凹坑对测量的影响，应将量块放置在测头与被测表面之间进行测量。

（5）减小环境温度的影响　为减小环境温度对测量的影响，可采用定温消除法，即将量具或量仪连同所测装配部件置于同一温度条件下，经过一定时间，使两者与周围环境温度一致，然后再测量。

六、卧式车床总装配工艺

卧式车床是我国机械制造企业中使用较普遍的一种金属切削机床，研究卧式车床的总装配具有很大的针对性和普遍性，也有一定的现实指导意义。

1. 装配顺序的确定原则

车床零件通过补充加工、装配成组件、部件后，即可进入总装配。其装配顺序可按下列原则进行：

（1）选择装配基面　床身是车床的基本支承件，其上安装有车床的主轴箱、溜板箱、进给箱、尾座等主要部件，而且检验机床各项精度均以床身导轨面为基准。因此，选择装配基面应以床身来进行。

（2）装配先后顺序应以简单方便为原则　一般按先内后外、先下后上的原则进行。需要通过刮削来达到装配精度的部件，刮削顺序应按导轨刮削的基本原则进行。

2. 保证装配精度的几个因素

（1）机件刚度对精度的影响　车床在装配过程中，当进给箱、溜扳箱和滑板装上床身后，床身导轨因受到重力和紧固力的作用而产生变形，因此，需再次校正其精度才能继续进行其他装配工序。

（2）工作温度变化对精度的影响　例如，机床的主轴与轴承的间隙将随温度的变化而变化，一般都是调整到使主轴部件达到热平衡时具有合理的最小间隙为宜。在检验机床几何精度时，由于机床各部位受热不同，机床在冷车时的几何精度与热车时的几何精度可能有所不同，一般应使机床在冷车或热车达到热平衡状态下都能满足几何精度标准。其次，由于床身稍有扭曲变形，主轴中心线在水平面内会向内倾斜，因此，在装配时必须掌握其变形规律，压缩公差带，确保整体装配精度。

（3）磨损的影响　在装配某些机件的作用面时，其公差带中心坐标应适当偏向有利于抵偿磨损的一面，这样可以延长机床保持精度的期限。例如，车床主轴顶尖和尾座顶尖对滑板移动方向的等高度就只许尾座高；车床床身导轨在垂直平面内的直线度只许中凸。

3. 卧式车床装配工艺

各部件组装合格后，就可装配到床身上了。车床的总装配包括部件与部件、零件与部件的连接以及对相对位置的调整或修正等，以期达到机床精度标准。机床的装配还要进行运转试验、负荷试验、工作精度试验并检验机床工作性能和精度（有关车床各项精度的检验请参阅有关资料）。下面着重谈谈总装中一些主要工序的装配、调整方法。

（1）床身部分的安装　床身的底座经过加工后，去掉接触面的毛刺，涂以密封胶。由中间沿对角线方向逐渐均匀地紧固所有螺栓，将油盘下部的两个连接螺栓也拧紧。重新吊起机床床身，在底座下安放活动的调整垫铁，放下床身，用水平仪检验机床的安装位置并使之处于自然水平状态。所有垫铁均应受力，以保证机床的稳定性。有关机床水平的调整请参阅本书有关章节。

（2）溜板箱的安装

1）滑板与床身导轨的配刮和装配要求　应使其接触点在两端为 12 点／（25 mm × 25 mm）以上，逐步过渡到中间 8 点／（25 mm × 25 mm）以上，这样可以得到较好的接触和良好的储油条件。在刮削滑板的配合面时，用 90° 角尺和百分表检查中滑板导轨对床身导轨的垂直度，误差不超过 0.02 mm/300 mm，而且只允许上导轨后端偏向床头一侧。

2）修刮及安装前后压板时，压板的刮研点不少于 6 点/（25 mm × 25 mm），安装后应保证滑板在全部行程上滑动均匀，间隙控制在以 0.04 mm 塞尺插不进去为合格。

3）中滑板丝杆螺母的装配和调整很关键，它直接影响加工工件的精度。调整时，先拧松螺钉 1，将中间的调整楔块 2（见图 7—36）通过螺钉 3 拧紧，使螺母向左挤压，从而消除间隙。调整后将螺钉 1 拧紧，旋紧全部螺钉。摇动手柄，在全部行程上丝杆螺母都应运行轻快、稳定。中滑板镶条一般可调整得稍紧些，这样在车削圆锥工件时，手动进给对工件精度的影响就会减少。

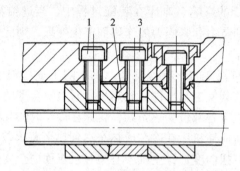

图 7—36　中滑板丝杆螺母的装配和调整
1、3—螺钉　2—楔块

（3）齿条安装工艺要点　由于一台车床的齿条由多根组成，对任意一个接口都应保证接合处的齿距精度与其他部位啮合时一样。因此，必须用标准齿条进行跨接校正（见图 7—37），然后进行钻孔、定位等工作。

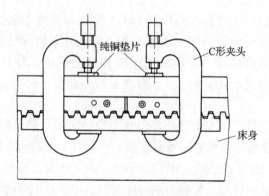

图 7—37　齿条的安装

（4）进给箱、溜板箱、丝杠及支架位置的确定　安装进给箱、溜板箱、丝杠、光杠及后支架时，应使丝杠两端支承孔中心线和开合螺母中心线对床身导轨的等距误差小于 0.15 mm，现将其工艺要求说明如下：

1）将溜板箱初装于滑板之下，将开合螺母侧面的夹条调整螺钉调整得稍紧。装入丝杠及光杠，压下开合螺母。这样，以丝杠的中心线为基准，首先确定了进给箱和支架的高低初装位置。将丝杠、光杠分别插入进给箱连接孔和支架的孔中，用手转动光杠，应用力均匀且无阻滞现象，然后正确使用量具，按照图 7—38 所示的测量方法来决定各部分的位置。

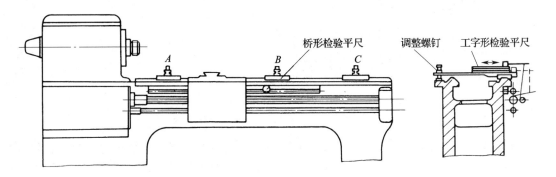

图 7—38　相对位置的测量方法

　　方法：首先将桥形平尺调整好水平位置，在 A、B、C 三点用百分表测量其等高值，如图 7—38 的右图中实线及虚线所示。记下这些数值，然后将丝杠转动 180°重复上述方法测量，取其平均值。

　　按照精度标准检验各部分均能达到要求时，可对各部件进行精确定位，即在各部位进行钻孔、铰孔和配刮锥销。

　　2）上述工作完成后，还要对各项工艺精度进行复查。无论滑板在什么位置，丝杠、光杠都应转动灵活。

　　（5）安装主轴箱的工艺要求

　　1）主轴箱的底面要与床身接触良好，一般通过刮削来达到要求，可以边刮边测量，直到符合要求为止。每个紧固螺栓周围均要接触良好，这样可以在紧固螺栓后不产生变形。

　　2）掌握机床受热后精度变形的规律，将其允许偏差向变形方向的另一侧压缩（矫枉过正法）。

　　（6）尾座安装的工艺要求

　　1）将尾座安装到床身上，首先应按要求检查各项精度情况。

　　2）将测出的误差情况综合考虑，并通过修刮尾座底板与床身的接触面来保证精度要求。

　　3）对尾座顶尖与主轴顶尖等高度的控制应考虑以下两个因素：

　　①随主轴工作温度的升高，将使主轴抬起。

　　②尾座刮研后用压板紧固，一般要被压低 0.01 mm 左右，因此，应使尾座顶尖比主轴顶尖高 0.03 ~ 0.05 mm。在装配及修整过程中，用两根直径相等的 300 mm 检验棒检查（见图 7—39），而最后的等高度必须通过在两顶尖中间顶一长检验棒来检验得出。

　　（7）机床的调整和试车

　　1）机床空运转时的调整　机床的调整可结合试车来进行。试车前先检查各连接部

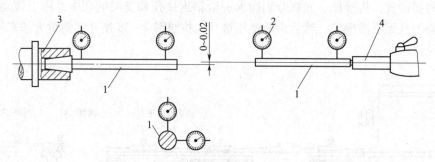

图 7—39 尾座顶尖与主轴顶尖等高装配

1—检验棒 2—百分表 3—主轴 4—尾座套筒

位的紧固程度，对主轴箱、进给箱和溜板箱加油，并检查各部分油线是否齐全、有效，各机油注油孔是否畅通。电动机启动后，观察主轴箱油泵的工作状态。空运转过程中，要注意主轴前、后轴承和轴的带轮支承处的温升情况。属于主轴轴承调整问题要及时重新调整，若带轮支承温升过高，则看是否由于 V 带调整过紧造成。空运转中，有时主轴会突然停止转动，这时应立即停车，看是否由下列因素引起：

①主轴后轴承调整螺母未紧固，螺母退出，主轴后端失去支承，使前轴承卡死。

②看主轴花键齿轮的齿式离合器与斜齿轮的连接情况，不连接的那个斜齿轮是否因为铜套与主轴间隙过小而在与主轴相对运动中过热而抱轴。

③检查推力轴承的松、紧环是否装反，尤其是靠近后轴承座的推力轴承。

空运转中应达到的要求：在所有转速下，机床传动机构工作正常，无明显振动，各操纵机构工作平稳、可靠；润滑系统正常、可靠；安全防护装置和保险装置安全、可靠；在主轴轴承达到稳定温度时，轴承的温度和温升均不得超过规定值。

2）机床的试车 在达到要求后，将主轴变换在中速下继续运转。在中速热平衡条件下，可进行工件的试切削。如果在切削过程中主轴转速降低，或停车后主轴仍有自转，这说明轴 I 的摩擦片松紧度需要调整。调整量不宜过大，每次 1~2 格即可。制动带的调整掌握在正常的转速（300~600 r/min）时惯性转动不超过 5~10 r 即可。切削过程中，如果切削量不是很大就会造成蜗杆的脱落，需要用专用套筒扳手旋紧溜板箱内蜗杆尾端的调整螺母。

经过上述试切削后，就可进行机床的工作精度试验和负荷试验。

（8）机床的负荷试验和工作精度试验

1）机床负荷试验 是对机床主传动系统达到设计允许的最大扭转力矩的功率的考核。试件可采用 φ100 mm×250 mm 的中碳钢试件，一端用卡盘夹紧，另一端用顶尖顶住，使用 P01（YT5）的 45°车刀，主轴转速为 58 r/min，背吃刀量为 12 mm，进给量为 0.6 mm/r，强力切削外圆。在做负荷试验时，机床各部位仍应工作正常，主轴转速不得比空转时的转速降低 5% 以上。在做负荷试验时允许将摩擦片适当调紧些，切削完成后再调松至正常状态。

2）工作精度试验 机床工作精度试验可分成四部分，包括精车外圆试验、精车端面试验、车槽试验和精车螺纹试验，见表 7—1。

表 7—1　　　　　　　　　　　　　　　　　　　机床工作精度试验

项目	材料及规格	刀具	主轴转速/ (r/min)	背吃刀具/ mm	进给量/ (mm/r)	精度要求
精车 外圆 试验	中碳钢 ϕ50 mm×250 mm	高速钢 精车刀	600	0.15	0.1	圆度误差小于 0.01 mm； 表面粗糙度 $Ra \leqslant 1.6$ mm； 圆柱度误差小于 0.01 mm/ 100 mm
精车 端面 试验	铸铁 ϕ300 mm	BK8，45°车 刀	120	0.2	0.15	直径上 0.02 mm（中间 凹）
车槽 试验	45 钢 ϕ40 mm×100 mm	P05 硬质合 金 4 mm 车槽刀	76	—	0.1～0.2	不应有明显的振动现象
精车 螺纹 试验	中碳钢 ϕ40 mm×500 mm	高速钢 60°螺纹车刀	19	0.02	6	300 mm 测量长度上为 0.04 mm；任意 50 mm 测量 长度上为 0.015 mm

第八章　中级钳工相关知识

第一节　生产技术管理知识

一、生产管理的基本内容

1. 车间生产管理的概念

车间生产管理就是对车间生产活动的管理，包括车间主要产品生产的技术准备、制造、检验，以及为保证生产正常进行所必须的各项辅助生产活动和生产服务工作。这些生产活动构成了生产系统，因此，生产管理就是对生产系统的管理。

企业的生产管理系统是企业管理系统中的一个子系统。它应根据企业的经营方针、目标、发展战略规划的要求，制订企业生产计划并组织生产活动，而车间的任务则是分解或分流企业的生产计划，组织相应的生产活动，并保证生产计划任务的完成。从企业管理层次分析，经营管理属决策层，生产管理属管理层或执行层，因此，车间生产管理属于企业中的执行层管理。

2. 车间生产管理的基本内容

生产管理的基本内容按其职能划分，可分为计划、组织、准备、过程控制四个方面。

（1）计划　是指车间的生产计划与生产作业计划，包括产品品种计划、产量计划、质量计划、生产进度计划以及为实现上述计划所制订的技术组织措施计划。

（2）组织　是指生产过程组织和劳动过程组织的协调与统一。生产过程组织就是合理组织产品生产过程各阶段、各工序在时间和空间上的衔接与协调。劳动过程组织就是正确处理劳动者之间的关系，以及劳动者与劳动工具、劳动对象的关系。

（3）准备　主要是指工艺技术、人员配备、能源和设备、物料及资金等各项准备工作。

（4）过程控制　是指对生产全过程的控制，即对物流的控制，包括生产进度、产品质量、物料消耗及使用、设备运行情况、库存和资金占用的控制等。要实现物流控制，必须建立和健全各种控制制度，加强信息的收集、分析、处理和反馈，以发挥对生产过程的有效控制，从而达到以最少的投入获取最大的产出的最佳经济效益的目的。

二、专业技术管理的基本内容

企业的技术管理是所有与生产技术有关的管理工作的总称。技术管理是按专业划分的，主要包括以下几个方面：

1. 科学研究管理

对企业来说，科学研究主要是指应用研究和开发研究。前者的任务是探讨基础研究成果在实际中应用的可能性，为企业提供长远的技术储备；后者则是利用应用研究的成果，进一步进行工业性中间试验、设计试制，以至小批试生产，核定工艺和流程等，是促进企业技术持续发展的关键因素。

2. 产品开发管理

新产品开发是从社会需要出发，以基础研究和应用研究成果为基础而进行的研制新产品、新系统的创造性活动。它是企业中的重大战略问题之一，也是企业技术管理工作的核心。新产品开发决策后就要进行生产技术准备工作。其内容有：

（1）产品设计准备 包括编制设计任务书或建议书，进行初步设计、技术设计和工作图设计等。其目的是完成全套设计图纸和技术文件。

（2）工艺准备 包括产品设计的工艺性分析和审查，制订产品的工艺方案，编制工艺规程和进行工艺装备的设计与制造。

（3）物资准备 包括制订物料消耗定额，开展新材料实验研究，按设计要求和生产进度做好原材料、外购外协件的准备工作。

（4）产品的试制与鉴定 包括样品试制鉴定和小批试制鉴定两个阶段。目的是检验产品设计、工艺准备等工作是否达到保证产品质量和具备正式投产条件。

（5）生产组织准备 是在小批试制后，正式生产前对生产组织进行调整，以保证正式投产所需的人力、物力等。

3. 标准化工作的管理

标准化工作是企业技术进步和全面质量管理（TQC）的重要基础工作，在企业技术管理工作中处于十分重要的地位。企业的标准化工作包括技术标准化和管理标准化两方面。技术标准化是核心，管理标准化是关键。标准化包括标准的制订、标准的贯彻执行、标准的修改等方面。从技术管理的角度上说，企业主要应抓好"三化"，即产品的系列化、零部件的通用化和产品质量的标准化。贯彻"三化"是国家既定的一项重要的技术经济政策。

4. 产品的质量管理

质量是产品的生命，是企业赖于生存和发展的支柱。抓好产品质量管理是企业管理中的关键举措。采用先进管理方法来保证产品质量是企业技术管理中的一项重要内容。我国在推行全面质量管理（TQC）的基础上，正在大力宣传、贯彻和实施《质量管理和质量保证》（GB/T 10300）系列标准。这对加强产品质量管理，提高产品质量具有重要意义。企业应为提高产品质量而不懈努力。

5. 设备与工具管理

设备与工具是企业必备的劳动手段，落后的工艺装备不可能生产出高品质的产品。保持设备的完好状态和在技术进步的基础上不断完善和更新设备与工具，是确保企业生产达到先进水平的重要物资基础。

6. 计量管理

计量工作是实现产品零、部件互换，保证产品质量的重要手段和方法。计量工作的重要任务是统一计量单位（贯彻法定计量单位），组织量值传递，保证量值统一，以实现对工艺过程的正常控制，加强对能源和物资的管理，而这对提高产品质量、降低消耗、增加效益等都有重要的实际意义。

7. 安全技术管理

生产过程中保证生产工人和生产设备的安全，是企业进行正常活动的前提条件。管生产必须管安全。安全技术是指为防止劳动者在生产中发生伤亡事故，保障职工的生命安全和设备安全，运用安全系统工程学的方法，分析事故原因，找出事故发生规律，从技术上、设备上、组织制度上、教育上、个人防护上所采取的一整套措施。它的主要任务是针对生产中的不安全因素，采取技术措施，预防事故的发生。主要工作内容包括改进工艺和设备，整改不安全的生产流程和操作方法，对各种压力容器、易燃易爆及剧毒物质进行安全管理，开展各种安全检查，设置防护、保险、信号装置，对强度可能不足、灵敏度不够、防爆性不良、电器绝缘损坏等潜在不安全因素的机电设备进行预防性试验或检验，贯彻劳动保护法规，编制安全技术措施计划，制订和贯彻安全操作规程，建立安全责任制，对职工进行安全技术培训和教育，加强个人防护措施，预防职业病等。总之，改善劳动条件，保护劳动者在生产中的安全健康，是我国的一项重要政策，也是企业管理的基本原则之一。

8. 科技档案和技术情报管理

科技档案是指企业在产品开发和生产制造等技术工作中所形成和保存的科技文件、图样、资料等的总称。技术情报是指来自企业外部可供企业科技工作参考用的各种技术资料和信息。对企业来说，这两者都是企业技术工作者必不可少的资料。做好科技档案和技术情报的管理工作，充分发挥这些资料的作用，是企业技术管理的一项十分重要的基础工作。

9. 技术改造工作的管理

技术改造是指企业在现有的基础上，用先进技术来代替落后技术，用先进工艺和装备来代替落后的工艺和装备，以求得企业的技术进步，实现以内涵为主的扩大再生产。它包括设备的更新改造、生产工艺的革新、产品的更新换代、企业厂房与其他生产性建筑物的翻新改建、燃料及原材料的节约和综合利用以及"三废"的治理等内容。工业企业的技术改造是企业实现技术进步的主要手段和方法。

10. 技术培训工作的管理

技术培训是对企业中的职工进行智力开发的重要手段。根据企业各级、各类人员的现有文化和技术水平及业务的要求，有计划有步骤地做好技术培训，是提高企业技术素质的关键性措施。技术培训一般包括管理岗位业务规范培训、职业技能培训、岗前及转岗培训、专门业务培训、成人学历教育、工程技术人员的继续教育等。随着科学技术的飞速发展，每个职工都要树立"终生受教育"的思想，企业也应把技术培训作为技术管理的一个长期任务，真正抓好。

第二节　电气传动基本知识

一、电力拖动的基本组成

所谓电力拖动，就是指用电动机来拖动一切生产机械的过程。从大的方面来看，电力拖动主要包括以下几个方面：

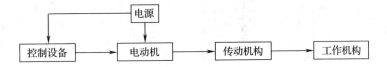

1. 电源

电源是为电动机和控制设备提供电能的设备。一般是电压为 380 V 的三相交流电源。

2. 电动机

电动机是电力拖动的核心部件，它能将电能转换为机械能。电动机有交流电动机和直流电动机之分。电动机主要由定子和转子两大部分组成。最常见的三相笼型异步电动机的结构如图 8—1 所示。

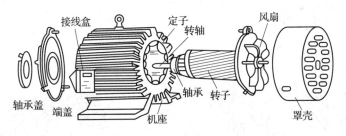

图 8—1　笼型异步电动机的结构

3. 控制设备

控制设备是控制电动机运转的设备。它是由各种控制电器和保护电器按一定要求和规律组成的控制线路和设备，用以控制电动机的运行（启动、制动、调速和反转等）。

4. 传动机构

传动机构是电动机与生产机械的工作机构之间传递动力的装置，如减速箱、带传动机构、联轴器等。

5. 工作机构

工作机构是生产机械中直接进行生产加工的机械设备。

二、常见的低压电器

低压电器是指交、直流电压在 1 200 V 及以下的电器。低压电器按作用可分为保护电器（如熔断器、热继电器等）和控制电器（如开关、接触器、时间继电器等）。有些电器不仅有控制作用，同时也兼有保护功能（如自动空气开关、接触器等）。

1. 按钮

按钮是用来控制电动机的启动和停止的电器，一般分为单按钮和复合按钮两种。常见的形式如图8—2所示。

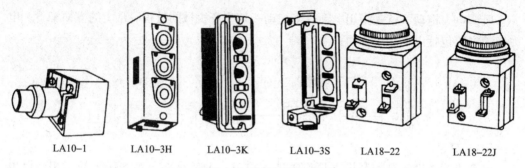

| LA10–1 | LA10–3H | LA10–3K | LA10–3S | LA18–22 | LA18–22J |

图8—2 常用按钮外形图

2. 开关

开关是用来控制电源的接通和断开的电器。常用的开关有刀开关、组合开关、铁壳开关和自动空气开关等。HK系列瓷底胶盖刀开关如图8—3所示。

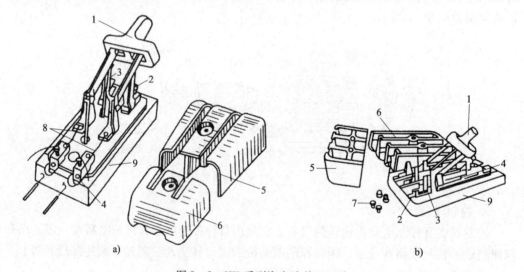

图8—3 HK系列瓷底胶盖刀开关

a）二极刀开关 b）三极刀开关

1—瓷质手柄 2—进线座 3—静夹座 4—出线座 5—上胶盖
6—下胶盖 7—胶盖固定螺母 8—熔丝 9—瓷底座

3. 接触器

接触器是电气控制设备中的一种主要电器。接触器不仅能接通和断开电路，而且还具有欠电压保护功能。它适用于频繁操作和远距离控制，工作可靠、寿命长。接触器一般由电磁机构、触头系统和灭弧装置三个主要部分组成，如图8—4所示。

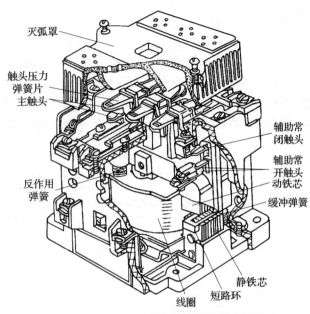

图 8—4　CJO—20 系列交流接触器外表及结构

4. 继电器

继电器是一种根据电量或非电量（如电压、电流、转速、时间等）的变化，接通或断开控制电路，实现自动控制和保护电力拖动装置的电器。常见的继电器有中间继电器、热继电器和时间继电器等。图 8—5 所示为热继电器。

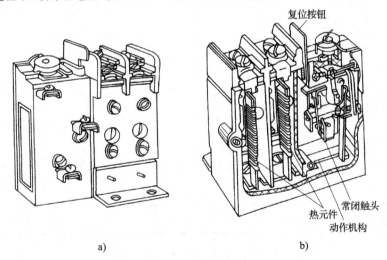

a)　　　　　　　　　　　　　　　b)

图 8—5　热继电器

a）外形　b）结构

三、机床控制线路示例

1. 控制线路的种类

常见电动机的基本控制线路有以下几种：点动控制，正转控制，正、反转控制，位置控制，降压启动控制，调速控制，制动控制等。

2. CA6140 型普通车床控制线路

线路如图 8—6 所示。它可分为主电路、控制电路及照明电路三部分。主电路中共有三台电动机，M1 为主轴电动机，带动主轴旋转和刀架作进给运动；M2 为冷却泵电动机；M3 为刀架快速移动电动机。控制电路的电源由控制变压器 TC 副边输出 110 V 电压提供。控制变压器 TC 的副边分别输出 24 V 和 6 V 电压，作为机床低压照明灯和信号电源。

电源保护	电源开关	主轴电动机	短路保护	冷却泵电动机	刀架快速移动电动机	控制电源变压及保护	主轴电动机控制	刀架快速移动	冷却泵控制	信号灯	照明灯

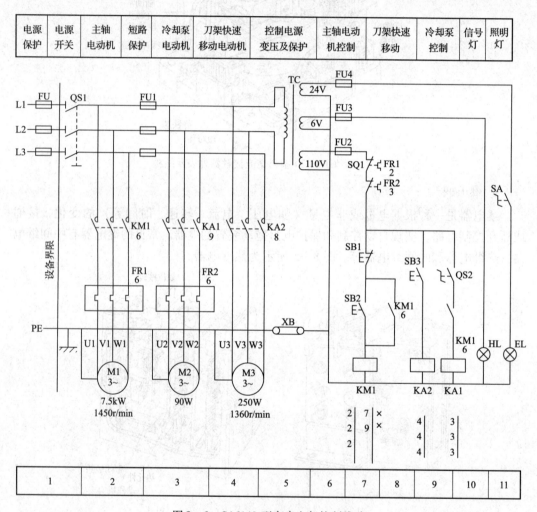

图 8—6 CA6140 型车床电气控制线路

第 4 部分

中级钳工技能要求

第九章 中级钳工操作技能

第一节 划线（二）

一、箱体划线

划线前应对图样进行分析，图9—1 所示为 B665 刨床的床身和变速箱合为一体的箱体形毛坯工件。它不但具有轴孔配合的精度要求，而且又具有对床身导轨几何精度要求严格的特点，划线时应特别注意把握。划线中应保证每个轴孔都有足够的加工余量，加工后的轴孔与外壁凸台同轴。水平导轨与垂直导轨之间的几何精度是刨床加工精度的关键，应保证两导轨的垂直度及与大齿轮孔间的尺寸关系，同时还要满足导轨与轴孔平行的要求等。根据以上分析，选择箱体尺寸基准（轴孔 $\phi 540_{0}^{+0.12}$ mm 的正交十字线及左视图中的对称中心）作为划线基准是合适的。

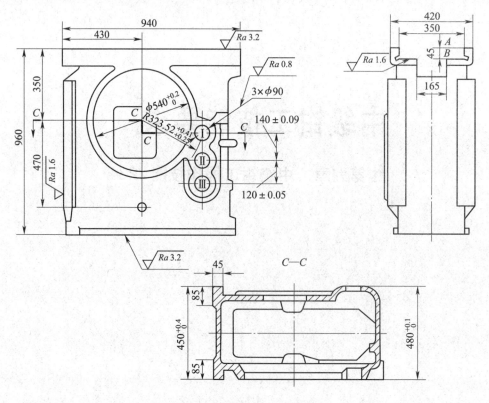

图9—1 B665 刨床变速箱体

划线可分为三次进行。第一次划线要完成立体划线时的三个步骤。将箱体的大齿轮孔及三个变速轴孔装牢中心镶条（为找正、借料做准备），用三个千斤顶将底面朝上的箱体支承在划线平台上。先用划线盘找平预加工面 A、B 的四角，用 90°角尺找正垂直导轨预加工面与划线平台基本垂直，再用 90°角尺检查箱体两侧面不加工毛坯面放置角度是否对称。这三方面的因素若不协调，则应以满足加工余量为主来考虑。用划规在大齿轮孔的中心镶条上找出中心点，以此为依据重点检查尺寸 323.52 mm 是否满足加工要求；同时检查各轴孔是否都留有加工余量；内、外凸台是否同轴；水平导轨、垂直导轨和底面加工面在和大齿轮轴孔的相对位置上是否都有加工余量等。找正、借料过程完成之后，即可在箱体四周找出以大齿轮孔中心为依据的第一放置位置的基准线，同时划出 A、B 面加工线及底面加工线（即尺寸 350 mm、45 mm、960 mm）。

将箱体翻转 90°，用 90°角尺找正第一放置位置基准线（或其它与之平行的划线），然后用 90°角尺找正水平导轨的外侧毛坯面及内侧加工面与划线平台垂直。若有差异应在内侧加工面有加工余量并与外表面对称的前提下使第一放置位置基准线与划线平台垂直。以大齿轮孔的中心为依据，在箱体四周划出第二放置位置的基准线，同时划出图样上标出的 430 mm、940 mm、45 mm 的尺寸加工线。

再将箱体朝另一个方向翻转 90°，用 90°角尺找正前两次已划出的基准线，以垂直导轨和水平导轨加工余量的中点为依据（同时兼顾外表面的对称性）划出第三放置位置的基准线，以及 165 mm、350 mm、450 mm、480 mm 尺寸加工线、确认无误后在三条基准线上冲上样冲眼，转加工工序，第一次划线完成。

第二次划线在箱体的平面、导轨面加工之后进行。在需要划线部位涂色，不用千斤顶支承，直接在划线平台上划出变速箱轴孔及其它轴孔线，轴孔线应打样冲眼。

第三次划线在第二次划线的轴孔加工合格以后，划出与导轨和轴孔有关的螺孔、轴孔等基准线。

二、尾座划线

图 9—2 所示为车床尾座简图。尾座有三组互相垂直的尺寸（a 组、b 组和 c 组），工件要按三次不同的位置安放，才能完成全部划线工作。划线基准定为 D_1 孔的两个相互垂直的中心平面 I—I 和 II—II 及端面 III—III。

1. 划 a 组尺寸线（见图 9—2）

工件安放如图 9—3 所示。用千斤顶支承尾座底面，通过对千斤顶的调整和划线盘找正，使两端中心初步调整到同一高度。调整时，应兼顾 D_1 孔壁厚的均匀性和底面有无足够的加工余量。当孔壁厚相差较大，或者底面加工余量不够时，要进行适当的借料。图 9—2 中 A、B 两面是不加工的，在调整时，应使 A 面基本垂直，B 面基本水平，以使尾座外形匀称美观，达到图样对外形的要求。

当满足以上要求时，即可在 D_1 孔两端的镶条上定上中心点，打上样冲眼，然后划出 I—I 基准线、底面加工线，尺寸 a_1、a_2。划线时，工件的四周都应划出，以备下次划线时作找正用。

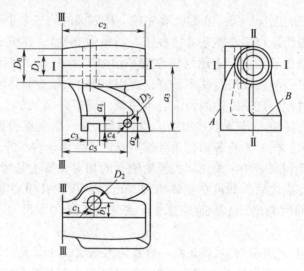

图9—2　车床尾座

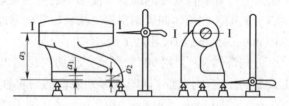

图9—3　车床尾座 a 组尺寸的划线

2. 划 b 组尺寸线（见图9—2）

工件安放如图9—4所示。调整千斤顶高度并用划线盘找正，使工件两端处于同一高度，同时用90°角尺按已划出的底面加工线找正到垂直位置。然后可划出 II—II 基准线、孔 D_2 的中心线和尺寸 b_1。

3. 划 c 组尺寸线（见图9—2）

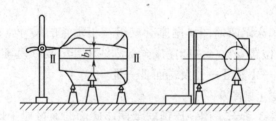

图9—4　车床尾座 b 组尺寸的划线

工件安放如图9—5所示。调整千斤顶高度，并用90°角尺找正，分别使 I—I 和 II—II 基准线处于垂直位置，然后就可以划线。先根据筒形部分的尺寸 c_2，适当分配两端的加工余量，用划线盘试划 c_1 尺寸线，看其是否在凸台的中心处，若偏差过多，则必须借料。当位置确定后，就可在工件四周划出 III—III 基准线，然后依次划出 c_1、c_2、c_3、c_4 和 c_5 的尺寸线。这样，c 组尺寸线就划完。最后，用圆规划出 D_1（两端都划出）、D_2 和 D_3 孔的圆周线。

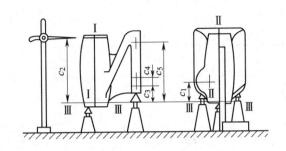

图 9—5　车床尾座 c 组尺寸的划线

经过检查无误、无遗漏尺寸后，即可在所在线条上打上样冲眼。

第二节　錾削、锯削、锉削（二）

一、錾削

制件如图 9—6 所示，在同一平面上錾出梯形槽，凸凹圆弧，尺寸公差为 0.6 mm。

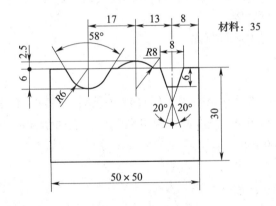

图 9—6　制件图

1. 根据图样要求划出各形面的位置和截面形状。

2. 选用所需要的各种錾子，或者自行设计必需的錾子，以便能錾出所要加工的截面形状。

3. 錾出的形面应光滑，无明显凸凹表面。

4. 注意调头錾削时机，以防制件崩裂。

5. 注意安全操作，工具表面无油污。

6. 注意工作环境整洁。

二、锯削

制件如图 9—7 所示。要求锯割后达到图样要求。

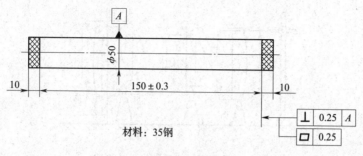

图 9—7　制件图

1. 该制件比初级工的制件在直径上增大至 50 mm，而精度又相应提高，应注意操作技巧。

2. 操作要求

（1）选择合适锯条，起锯正确，运锯得当。

（2）由于精度提高，划线时应选择合适的划线工具。

（3）开始锯割工件的一个端面时，要保证该面的形位要求，以此面为基准容易保证尺寸精度要求。

（4）锯条安装松紧适度，压力适中，锯削速度选择合理。

（5）锯削面不允许修锉。

（6）工件在台虎钳上夹持牢固。

三、锉削

1. 制件如图 9—8 所示。该件为一经过铣（或刨）削加工的长方体钢件，其尺寸为 100 mm ×50 mm ×32 mm，基准面 A 经过精铣后，表面粗糙度为 Ra3.2 μm。经钳工细锉后，提高到 Ra1.6 μm。

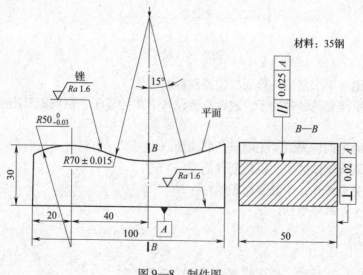

图 9—8　制件图

2. 制件特点

在初级工技能操作中，锉削的形面为单一的平面或曲面。而本试件是由曲面和平面组成的综合形面，并增加了形位精度要求，故其难度有所提高，应精心操作。

3. 操作要领

（1）消化图样对制件的技术要求以及形面之间的相互位置关系，然后划线。

（2）制造形面检查样板。样板的公差与制件制造公差的比例要选择恰当，表面粗糙度 Ra 值应此制件的 Ra 值要小。用光隙法进行检查。

（3）用 90°角尺检查被锉削面对基准面 A 的平行度误差时，应先加工一个辅助基准面，一般以侧面为宜。也可用百分表对平行度进行检查。

（4）正确选择粗、细、精锉刀，合理安排其间的锉削余量，锉削姿势正确，运锉恰当，速度合理。并注意检查，做到心中有底，以便随时修锉各形面。

（5）正确运用各种锉削方法。

第三节　钻　　削

由于工件的材质及钻孔部位、精度要求等不同，钻孔时所采用的技术措施也要相应改变，以适应各种要求。实践证明，在钻削加工时，能合理改进钻型或正确选用先进钻型，对提高加工效率和钻孔质量都有显著效果。

一、精孔钻削

钻孔一般作为粗加工工序，对孔的精度和表面粗糙度要求不是很高。但在单件生产或修理工作中，如缺少铰刀或其他形式的精加工条件，则可采用精孔钻扩孔的办法，其扩孔精度可达 0.02 ~ 0.04 mm，表面粗糙度可达 Ra1.6 ~ 0.8 μm。这种扩孔方法比较方便，操作简单，易于掌握，能适应各种不同材料，钻头的使用寿命也较长。精孔钻削的方法和要求有以下几点：

1. 精钻前，先钻出留有 0.5 ~ 1 mm 加工余量的底孔，然后用修磨好的精孔钻头进行扩孔。精扩孔应注入充足的以润滑作用为主的切削液，以降低切削温度，改善表面粗糙度。

2. 使用较新或直径尺寸符合加工孔公差要求的钻头，钻头的切削刃修磨对称，两刃的轴向摆动量应在 0.05 mm 内，使两刃负荷均匀，提高切削稳定性。

3. 用细油石研磨主切削刃的前、后刀面，细化表面粗糙度；消除刃口上的毛刺；减小切削中的摩擦，在刀尖处研磨出 $r = 0.2$ mm 的小圆角，使其有较好的修光作用。

4. 钻头的径向摆动应小于 0.03 mm。选用精度较高的钻床或采用浮动夹头装夹钻头。

5. 减少进给量 f。进给量应小于 0.15 mm。但进给量又不能太小，否则刃口会因不能平稳地切入工件而引起振动。经验证明，进给量以 0.05 ~ 0.15 mm 为宜。

6. 精孔钻削实例

（1）在铸铁材料上钻削直径为 20 mm，深度为 60 mm 的精孔。选用如图 9—9 所示的铸铁精孔钻头。其几何角度和有关参数在图上已经注明，按要求进行刃磨。

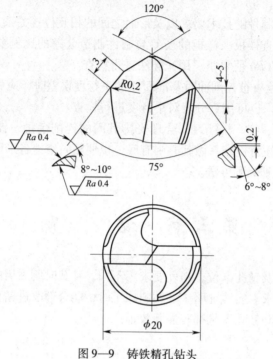

图 9—9　铸铁精孔钻头

先钻留有 0.5 ~ 0.8 mm 余量的精扩底孔，其表面粗糙度值不大于 Ra6.3 μm，然后进行精钻。选用转速 $n = 210 ~ 230$ r/min，进给量 $f = 0.05 ~ 0.10$ mm/r，注入充足的乳化溶液进行冷却润滑，其浓度为 5% ~ 8%。钻孔精度可达 0.04 mm，表面粗糙度可达 Ra1.6 ~ 0.8 μm。

（2）在中碳钢材料上钻削直径为 20 mm，孔深为 80 mm 的精孔。选用的钢材精孔钻头如图 9—10 所示。加工钢材用的精孔钻与加工铸铁用精孔钻的区别是第二顶角较小（$2\phi_1 = 50°$），磨出负刃倾角（$\lambda_s = -15° ~ -10°$），此处的纵向前角 $r_\varepsilon = 20°$。

钻削时，先钻出留有 0.5 ~ 1 mm 余量的精扩底孔，其表面粗糙度不大于 Ra6.3 μm，然后选用转速 $n = 100 ~ 120$ r/min，进给量 $f = 0.08 ~ 0.15$ mm/r，注入充足的以机油或菜油为主的切削液进行钻孔。钻孔精度可达 0.02 ~ 0.04 mm，表面粗糙度可达 Ra1.6 ~ 0.8 μm。

二、小孔钻削

1. 小孔的加工特点

（1）加工直径不大于 3 mm。

（2）钻头直径小，强度低，麻花钻的螺旋槽又较狭窄，不易排屑，严重时切屑阻塞，易使钻头折断。

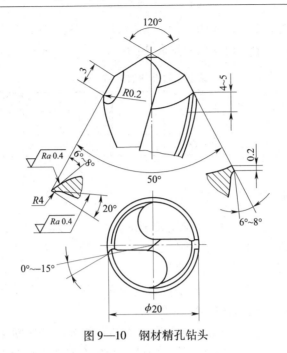

图9—10 钢材精孔钻头

（3）切削液很难注入孔内，刀具寿命短。

（4）刀具重磨困难。

2．小孔加工需要解决的问题

（1）机床主轴转速要高，进给量要小且平稳。

（2）需用钻模钻孔或用中心钻钻引孔，以免在初始钻孔时钻头引偏，折断。

（3）为了改善排屑条件，对钻头进行修磨，修磨按图9—11所示进行。

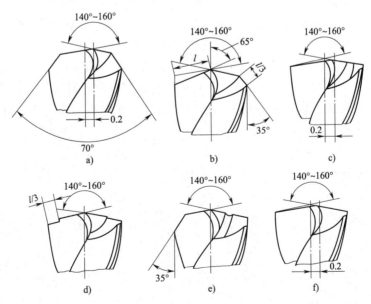

图9—11 小钻头上使用的分屑措施——钻头修磨

a）双重顶角 b）单边第二顶角 c）单边分屑槽 d）台阶刃 e）加大顶角 f）钻刃磨偏

（4）可进行频繁退钻，便于刀具冷却和排屑，也可加粘度低（N15 以下）的机械油或植物油（菜油）润滑。退钻次数见表 9—1。

表 9—1　　　　　　　　　钻小孔时推荐的退钻次数

孔深 孔径	<3.5	3.5~4.8	4.8~5.9	5.9~7.0	7.0~8.0	8.0~9.2	9.2~10.2	10.2~11.4	11.4~12.4
退钻次数	0	1	2	3	4	5	6	7	8

三、深孔钻削

1. 当采用标准麻花钻、特长麻花钻钻削深孔时，一般都采用分级进给的加工方法，即在钻削过程中，使钻头加工一定时间或一定深度后退出工件，借以排除切屑，冷却刀具，然后重复进刀或退刀，直至加工完毕。

钻深孔时，一般先钻出底孔，然后经一次或几次扩孔。扩孔留余量应逐次减少，这样可使钻出的孔直线度和表面粗糙度误差均较小。

2. 钻通孔而没有加长钻头时，可采用两边钻孔的方法，如图 9—12 所示。先在工件的一边钻孔至孔深的一半，再将一块平行垫板装压在钻床工作台上，并在上面钻一个一定直径的定位孔。把定位销的一端压入孔内，定位销另一端与工件已钻孔为间隙配合，然后以定位销定位将工件放在垫板上进行钻孔，这样可以保证两面孔的同轴度。当孔快钻通时，进给量要小，以免因两孔不同轴而将钻头折断。

四、在斜面上钻孔

在斜面上钻孔时，若采用普通方法，由于孔的中心与钻孔平面不垂直，钻头单面受力会致使钻头向一侧偏移而弯曲。这样不仅钻不进工件，甚至会把钻头折断。这个问题可采用下述方法解决：

1. 先用中心钻头钻出一个较大的锥窝，然后再钻孔，以使钻头四面受力均匀。由于中心钻柄部直径较大，钻尖又很短，所以刚性比较好，不容易弯曲，可以保持中心孔不会偏离原定位位置。或先用小钻头钻出一个浅孔，起定向作用，然后再钻孔，如图 9—13a、b 所示。

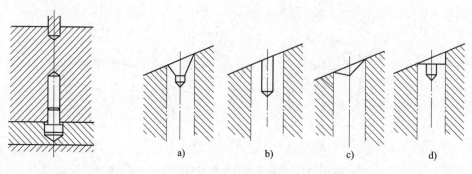

a)　　　　b)　　　　c)　　　　d)

图 9—12　两边钻孔法钻通孔　　　　图 9—13　在斜面上钻孔

2. 将钻孔的斜面置于水平位置装夹，先钻出一个浅窝，再把工件倾斜一些装夹，把浅窝再钻深一些，形成一个过渡孔，最后将工件置于正常位置装夹，进行钻孔，如图 9—13c 所示。

3. 在斜度较大的斜面上或圆柱形工件的斜面上钻孔时，可用与孔径相同的立铣刀铣出一个平面，然后再钻孔，如图 9—13d 所示。

五、钻二联孔

图 9—14 所示为常见的二联孔的三种形式。钻这些孔时，由于孔比较深或两孔相距比较远，钻头需伸出很长。如果机床主轴或钻头摆动较大，则钻头不易定心，加之轴向压力、钻头容易产生弯曲，使两孔同轴度达不到要求。为了避免上述缺点，可采用以下钻孔方法。

1. 加工如图 9—14a 所示的二联孔，可按图样要求的直径和深度先钻小孔，再钻扩大孔。钻小孔时，先用较短的钻头，以提高其刚性，然后改用长钻头，这样便于保证两孔的同轴度及直线度。

2. 钻削如图 9—14b 所示的二联孔时，由于下面的孔无法划线，钻头的横刃一旦碰到表面的高点或较硬的质点时，就容易偏离钻孔的中心。同时，由于钻头伸出较长，振摆较大，更不易定准中心。为此，可使钻头横刃在平面上轻轻地刮出一个小圆形刮痕，然后，在圆形刮痕的中心打一个样冲眼，再钻孔。有条件时，也可用一个外径与上面的孔配合较紧的大样冲，在下面的孔中心打一个样冲。钻孔时，先借样冲眼导正钻头锪出一个浅窝，然后再正式钻孔。

3. 加工如图 9—14c 所示的二联孔，除采用上述方法外，如果批量较大时，可采用接长钻杆的方法，如图 9—15 所示。其外径与上面的孔为间隙配合，钻出大孔后，换上装有中心钻头的接头钻杆，先钻出一个中心孔，再钻小孔，也可用小钻头钻孔。由于有上面的钻杆作导向，所以可以保证二孔的同轴度。

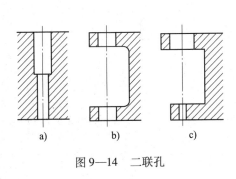

a)　　b)　　c)

图 9—14　二联孔

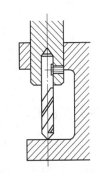

图 9—15　用接长杆钻二联孔

六、钻半圆孔

钻半圆孔时，由于钻头所受径向力不平衡，被迫向一边偏斜，造成弯曲。这样，除钻出的孔不垂直或出现孔径不圆等缺陷外，还很容易使钻头折断。一般采取以下办法解决：

图 9—16a 中，两孔相交部分较少，这时可先钻小孔Ⅰ再钻大孔Ⅱ。这样，由于大直径钻头的刚性较大，钻半圆孔受到的影响较少。为了加强钻头的定心作用，限制钻头的晃动，可采用半孔钻头加工。半孔钻头的几何参数如图 9—17 所示。其主要特点是切削刃磨成内凹形，钻孔时，使切削表面形成凸筋，这样就可以把钻头限制在原定钻孔位置上，进行单边切削。

若两孔相交部分较多（见图 9—16b），可在已加工的孔Ⅰ中嵌入与工件材料相同的金属棒钻孔。这样可避免钻头偏斜而造成孔径不圆等缺陷或将钻头折断。

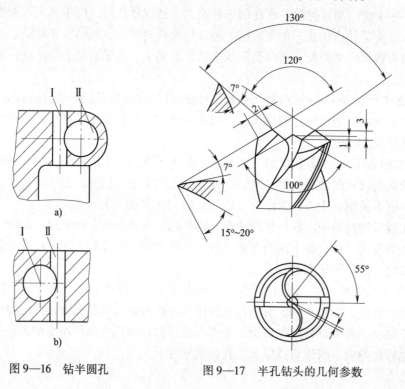

图 9—16　钻半圆孔　　　　　　图 9—17　半孔钻头的几何参数

第四节　铰　　削

一、工件技术要求

1. 在同一平面上钻、铰 3~5 个孔，孔径公差为 H7（$^{+0.021}_{0}$），表面粗糙度为 $Ra0.8\ \mu m$，位置度为 $\phi0.1$ mm，如图 9—18a 所示。

2. 划线

划线前，钻模板上的所有平面都应加工好。A、B 两面是划线的基准面，应通过刮削或者磨光，保证相互垂直。划线步骤如下：

（1）涂色，然后进行精密划线。把钻模板的 A 面放在精密划线平板上，用装有量块组和平划针的划线支座，划出距离 50 mm 和 150 mm 的孔中心线，如图 9—18b 所示。

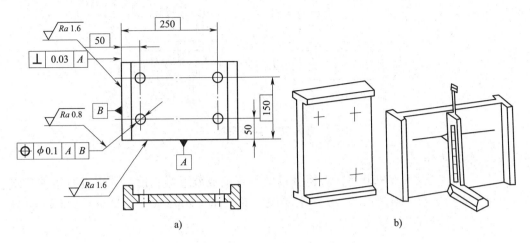

图 9—18　精密划线法加工钻模板

（2）钻模板 A 面置于平板上，用同样方法划出距离为 50 mm 和 250 mm 的孔中心线，然后在所划中心线交点处打出样冲孔。

（3）以样冲孔为圆心划出孔径为 20 mm 的圆周线和检验圆样。

3. 钻、铰各孔

（1）先粗钻比孔径小 3～5 mm 的预钻孔，并通过检验圆线检验预钻孔的位置。若有钻偏现象，应用圆锉仔细修正。

（2）扩孔　用扩孔钻或镗刀扩孔至粗铰尺寸。为保证孔的位置精度，扩孔后还应检查孔是否扩偏。

（3）最后用粗铰刀、精铰刀精加工孔。

二、注意事项

1. 必须正确选择切削用量和切削液。

2. 精铰刀必须经过研磨。

3. 工件装夹牢固可靠。

4. 注意安全操作。

第五节　刮　　削

一、平板的"信封式"刮研

1. 平板的规格和精度等级（见图 9—19）

接触显点为 25 点／（25 mm×25 mm）；平面度偏差为 ±0.010 mm。

刮削大型平板，重要的是怎样找出平板的最高点和最低点以及它们的最大差值。经验丰富的钳工能把平板的找正和测量方法都考虑周全。

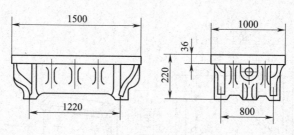

图9—19 Ⅰ级平板

2. 准备工作

（1）调整（见图9—20） 将精刨过的平板安放到适当高度，利用调整垫铁和水平仪调整平板纵向、横向水平。所用水平仪为200 mm×200 mm，0.02 mm/1 000 mm框式水平仪，平行桥板长度为250 mm。

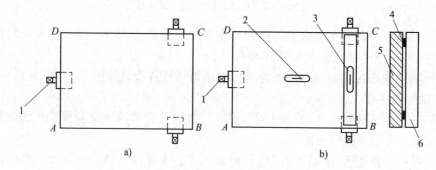

图9—20 用水平仪测量平板纵向、横向水平
1—可调垫铁 2、3—水平仪 4—等高垫铁 5—平板 6—平行平尺

1）调整时，将平板放置在三个可调垫铁上，使平板处于自然状态。如图9—20a所示。

2）将等高垫铁、平行平尺放在 B、C 两点，用水平仪测量并调整水平。同时在平板中间与平行平尺成90°方向，用水平仪测量并调整平板的横向水平，如图9—20b所示。

3）将等高垫铁、平行平尺移至 A、D 两点，用水平仪测量 AD 边的水平。

4）用与上述相同的方法分别测量两对角边 AC 和 BD，以及平板的两长边 AB 和 CD。

经过测量后对平板的纵向、横向水平已有所了解，现假设用水平仪测得 D 点高于 A 点8格。这时，应将 D 点高于 A 点的8格数值均分给 B 点，使 D 点高于 A 点的数值与 B 点高于 C 点的数值相等。平板的调整方法有两种：一种是将 B 点调高，将 C 点调低，使 B 点高于 C 点的数值与 D 点高于 A 点的数值相等（平板横向保持原有水平）；另一种是 C 点不动，将 B 点调高（这时 A 点随着 B 点的调高也相应升高，而 D 点则相对向下），调整至 B 点高于 C 点的数值与 D 点高于 A 点的数值相等。由于 B 点升高，平板的横向水平的 B、C 端高于 A、D 端。这时通过可调整垫铁调至横向水平。

假设用水平仪测得以下六条边的数值,如图 9—21 所示。

① B、D 两点都高于 C 点 4 格。

② B 点高于 A 点 3 格。

③ D 点高于 A 点 4 格,高于 B 点 2 格。

④ A、C 两点相等。

通过以上对两条短边、两条长边和两条对角边的测量,平板扭曲现象已基本显示出来。经过分析,B、D 两点高;A、C 两点低。

(2)用水平仪对平板进行测量

1)将平板两条短边分成四段,两条长边均分六段,每段长 250 mm,两条对角线分成七段,每段长约 280 mm,如图 9—22 所示。

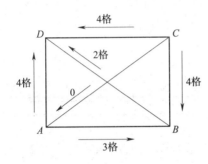

图 9—21 用水平仪测量平板的分析

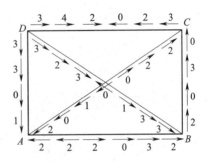

图 9—22 用水平仪分段测量

2)将水平仪置于平行平板上,平行板长度为 250 mm,按节距法逐步测量实际表面对水平面的倾斜度。

在测量过程中,因为水平仪的零位误差对测量有影响,必须注意水平仪放置的方向。

(3)对平板进行分段测量后,将测得的数值作六条曲线,如图 9—23 所示。图 9—22 中箭头表示水平仪气泡偏移方向,箭头向右为 "+",向左为 " - ",向下为 "+",向上为 " - "。对角线的箭头 $\overrightarrow{AC}$、$\overrightarrow{BD}$ 均为向斜下方为正,向斜上方为 " - ",数字则表示偏移的格数。

(4)直线度误差的数据处理 上述测量是用水平仪以节距法完成的,对所取得的数据应进行处理。数据处理后,以线值表示(单位:mm)。

$\overrightarrow{DA}$ 0.017 5　(中凸);　$\overrightarrow{CB}$ 0.133 (中凹);
$\overrightarrow{DC}$ 0.035　(中凸);　$\overrightarrow{AB}$ 0.025 (中凹);
$\overrightarrow{AC}$ 0.022　(中凸);　$\overrightarrow{DB}$ 0.025 7 (中凹)。

经过调整、测量和计算,平板各处的凸、凹位置及差值都已确定,在刮削前应考虑合适的刮削方法。

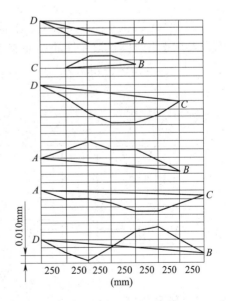

图 9—23 六条曲线图

3．刮研平板

具体步骤如下：

（1）选择较好的一条短边，用平尺研点刮削。刮好后再刮另一条短边，使刮好的两条基准平面 a 互相平行，如图9—24所示。该基面应低于平板中的最低部位的中心位置。

（2）用相同方法将长边再刮出两条基准平面 b，使这两条基准平面也保持平行。若与基准面 a 不等高时，将高处适当进行修整，直至等高。

（3）用相同的方法，沿对角线刮出两条基准平面，使六条基准平面水平且共面。

（4）检查，如确已证明符合要求，在基准面上涂一层薄而均匀的蓝油。

（5）用百分表沿平行平尺分别测量六条基准面外的所有平面，将测得的数值记录在平板上，然后用小平面刮刀刮出凹坑标记，如图9—25所示。

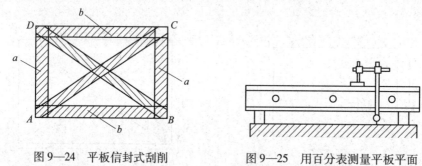

图9—24　平板信封式刮削　　　　图9—25　用百分表测量平板平面

（6）用小平板或短平尺研点刮削。刮至基准表面出现点子即可转入细刮。至点子基本均匀，用水平仪再次复查，方法与数据处理同前。如确认已符合要求，可进行精刮以增加点子。最后刮花。

二、方箱的刮研

方箱用于机械零部件平行度、垂直度的划线和检验。它的互相垂直和平行的六个侧面以及用于夹转圆柱形工件的 V 形槽，都必须进行刮削。一般先刮削六个侧面，后刮削 V 形槽。方箱结构如图9—26所示。

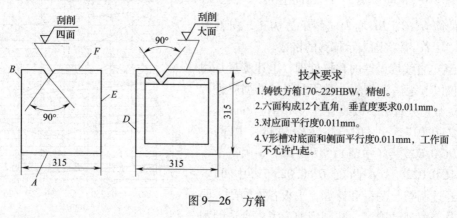

技术要求

1. 铸铁方箱170~229HBW，精刨。
2. 六面构成12个直角，垂直度要求0.011mm。
3. 对应面平行度0.011mm。
4. V形槽对底面和侧面平行度0.011mm，工作面不允许凸起。

图9—26　方箱

1．侧面刮削

（1）刮 A 面　刮削基准面。

（2）刮 B 面　刮削时，以 A 面为基准，控制两面的垂直度。在刮削 B 面的过程中，其垂直度用圆柱角尺以光隙法检查。检验时，最好将 B 面放在检验平板上，而将 A 面置于垂直位置（A 面已经过精密刮削，与圆柱角尺构成的光隙更为真实可靠）。刮其它各面时，检验方法与此相同。

（3）刮 C 面　以 A 面、B 面为基准面，控制 C 面与 A 面、B 面的垂直度。

（4）刮 D 面　以 A 面、B 面为基准控制 D 面与 A 面、B 面的垂直度。

（5）刮 E 面　以 A 面、C 面（或 D 面）为基准，控制 E 面与 A 面、C 面的垂直度。

（6）刮 F 面　以 B 面（或 E 面）、C 面（或 D 面）为基准，控制 F 面与 B 面、C 面的垂直度。

2. 刮 V 形槽

方箱的 V 形槽的角度大小，要求不十分严格，但必须保证与各侧面平行、垂直。刮削时分析刮削 V 形槽的两个侧面，在 V 形槽内放上圆柱形检验心棒，进行检验。刮完后 V 形槽的两平面只允许中凹，接触斑点不得少于 25 点/（25 mm×25 mm）。

3. 刮削时注意事项

（1）选择好基准面。先刮最大的面，然后以此面为原始基准刮削其他各面。

（2）减少基准面交换次数，以减少误差积累。

（3）研点用平板和检验用平板应分别使用，以提高刮研质量。

4. 刮削后的检验

方箱刮削以后应进行检测，以便确定是否达到 1 级精度。

（1）工作面平行度的检测　将方箱放在 0 级平板上，用百分表进行检测。测头依次与方箱工作面的中心点与距边缘 10 mm 的四个角点接触，并在表上读数。受检面的不平行度以最大、最小读数差确定。然后将方箱翻转 180°，用上述相同方法再进行检测。方箱的三个对应面的平行度均应检测。

因方箱为刮削，检测时要在表的测头下放一量块。

（2）方箱垂直度的检测　检测时使用的表架，其底面工作面的平面度误差不超过 0.003 mm/100 mm，工作面只许中间凹下。定位圆柱直径 $\phi 15 \sim \phi 20$ mm，长 50 mm。直线度误差不超过 0.003 mm。

（3）V 形对底面和侧面的平行度检测　检测方法如图 9—27 所示。为了消除心轴锥度对测量结果的影响，按心棒得 a_1、a_2 两个读数，然后把心轴调转 180°，在同部位上测量，又得 a_3、a_4 两个读数。平行度误差以 $\dfrac{a_1 + a_3}{2}$ 与 $\dfrac{a_2 + a_4}{2}$ 之差确定。

（4）两工作面垂直度的检测　用圆柱角尺（0 级）以光隙大小判断垂直度误差的方法，如图 9—28 所示。图 9—29 所示为两工作面垂直度检测的另一种方法。

将方箱平面 A 置于 0 级平板上，在专用表架上安置百分表。使表架底座的圆柱与方箱工作面接触好，表的测头应在被测方箱距上边缘 10 mm 位置上，记下百分表读数 a_A。然后依次使方箱 E、F、B 面与平板接触，并用同样的方法分别读数 a_E、a_F、a_B。各角的误差可按下式求得：

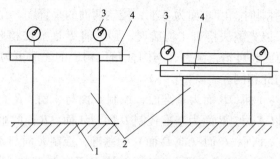

图 9—27 检测 V 形槽与两侧面平行度

1—平板 2—方箱 3—百分表 4—心棒

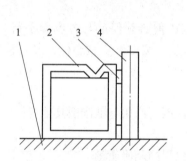

图 9—28 光隙法检测垂直度

1—平板 2—方箱 3—量块 4—直角尺

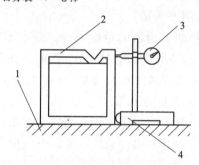

图 9—29 自检法

1—平台 2—方箱 3—百分表 4—表架

$$\Delta a_i = a_i - \frac{1}{4} \sum_{i=1}^{4} a_i$$

另外两个方向八个角可同样用上述方法检测。

第六节 研 磨

在已掌握用湿研（研敷研磨）100 mm × 100 mm 平面的基础上，下面介绍用干研（嵌砂研磨）法研磨制件平面（见图 9—30）的方法。

一、平面研具（平板）的准备

用于干研的平面研具，其材料为高磷铸铁，硬度 160 ~ 200HBW，以均匀细小的珠光体为基体。

1. 对平面研具进行研磨

采用三块平板互研法。

（1）粗研 主要是去除机械加工痕迹，提高吻合性与平面度。选用磨研为 180# ~ W28 粒度的刚玉，以煤油为辅料，开始时采用 90°

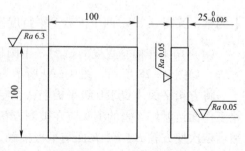

图 9—30 研磨制件

1—材料：45 2—热处理：20 ~ 30HRC

或 180°转动，次数多些，速度低些，待研磨剂均匀后，再做正常运动。

（2）半精研　选用 W20～W7 的刚玉，适当加一些氧化铬研磨膏或硬脂酸，达到三块平板完全吻合，平面度达到要求，粗痕去除。

（3）精研　研磨剂视需要而定，研前对平板和工作环境加以清理，研时速度不宜过高，移动距离不宜过大，平板换位次数要适当增加。

研后应达到：工作面吻合性好、色泽一致；工作面无粗痕、碰伤等缺陷；工作面呈微凸，一般为 0.2～5 μm；再用"0"级刀口检查光隙或用平晶测量平面度。

2. 平面研具的压砂

所谓压砂就是先将研磨剂用手均匀地涂抹在平板表面，晾干，通过平板相互对研，在一定的压力下将磨料压入平板表面。经压砂平面的研具精研后的工件，尺寸精度可控制在 1 μm 以内，Ra0.02～0.04 μm。

（1）压砂用研磨剂见表 9—2。

表 9—2　　　　　　　　　压砂常用的研磨剂配方

序号	成分		备注
1	白刚玉（W3.5～W1） 硬脂酸混合脂 航空汽油 煤油	15 g 8 g 200 mL 35 mL	使用时不加任何辅料
2	白刚玉（W3.5～W1） 硬脂酸混合脂 航空汽油	25 g 0.5 g 200 mL	使用时，平板表面涂以少量硬脂酸混合脂，并加数滴煤油
3	白刚玉 硬脂酸混合脂 与航空汽油及煤油配成	50 g 4～5 g 500 mL	航空汽油与煤油的比例取决于磨料粒度： W0.5　汽油 9 份　煤油 1 份 W5　汽油 7 份　煤油 3 份
4	刚玉（W10～W3.5）适量，煤油 6 滴～20 滴，直接放在平板上用氧化铬研磨膏调成糊状		

（2）压砂方法　可按三块平板互研法进行。上平板扣上后，不另加压，并按不同轨迹移动上平板 2～3 min，然后按无规则的 8 字形轨迹、柔和缓慢地推动上平板（推时用手加压），并不时作 90°转位，直到推动时较费力为止。再往复推拉 5～10 次。压砂一般进行 1～2 次，最多 3 次。每次时间一般为 5～8 min，每次重复压砂时，须用脱脂棉把残余研磨剂擦净后，方可再进行布砂。

压砂后的平板，表面呈均匀灰色，压砂剂呈均匀油亮乌黑色。

（3）压砂常见弊病及产生原因，见表 9—3。

表 9—3　　　　　　　　　压砂常见弊病及产生原因

常见弊病	产生原因
有不均匀的打滑现象，并伴有吱吱声响，平面研具表面发亮	主要是压砂不进，硬脂酸过多，平板材料有硬层
压砂不均匀	硬脂酸过多，平板不吻合，煤油过少，磨料分布不均匀

续表

常见弊病	产生原因
平板中部磨料密集	对研平板有凹心，煤油过多
平板平面有划痕	砂磨剂中混有粗粒，或磨料未嵌入，硬脂酸分布不均匀
平板表面有茶褐色斑块烧伤	润滑剂少，对研速度过大或压力过高，研磨时间过长
研磨时噪声很大	磨粒呈脆性
平板表面光亮度不一致	磨粒分布不均匀，或所施加的压力不均匀

二、研磨操作

制件经半精研后，留余量 2~4 μm 进行干研，其操作方法同初级工技能操作。

三、新型研具介绍

对于工具钳工常常碰到研磨硬质刀具及各种淬硬金属。下面介绍的新型研具很适用。

1. 含固定磨料的烧结研磨平板

该平板是将金刚石或立方氮化硼磨料与铸铁粉末混合后利用粉末冶金的方法成形并烧结成小薄块，再用环氧树脂将这些小薄块粘结在底板上组合成大的研磨平板。这种平板适用于精密研磨陶瓷、硅片、石英、硬质合金等脆性材料制造的零件，研磨效率高，加工表面光亮如镜。

2. 电铸金刚石油石

利用电铸方法，通过镍金属结合剂将金刚石磨粒固结成薄片，再用环氧树脂粘结在基体上制成，主要用来研磨硬质合金刀具及各种淬硬金属。这种油石加工效率高，研后表面粗糙度可达 $Ra0.1$ μm，工作面形状保持时间长，使用方便。

第七节　装配（二）

一、装配高精度滚动轴承

1. 滚动轴承游隙的调整和预紧

滚动轴承的游隙分为两类，即径向游隙和轴向游隙。由于存在游隙，在载荷作用下，内、外圈就要产生相对移动，这将降低轴承的刚度，引起轴的径向和轴向振动。同时，还会发生主轴轴线的漂移，从而影响加工精度，使机器的工作精度和寿命受到影响。对于高精度和高速运行的机械，在安装滚动轴承时往往采用预紧的方法，即在安装时预先给予轴承一定的载荷（径向和轴向），消除游隙。不仅把轴承游隙调整到完全消除，而且使轴承产生一定的过盈。这时滚动体和内、外环滚道接触处产生一定的弹性变形，它们间的接触面积加大了。滚动体受力均匀，刚度增加，从而防止工作时内、外圈之间产生相对移动，如图9—31所示。

滚动轴承实现预紧的方法有两种：径向预紧和轴向预紧。

径向预紧通常通过使轴承内圈胀大来实现。使内圈胀大的方法可以采取增加与轴的配合过盈量，或利用圆锥孔内圈使轴承在轴上作轴向移动（见图9—32）。

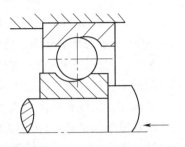

图9—31　滚动轴承的预紧

轴向预紧的方法常用的有以下几种：

（1）用修磨垫圈厚度的方法，使轴承内、外圈相对移动而实现预紧，如图9—33所示。

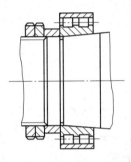

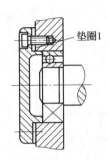

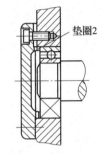

图9—32　移动轴承内锥孔的
轴向位置实现预紧

图9—33　修磨垫圈厚度实现预紧

（2）用调节内、外隔圈厚度的方法实现预紧，如图9—34所示，图9—34a为成对角接触球轴承面对面安装，图9—34b为成对角接触球轴承背靠背安装。由于内、外隔圈厚度相差 ΔL，故球轴承内、外圈之间产生了预紧力。

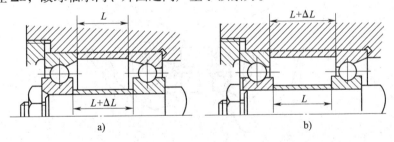

a)　　　　　　　　　　　　　b)

图9—34　调节内、外隔圈厚度实现预紧

（3）用弹簧实现预紧，如图9—35所示。弹簧能随时补偿轴承的磨损和轴向热胀伸长的影响，而预紧力基本保持不变。

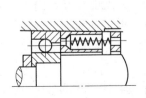

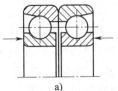

a)　　　　　　b)

图9—35　用弹簧实现预紧

图9—36　磨窄轴承厚度实现预紧

a）磨窄内圈　b）磨窄外圈

（4）用磨窄成对使用的轴承内圈或外圈的方法实现预紧。图9—36a 所示为磨窄内图9—36b 所示为磨窄外圈。装配时两个内圈或两个外圈相对压紧，轴承便可产生预紧。

总之，实现轴向预紧，就是要采用各种方法使轴承内、外圈产生相对位移。内、外圈之间的相对移动量，决定于预加的载荷值。预加载荷的大小，一般是根据工作载荷大小、主轴旋转精度和转速高低来确定的。

滚动轴承预紧量 t（隔圈厚度）的测量方法，有测量法和感觉法。图9—37 所示是测量法，图9—38 所示是感觉法。

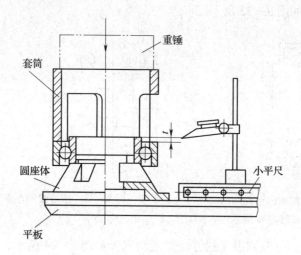

图9—37　确定预紧量 t 的测量法

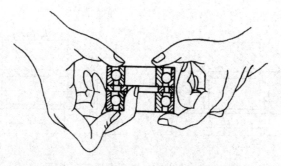

图9—38　确定预紧量 t 的感觉法

2. 滚动轴承的定向装配

主轴的旋转精度不仅与滚动轴承内环的径向圆跳动有关，而且还与主轴轴颈的径向圆跳动有关。装配时如能进行合理选配并正确安装，这两种误差就能相互抵消，使主轴旋转精度得以提高，这就叫定向装配。成批装配时，可先将一批主轴和轴承按轴颈、轴承内环根据实测圆跳动量分成几组，然后取圆跳动量接近的轴颈与轴承成组装配，并将各自的偏心部位按相反的方向安装，如图9—39 所示。

当前后两个滚动轴承的径向圆跳动量不等时，应使前轴承的径向圆跳动量比后轴承的小，从而使相关件的制造误差相互抵消至最小值，以提高主轴的旋转精度，如图9—40 所示。

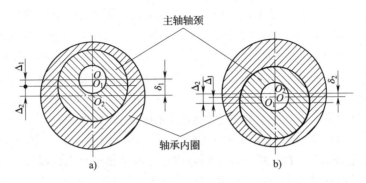

图 9—39 径向圆跳动量的合成

从图 9—40a、b、c、d 中可以看出，当前后轴承的径向圆跳动 δ_1、δ_2 和锥孔轴线偏差 δ_3 为定值时，按不同的方法装配，主轴在绕旋转轴线转动时，锥孔轴线的径向圆跳动量就不一样。按图 9—40a 所示装配，主轴锥孔径向跳动量 δ 最小，即 $\delta < \delta_3 < \delta_1 < \delta_2$。按图 9—40e 所示装配，主轴锥孔径向圆跳动量 δ 最大，即 $\delta > \delta_1 > \delta_2 > \delta_3$。

二、M120W 磨床内圆磨具的装配

M120W 万能磨床的内圆磨具结构如图 9—41 所示。其回转精度主要依靠 4 个 D 级的精度的 36205 角接触球轴承的精度及其合理的预加载荷来保证。装配时两边轴承外环都应大口向外，套筒 1 右端有 4 个压缩弹簧顶住垫圈 3（此垫圈平行度要好），使后轴承外环始终受弹簧的推力作用。当主轴运转发热时，可以自由伸长。轴承内

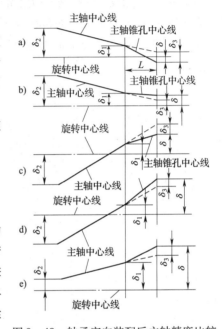

图 9—40 轴承定向装配后主轴精度比较

环随主轴伸长而右移动，此时轴承外环在弹簧推力作用下也跟着向右等量位移，从而使外环、滚珠、内环三者之间原来的预加载荷保持不变。因此，这四根 $\phi 1 \text{ mm} \times \phi 6 \text{ mm} \times 25 \text{ mm}$ 压簧必须长度、硬度均须一致，才能产生均匀的弹力。

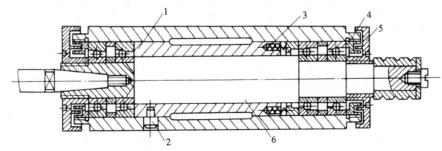

图 9—41 M120W 万能磨床内圆磨具结构

1—套筒 2—止动销 3—弹簧 4—螺母 5—封油盖 6—主轴

止动销 2 对主轴与套筒起定位作用，因此销 2 在套筒和壳件孔中的配合要紧密，否则砂轮在端面磨削时，产生较大的轴向窜动，影响工件的加工精度。螺母 4 的端面顶紧在轴承外环上，而封油盖 5 的端面顶紧在轴承的内环上。因此，这两个端面与螺纹轴心线的垂直度要求很高。提高垂直度的方法是在螺母 4 与封油盖 5 的端面上涂色，拧紧后与内、外环端面接触率在 80% 以下的，可用 100# 黑碳化硅作研磨剂，在研磨平板上进行研磨直至达到要求。此项不合格将会影响主轴锥孔的径向圆跳动。

主轴 6 内的莫氏 2 号锥孔中 M10×1 螺孔要松些，以便于砂轮接长轴的拆装。同时，还可以弥补圆锥孔与螺孔的不同轴而造成砂轮接长轴的径向圆跳动的误差。

对内圆磨具两端轴承预加载荷的测定，见本节滚动轴承的预紧方法。

内圆磨具的精度对工件加工精度的影响较大。轴承的装配，一般可采用预热装配，即将轴承加热后进行安装。通常在油槽中加热，在加热过程中，轴承不能直接放在油箱底部，以免轴承退火。油箱内所盛机油将轴承淹没，随时测温，使油温保持在 80～100℃ 之间。

第 5 部分

高级钳工知识要求

第十章 高级钳工基础知识

第一节 液压传动知识（三）

一、常用液压泵的种类、工作原理及应用

1. 液压泵的作用与分类

液压泵是由电动机带动，使机械能转变为油液压力能的能量转换装置。液压泵不断输出具有一定压力和流量的油液，驱使油缸或油马达进行工作。所以液压泵是液压传动的能源，是液压系统的重要组成部分。

液压泵的种类较多，常见的有齿轮泵、叶片泵、柱塞泵、螺杆泵等。目前应用较为普遍的是前面三种泵。

2. 液压泵的工作原理及应用

不论是哪一种液压泵，其原理都是在工作时在泵内形成多个能变化的密封容积。这些密封容积由小变大时吸油，由大变小时压油。通过这些密封容积不断地变化，液压泵就不断地吸入油液并输出压力油。下面分述三种常见液压泵的特点及应用，并以齿轮泵为例，说明液压泵的工作原理。

（1）齿轮泵 齿轮泵是机床液压系统中最常用的一种液压泵。图 10—1 所示为常用的外啮合齿轮泵的工作原理示意图。一对啮合的齿轮由电动机带动旋转（按图示方向），进油腔一侧的轮齿脱开啮合，其密封容积增大，形成局部真空，油液在大气压力的作用下进入进油腔并填满齿间。吸入到齿间的油液随齿轮的旋转带到另一侧的压油腔，这时齿轮进入啮合，容积逐渐减小，齿间部分的油液被挤出，形成压油过程，油被压出送入油路系统。

外啮合齿轮泵结构简单，成本低，抗污及自吸性好，故得到广泛应用，但其噪声较大且压力较低，一般用于低压系统中。常用齿轮泵的代号为 CB—B25，其含义是：

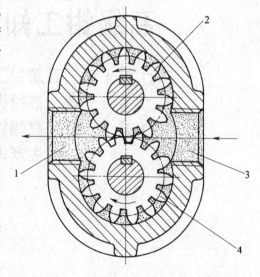

图 10—1 外啮合齿轮泵的工作原理
1—压油腔 2—主动齿轮 3—进油腔 4—从动齿轮

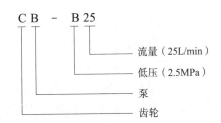

（2）叶片泵　与齿轮泵相比，叶片泵的流量均匀，运转较平稳，噪声小，压力较高，使用寿命长，广泛地应用于车床、钻床、镗床、磨床、铣床、组合机床的液压传动系统中。通常，叶片泵的额定压力为 6.3 MPa，流量分别有 32 L/min、40 L/min、63 L/min、80 L/min 和 100 L/min 等几种。

（3）柱塞泵　柱塞泵的显著特点是压力高，流量大，便于调节流量，多用于拉床或油压机等高压大功率设备的液压系统中。柱塞泵的额定压力为 6～32 MPa，流量有 30～200 L/min，30～300 L/min，60～400 L/min 等几种。

二、液压控制阀的种类、工作原理及应用

液压泵输出的压力油推动液压缸或液压马达克服外界负载而进行工作时，需要有足够的压强、合适的运动速度和一定的运动方向。因此，在液压传动中需要依靠控制及调节元件，来控制和调节液压系统中油液的压强、流量和方向等。根据阀的用途和工作特点，可分为压力控制阀、流量控制阀和方向控制阀三大类。

1. 压力控制阀

用来控制、调节液压系统中的工作压力，以实现执行元件所要求的力或力矩。按其性能和用途的不同，分溢流阀、减压阀、顺序阀和压力继电器等几种。它们都是利用油液的压力和弹簧力相互平衡的原理进行工作的。

图 10—2 为直调式钢球溢流阀的工作原理图。压力为 p 的油液从阀体下端的进油口进入阀内，当此液压推力达到且略超过弹簧预压力时，油液即推开钢球，打开阀口，使油液受到节流作用降压通过，经右侧回油口 O 流回油箱。压力 p 降低时，弹簧力压紧钢球，又使阀口关闭。转动上方的螺杆可以调节弹簧的预压力，也就是调节溢流阀的调整压力。溢流阀起着定压、溢流和保护系统安全的作用。

2. 流量控制阀

流量控制阀是靠改变通道开口的大小来控制、调节油液通过阀口的流量，而使执行机构产生相应的运动速度。常用的流量控制阀有节流阀和调速阀等。

图 10—3 所示为节流阀工作原理。这种节流阀的节流口形式是轴向三角槽式，油液从进油口 A 进入，经阀芯下端的节流槽，从出油口 B 流出。转动螺杆可使阀芯作轴向移动，以改变节流口大小，从而调节流量。

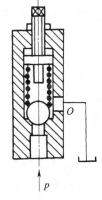

图 10—2　直调式钢球
溢流阀

3．方向控制阀

方向控制阀分单向阀和换向阀两类。它们的基本作用是控制液压系统中的油流方向，以改变执行机构的运动方向或工作顺序。每类阀又有多种结构形式，如换向阀有手动换向阀、电液换向阀、电磁换向阀、机动换向阀等。

图 10—4 所示为常用的二位四通电磁阀的工作原理。当电磁铁通电吸合时，阀芯向左移动（见图 10—4a），压力油从口 1 进入阀腔，再从口 3 输出到液压缸的一腔。液压缸另一腔的油液从口 4 进入阀腔，再由口 2 流回油箱；当电磁铁断电放松时，阀芯在弹簧力的作用下向右移动（见图 10—4b），则压力油从口 1 进入阀腔经口 4 进入液压缸的一腔，另一腔油液从口 3 进入阀腔经口 2 回油箱。

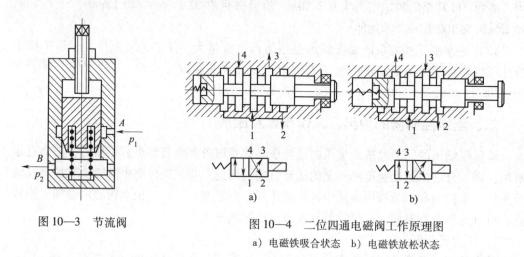

图 10—3　节流阀

图 10—4　二位四通电磁阀工作原理图
a）电磁铁吸合状态　b）电磁铁放松状态

三、液压辅助元件的种类及应用

液压辅件是液压系统必不可少的组成部分。它对液压系统的动态特性、工作可靠性、工作寿命等均有直接的影响。

1．油箱

油箱是用来储存油液的，并起着散热和分离油中所含的气泡与杂质等作用。按其使用特点可分为开式、隔离式和充气式三种。油箱常与泵、电机、控制阀类、指示仪表等组装成一个独立部件，称为泵站或液压站。有的油箱为了使油温控制在某一范围内而设有各种形式的冷却器和加热器。

2．滤油器

滤油器的基本作用是使液压系统中的油液保持清洁纯净，以保证液压系统的正常工作并提高液压元件的使用寿命。根据液压系统的不同要求，选用适当的滤油器是非常重要的。

根据过滤精度和结构的不同，常用的滤油器有网式滤油器、线隙式滤油器、纸质滤油器及烧结式滤油器等四种。其中网式滤油器是以铜丝网作为过滤材料，通油能力大，但过滤效果差。线隙式滤油器的结构简单，过滤效果较好，已得到广泛应用。纸质滤油器与烧结式滤油器过滤精度较高，但易堵塞，堵塞后不易清洗，一般需要更换滤心。图 10—5 和图 10—6 为网式和线隙式滤油器的结构简图。

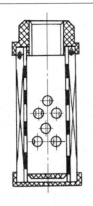

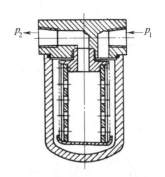

图 10—5　网式滤油器　　　　　　图 10—6　线隙式滤油器

此外，为了便于观察滤油器在工作中的过滤性能，并能及时发出指示或讯号显示堵塞程度，以便能及时清洗或更换滤心，有些滤油器装有堵塞指示和压差发讯装置。图 10—7 为滑阀式堵塞指示装置的工作原理示意图。

3. 空气滤清器

空气滤清器垂直地安装在油箱盖上，可以过滤进入的空气，防止脏物进入油箱。同时，它也是油箱的注油口，可对每次注入的油液进行过滤。

4. 蓄能器

蓄能器是储存和释放液体压力能的装置。蓄能器的主要功能有：保证短期内大量供油、维持系统压力及吸收冲击压力或脉动压力等。常见的蓄能器有：弹簧式蓄能器、活塞式蓄能器和皮囊式蓄能器等三种类型。前者是靠弹簧的压缩和伸长，后两者则是利用气体的压缩和膨胀来储存、释放压力能或起缓冲作用的。可根据使用要求及蓄能器本身的性能进行选用。

5. 密封件

液压装置的内、外泄漏直接影响着系统的性能和效率，会造成系统压力无法提高，严重时可使整个系统无法工作，还会污染环境，浪费油料。因此，合理正确地选用密封件是非常重要的。常用的密封件有：

（1）O 形密封圈（见图 10—8）　　可用于运动件或固定件的密封。

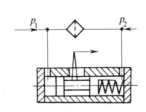

图 10—7　滑阀式堵塞指示装置　　　　图 10—8　O 形密封圈
工作原理示意图

（2）Y 形密封圈（见图 10—9）　　图中所示为得到广泛应用的小断面 Y 形，图 a 为孔用，图 b 为轴用。装配时唇边要面对有压力的油腔。其摩擦力较小，密封性好，适用于各种相对滑动处的密封。

（3）V 形密封圈（见图 10—10）　V 形密封圈由支承环、密封环、压环组成。如果压力较高，可增加中间环的数量。这种密封圈摩擦力较大，但密封性好，耐高压，适用于运动速度不高的活塞处。

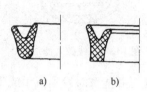

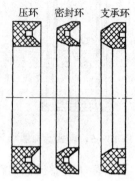

图 10—9　Y 形密封圈　　　　　　　　图 10—10　V 形密封圈

密封圈还有 U 型、L 型等其他种类。

6. 管件

（1）油管　是用以连接液压元件和输出液压油的元件。液压系统中使用的油管有钢管、铜管、尼龙管、塑料管和橡胶软管等，可按使用要求的不同选用。

（2）管接头　管接头是油管与油管、油管与液压元件间的可拆式连接件。常用的管接头主要有焊接式、卡套式、薄壁扩口式和软管接头等。前三种管接头的结构形式如图 10—11、图 10—12、图 10—13 所示。焊接式和卡套式管接头多用于钢管连接中，适用于中、高压系统。薄壁扩口式管接头则用于薄壁钢管、铜管、尼龙管或塑料管连接中，适用于低压系统。软管接头适用于橡胶软管，用于两个相对运动件之间的连接。

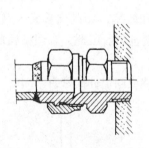

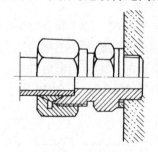

图 10—11　焊接式管接头　　　　　图 10—12　卡套式管接头

四、常用液压元件的图形符号

液压元件的图形符号，基本有两种，一种是结构符号，图 10—14a 是用结构符号表示的平面磨床液压系统图，它直观性强，容易理解，检查分析故障方便，但图形复杂、绘制不便；另一种是职能符号，图 10—14b 是用职能符号来表示同一液压传动系统的系统图，它简单明了、绘制简单，在实际工作中得到广泛的应用。

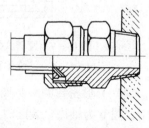

图 10—13　薄壁扩口式管接头

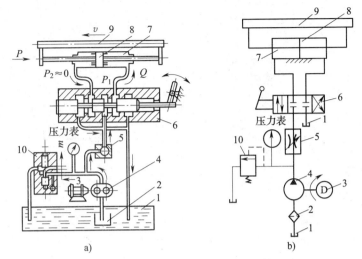

图 10—14　平面磨床液压传动系统

a）用结构符号表示的液压传动系统简图　b）用职能符号表示的液压传动系统图

1—储油箱　2—滤油器　3—电机　4—液压泵　5—节流阀　6—手动三位四通电磁阀

7—液压缸　8—活塞　9—工作台　10—溢流阀

五、液压基本回路的工作原理及在液压传动系统中的应用

1. 压力控制回路

主要是利用压力控制阀来控制系统压力，如实现增压、减压、卸荷、顺序动作等，以满足工作机构对力或力矩的要求。图 10—15 所示为一减压回路，由于油缸 G 往返时所需的压力比主系统低，所以在支路上设置减压阀 3，实现分支油路减压。

2. 速度控制回路

主要有定量泵的节流调整、用变量泵和节流阀的调速、容积调速等基本回路，以达到对执行机构不同的运动速度的要求。在定量泵的节流调速回路中，采用节流阀、调速阀或溢流调速阀来调节进入液压缸（或液压马达）的流量，根据阀在回路中的安装位置，分进口节流、出口节流和旁路节流三种。

3. 方向控制回路

方向控制回路是利用各种换向阀或单向阀组成的控制执行元件的启动、停止或换向的回路。常见的有换向回路、闭锁回路、时间制动的换向回路和行程制动的换向回路等。图 10—16 所示即为由一个机动换向阀 A 和一个液动换向 B 组成的换向回路。A、B 均为二位四通阀。阀 B 受阀 A 的控制，从而达到由液动换向阀 B 控制液压缸换向的目的。

4. 同步回路

当液压设备上有两个或两个以上的液压缸，在运动时要求能保持相同的位移或速度，或要求以一定的速比运动时，可以采用同步回路。

在一泵多缸的系统中，由于受负载、摩擦阻力、泄漏量及制造误差等多种因素的影响，几个液压缸难以同步运动。同步回路的作用就是要尽可能克服上述影响，调节及补偿流量的变化。常用的同步回路有：采用调速阀调速的同步回路和采用同步阀（分流

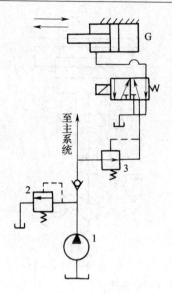

图 10—15　减压回路

1—液压泵　2—溢流阀　3—减压阀

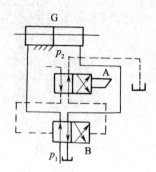

图 10—16　换向回路

阀）的同步回路。前者由于受负载、油温、泄漏等因素的影响，同步精度较低。后者则具有结构简单，使用方便，易保证精度，能耗较小等特点，且可达到速度同步，已得到广泛的应用。图 10—17 所示即为采用分流阀的同步回路。图中分流阀 A 当油从液压缸 G_1、G_2 经换向阀 B 回油箱时起作用，因此在回路中各装一单向阀 I_1、与 I_2。

5. 顺序动作回路

当用一个液压泵驱动几个要求按照一定顺序依次动作的工作机构时，可采用顺序动作回路。实现顺序动作可以采用压力控制、行程控制和时间控制等方法。

图 10—18 所示即为一个用压力控制来实现顺序动作的回路。当电磁铁 YA_1 通电时，压力油推动液压缸 G_1 的活塞向右运动，至终点位置时，系统压力升高，则可打开

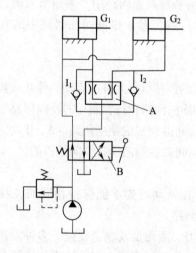

图 10—17　采用分流阀的同步回路

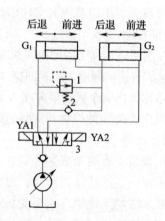

图 10—18　压力控制的顺序动作回路

1—顺序阀　2—单向阀　3—电磁阀

顺序阀 1，使压力油经顺序阀 1 进入液压缸 G_2，推动其活塞向右运动。这样，就实现两液压缸的顺序动作。顺序阀的调节压力应高于液压缸 G_1 所需的最大压力。这种顺序动作回路适用于液压缸数量不多，而且负载（阻力）变化不大的场合。

六、液压系统的常见故障与排除

液压系统中的故障是多种多样的，造成故障的各种内部及外界因素也很繁多。表 10—1 列举了液压系统中常见的故障、产生原因及排除方法。供使用中参考。

表 10—1   液压传动系统的故障分析

故障名称	产生原因	排除方法
1. 噪声大	油泵方面： （1）油泵吸油口密封不严而引起空气进入 （2）油箱中油液不足；吸油管浸入油箱太少；油泵吸油位置太高 （3）油液黏度太大，增加了运动阻力 （4）油泵吸油截面小，造成吸油不畅 （5）滤油器表面被污物阻塞 （6）齿轮油泵的齿形精度不高，叶片油泵的叶片卡死、裂断或配合不良；柱塞泵的柱塞卡死，或移动不灵活 （7）油泵内部零件磨损，使轴向径向间隙过大	（1）拧紧进油口螺帽，防止泄漏 （2）保持油液在油标线以上，将吸油管浸入油箱油面高度的 2/3 处，油泵进油口至吸油口高度一般不应超过 500 mm （3）更换黏度较小的油液 （4）将进油管口作 45° 斜切，增加吸油面积 （5）消除污物，定期更换油液，保持油液清洁 （6）修理、更换损坏零件 （7）参照油泵的修复方法进行修复
	溢流阀的作用失灵： （1）阀座损坏 （2）油中杂质较多，堵塞了阻尼孔 （3）阀芯与阀体孔配合间隙太大；弹簧疲劳或损坏，使阀芯移动不灵活 （4）阀体孔拉毛或有污物等，使阀芯在阀体内的移动不灵活	（1）修理阀座 （2）疏通阻尼孔，更换油液 （3）研磨阀孔，更换新阀芯，重配间隙；更换弹簧 （4）修去毛刺，清除污物，使其移动灵活，无阻滞现象
	油管管道： 油管管道碰击，或吸油管与回油管距离太近	检查油路，使进油管、回油管之间，管道与机床之间保持一定距离，必要时用管夹固定，并使进油管与回油管离得远一点
	电磁阀失灵： （1）阀芯在阀体中卡住或移动不灵活 （2）弹簧损坏或过硬 （3）电极焊接得不好或接触不良	（1）研配阀芯，使其在阀体内移动灵活 （2）更换弹簧 （3）修整焊接电极，保证接触良好
	其他： （1）油泵电动机联轴器不同心或松劲 （2）运动部件换向时缺乏阻尼，产生冲击 （3）管道泄漏或回油管没有浸入油箱，造成大量空气吸入	（1）检查修整联轴器，保证同心度在 0.1 mm 之内 （2）调节换向节流，使换向平稳，无冲击 （3）紧固各连接处，严防泄漏，并将主要回油管浸入油箱

续表

故障名称	产生原因	排除方法
2. 爬行	（1）液压系统中存有空气，油液受压后体积变化不稳定，使部件运动不均匀	（1）紧固各结合面螺钉和管道连接外螺母，严防泄漏。清除滤油器网上的污物，保证进油口吸油通畅及进回油互不干涉，排除系统内空气
	（2）导轨精度不好，使局部阻力变化，或导轨面接触不良，使油膜不易形成。通常新机床或新修刮过的机床，因导轨摩擦阻力较大，而产生爬行	（2）检查及修复导轨，使精度达到要求。对于新机床或新修刮过的机床，可在导轨接触面均匀地涂上一层薄薄的氧化铬，用手动的方法，使之相对运动，对研几次，以减小刮研点所引起的阻力
	（3）油缸中心线与导轨不平行；活塞杆局部或全长弯曲；油缸体内孔拉毛；活塞与活塞杆不同心；活塞杆两端油封调整过紧等因素都会导致摩擦力不均匀	（3）逐个检查，并加以修复
	（4）相对运动的接触面，缺乏润滑油，而产生干摩擦或半干摩擦	（4）调节润滑油量，保持适量的润滑油，润滑油压力一般在 4.9~14.7 N/cm² 范围内
	（5）拖板的楔铁或压板调整得太紧，或者楔铁弯曲	（5）检查调整或修刮楔铁，使运动部件移动无阻滞现象
3. 液压系统泄漏	（1）工作压力调整过高	（1）在满足工作性能情况下，尽量将工作压力降低
	（2）液压元件内，因磨损间隙增大，使油液在压力作用下从一处渗流注到不应流注的另一处	（2）研磨阀孔，根据阀孔配阀芯
	（3）密封件密封性能不良	（3）更换密封件，保证密封良好
	（4）单向阀中钢球不圆，阀座损坏，造成封油不良	（4）更换损失件，保证密封良好
	（5）两接触面平行度不好或阀芯与阀孔同心度差	（5）放在平面磨床上修磨或研磨修整，使同心度达到要求
	（6）在连接处零件损失或螺帽松动	（6）更换损坏件，紧固已松动的螺帽
	（7）油管破裂	（7）更换油管
	（8）油箱本身有铸造抽陷，如气孔、砂眼、裂纹等造成泄漏	（8）用焊接、粘堵等方法来消除泄漏
4. 温升快、油温高过规定值	（1）油泵等液压元件内部间隙过小，或密封接触面过大，使油泵等元件运动时发热	（1）检查及修整，保证间隙合适
	（2）压力调节不当，超过实际所需的压力	（2）合理调整系统中各种压力阀，在满足正常工作的情况下，压力尽可能低
	（3）油泵及各连接处的泄漏，造成容积损失而发热	（3）紧固各连接处，严防泄漏，特别是油泵间隙大，应及时修复
	（4）油管太长，油管太细，弯曲太多等，造成压力损失而发热	（4）将油管适当加粗，特别是回油管，保证回油通畅，并尽量减少弯管，缩短管道
	（5）油箱散热性能差或或容积小	（5）对于精密液压传动机床，不宜用床身做油箱，应设立独立油箱以减少机床热变形，加大油箱容积，改善散热条件
	（6）油液黏度太大，增加了摩擦发热量	（6）合理选用油液，如使用粘性稳定的硅基油等
	（7）外界热源影响	（7）减少和隔绝外界热源

续表

故障名称	产生原因	排除方法
5. 压力打不上或者压力不足	（1）电机反转和油泵转向不对 （2）改正电机接线，或改变油泵转向 （3）溢流阀失灵，经常开路；有污物阻塞，弹簧或阀芯零件损坏	（1）油泵、油缸等内部泄漏过大，吸油腔和压油腔相通 （2）检查修理油泵、油缸活塞的密封、调整活塞与缸壁的间隙 （3）检查溢流阀，并清洗干净。修理或更换已损坏的零件
6. 压力波动较大	（1）吸油管插入油面太浅或吸油口密封不好，吸油口靠近回油口，有空气吸入 （2）管接头、油缸等密封不好，有泄漏 （3）溢流阀的阀体孔和阀芯磨损，弹簧太软，阀的缓冲作用不足	（1）增高油面高度，使吸油管深入油箱油面高度的 2/3 处，修理吸油口的管接头，改善密封，移开回油口位置，排除空气 （2）检查各密封部位，保证密封良好 （3）检查修理或更换损坏的零件
7. 冲击	（1）工作压力调整过高 （2）背压阀调整不当，压力太低 （3）采用针形节流阀缓冲，因节流变化大，稳定性差 （4）系统内存在大量空气 （5）油缸活塞杆两端螺帽松动 （6）缓冲节流装置调节不当，或调节失灵	（1）调整压力阀，减低工作压力 （2）调整背压阀，适当提高背压阀压力 （3）改用三角槽式节流阀 （4）排除系统内空气 （5）适当旋紧螺帽 （6）将节流阀的调节螺钉适当旋进，增加缓冲阻尼。若仍不起作用，可检查单向阀封油情况
8. 换向精度差	（1）系统内存在空气 （2）导轨润滑油太多，使工作台处于浮动状态 （3）换向阀阀芯与阀孔的配合间隙因磨损而过大 （4）油缸单端泄漏 （5）油温高，油黏度小 （6）控制换向阀的油路压力太低	（1）排除系统中的空气 （2）适当减少润滑油量，但不能过少，否则造成低速爬行 （3）研磨阀孔，配做新阀芯，使其配合间隙为 0.08～0.012 mm （4）检查及修整，消除泄漏 （5）控制温升，更换黏度较大的油液 （6）调整压力阀，适当提高系统压力
9. 换向时出现死点（不换向）	（1）从减压阀来辅助压力油压力太低，不能推动换向阀芯移动 （2）辅助压力油由于内部泄漏，缺乏推力，换向阀不动作 （3）换向阀两端节流阀调节不当，使回油阻尼太大 （4）换向阀阀芯由于拉毛或有污物等原因，在阀孔内卡死 （5）工作压力较低、导轨润滑油太少，使摩擦阻力太大，作用力无法克服摩擦阻力	（1）调整减压阀，适当提高辅助压力 （2）检查及修整，严防内部泄漏 （3）适当将节流阀的调节螺钉向外旋，减少回油阻尼 （4）清除污物，去毛刺，使换向阀阀芯在阀孔中移动灵活 （5）适当提高工作压力和润滑油量，减少摩擦阻力

续表

故障名称	产生原因	排除方法
9. 换向时出现死点（不换向）	(6) 用弹簧或电磁铁控制的换向阀，若弹簧过硬、过软、断裂卡死、电磁铁失灵等，均会发生不换向现象	(6) 检查及修理，必要时调换弹簧和电磁铁
	(7) 控制换向阀移动速度的节流阀开口，被污物堵塞	(7) 清除节流阀开口的污物，保持油液清洁
10. 换向起步迟缓	(1) 控制换向阀移动慢的节流阀开口太小	(1) 将节流阀调节螺针向外拧，增加节流开口量
	(2) 系统中存在空气，台面换向时，压力油中的空气被压缩，而使台面换向迟缓	(2) 排除系统中的空气
	(3) 工作压力不足，缺乏推力	(3) 适当提高压力
	(4) 换向阀阀芯拉毛或被污物等阻碍，移动不灵活	(4) 清除污物，修去毛刺，使换向阀芯移动灵活
	(5) 系统严重泄漏	(5) 修整泄漏部分
	(6) 导轨润滑油过少，或油缸活塞杆两端油封压得太紧	(6) 适当增加润滑油量和轻微放松活塞杆两端压盖螺钉
11. 工作台往返速度误差较大	(1) 油缸两端的泄漏不等或单端泄漏	(1) 调整两端封油圈压盖，保证不泄漏或泄漏相当
	(2) 油缸活塞杆两端弯曲程度不一样	(2) 校直活塞杆，或用抵消误差原则重新安装
	(3) 操纵箱内部泄漏	(3) 检查及修整，杜绝泄漏
	(4) 放气阀间隙大，因而漏油	(4) 更换阀芯，消除间隙
	(5) 放气阀的工作台运动时未关闭	(5) 放完空气后，应将空气阀关闭
	(6) 床身安装水平误差大	(6) 调整床身安装水平
	(7) 换向阀因由于弹簧疲劳或辅助压力不足，使阀芯在阀孔中移动不灵活	(7) 更换弹簧，适当提高辅助压力，消除污物，去毛刺，使阀芯在阀孔内移动灵活
	(8) 节流开口有杂物粘附，影响回油节流的稳定性	(8) 消除杂质，更换清洁油液，保持油液清洁
	(9) 节流阀在台面换向时，由于振动和压力冲击而节流开口变化	(9) 将锁紧螺母紧固
12. 周期性的进给不稳定	动作错乱： (1) 单向阀油封不良	(1) 调换钢球，调研阀座
	(2) 操纵板两板间纸垫冲碴	(2) 更换纸垫
	(3) 节流阀的节流开口堆积污物	(3) 消除污物
	(4) 因针形节流阀调节范围小，所以稳定性较差	(4) 将针形节流阀改为三角槽式节流阀
	进给量时大时小： (1) 节流阀调节不当，使进给换向阀往返速度不等	(1) 调节节流阀，顺时针旋转时进给分配阀移动速度慢，工作台进给量大。逆时针方向旋转时，进给分配阀移动速度快，则进给量小。调整时仔细观察调整量的变化。当调节正确后，将节流阀上的锁紧螺母旋紧，以免变动
	(2) 棘轮和撑牙磨损	(2) 撑牙可焊补，并用锉刀整形，而棘轮一般磨损较小，若磨损严重则更换
	(3) 横进给机构、机械部分轴向间隙太大	(3) 调换较硬的支承弹簧，调整轴向间隙，但需保证手摇进给手轮轻重一致

第二节　机床电气控制知识

在机械行业中，几乎所有的工作机械都用电动机来拖动，并对电动机的运转有不同要求，一般来讲，有启动、正转、反转、调速、制动和联锁等。为实现这些要求，需用各种电器组成电气控制系统，即继电器、接触器控制系统。随着生产过程自动化程度的提高，现已推广应用晶体管无触点逻辑元件和各种电子程序控制、数字控制系统，并开始使用电子计算机进行控制。

一、常用低压电器

工作机械所用电器的种类很多。按照电器在控制系统中的作用（即职能）来分，有控制电器和保护电器两类。开关、接触器和按钮等是用来控制电动机的启动和停止的电器，称为控制电器。熔断器用来保护电源，不让电源在短路状态下工作；热继电器用来保护异步电动机，不让它在过载状态下运行，这些电器称为保护电器。

1. 组合开关

组合开关是由分别装在数层绝缘体内的动、静触头组合而成。它的特点是用动触片的左右旋转接通或断开电源，结构较为紧凑。图 10—19 所示为 HZ10—25/3 型三级组合开关。三级组合开关共有 6 个静触头和 3 个动触头，静触头的一端固定在胶木边框内，另一端则伸出盒外，并附有接线螺钉，以便和电源及所用电器相接。从图 10—19b、c 可见，3 个动触头装在绝缘垫板上，并套在方轴上，通过手柄可使方轴 90°正、反向转动，从而使动触头与静触头保持接通或分断。在开关的顶部还装有扭簧储能机构，使开关能快速闭合或分断。组合开关是旋转操作开关，符号如图 10—19d 所示。组合开关由于安装所占位置小，操作方便，被广泛地用作电源隔离开关（通常不带负载时操作）。有时也用作小负荷开关，来接通和断开小电源电路，如直接启动冷却泵电动机，控制机床照明等。

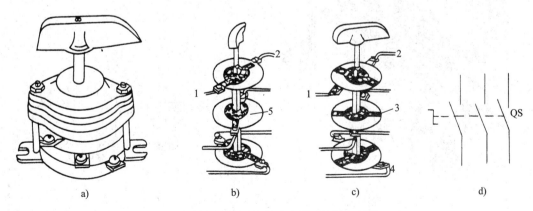

图 10—19　HZ10—25/3 型三级组合开关

a) 外形　b) 接通位置　c) 分断位置　d) 符号

1—电源　2—负载　3—动触头　4—静触头　5—绝缘垫板

2. 熔断器

熔断器是一种简单而有效的保护电器，主要用来保护电源免受短路的损害。熔断器串联在被保护电路中，在正常情况下相当于一根导线，当发生短路而导致电路电流增大时，熔管因过热而熔断，切断电路，以保护线路和线路上的设备。

机床上常用的熔断器为螺旋式，形状和结构如图10—20a、b所示，符号如图10—20c所示。

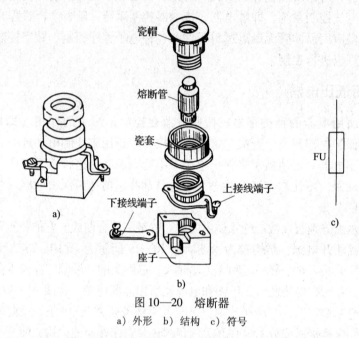

图10—20 熔断器

a）外形 b）结构 c）符号

3. 接触器（见图10—21）

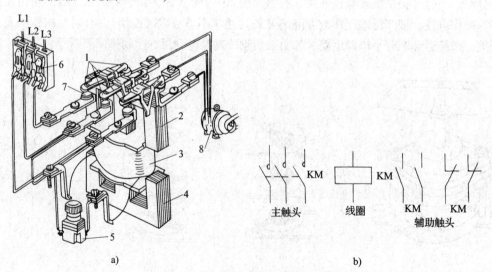

图10—21 接触器的主要结构和动作原理

a）结构 b）符号

1—桥式动触头 2—衔铁 3—线圈 4—静铁心 5—按钮 6—熔断器 7—静触头 8—电动机

接触器的主要结构有电磁机构和触头系统两部分。电磁机构包括静铁心、线圈和动铁心等，其中静铁心与线圈固定不动，动铁心又称衔铁，可以移动；触头系统由桥式动触头和静触头组成，桥式动触头和电磁机构的动铁心通过绝缘支架固定在一起。接触器的工作原理如下：按下按钮后，线圈通电，静铁心和线圈产生电磁吸力，将动铁心吸合，带动桥式动触头向下移动，使之与静触头接触。这时电动机和电源接通，电动机启动运转；松开按钮后，线圈断电，电磁吸力消失，在反向弹簧力作用下，动、静触头分离，自动切断电动机的电源，电动机便停转。因此，通过接触器的动作，就能方便地控制电动机的启动和停止。

4. 按钮

按钮用来接通和断开控制电路，它是电力拖动系统中一种发送指令的电器。用按钮和接触器相配合来控制电动机的启动和停止，有如下优点：能对电动机实行远距离、自动控制；以小电流来控制大电流，操作安全；减轻劳动强度。

按照按钮的用途和触头配置情况，可把按钮分为常开启动按钮、常闭停止按钮和复合按钮三种，如图 10—22 所示。复合按钮有两对触头，桥式动触头和上部两个静触头组成的一对常闭触头，另和下部两个静触头组成一对常开触头。按下按钮时，桥式动触头向下移动，先断开常闭触头，后闭合常开触头，停按后，在弹簧作用下自动复位。复合按钮若只使用其中一对触头，即成为常开的启动按钮或常闭的停止按钮。

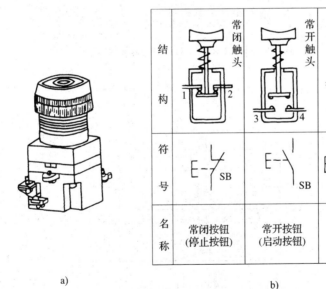

a)　　　　　　　　　b)

图 10—22　按钮

a) 外形　b) 结构及符号

5. 行程开关

行程开关（即位置开关）是用以反映工作机械的行程位置、发出命令以控制其运动方向或行程大小的一种电器。它的作用与按钮相同，也是用来接通和断开控制电路的。

行程开关的种类很多，以运动形式分，有直动式和转运式；以触点性质分，有有触点的和无触点的。常见的有 JL×K1 系列，是单轮转运、自动复位式组合电器，内装有微动开关，结构和符号如图 10—23 所示。它的动作原理如下：当工作台边上的挡铁压到行程开关的滚轮上时，杠杆连同轴一起转动，并推动撞块移动，当撞块移动到一定位置时便触动微动开关，使其常闭触头断开，再使其常开触头闭合；当滚轮上的挡铁移开以后，复位弹簧使触头复位。所谓微动开关是一种反应灵敏的开关，只要它的推杆有微量位移，就能使触头快速动作，结构如图 10—24 所示。

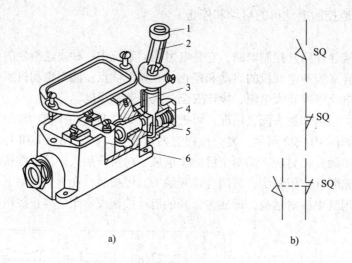

a)   b)

图 10—23 JL×K1—111 型行程开关

a）结构 b）符号

1—滚轮 2—杠杆 3—轴 4—复位弹簧 5—撞块 6—微动开关

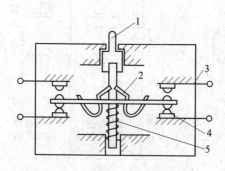

图 10—24 LXW2—11 型微动开关

1—推杆 2—弯形片状弹簧 3—常开触头 4—常闭触头 5—恢复弹簧

6. 热继电器

热继电器是利用电流的热效应而使触头动作的电器，如图 10—25 所示。热继电器是一种应用比较广泛的保护电器，主要用来对三相异步电动机进行过载保护。当电动机过载时，主电路流过的电流超过了额定值，使金属片过热。因为左面一片金属的热膨胀系数比右面一片金属大，双金属片向右弯曲，推动滑杆，使人字拨杆顶向动触头。当双金属片弯曲后的推力超过弹簧的拉力时，使动触头脱开静触头，从而切断了控制电路，迫使电动机断电停转，实现过载保护。电动机断电后，双金属片散热冷却，经过一段时间，在弹簧的拉力下动触头又恢复和静触头接触。只有在热继电器的常闭触头复位后，才能重新启动电动机。

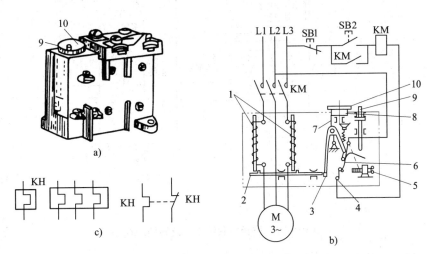

图 10—25　JRD 热继电器

a）外形　b）原理图　c）符号

1—双金属片和电热丝　2—滑杆　3—人字拨杆　4—静触头　5—限位螺钉

6—动触片　7—摆杆　8—偏心凸轮　9—复位按钮　10—电流调节按钮

二、三相笼型异步电动机电气控制有关知识

1. 电气控制线路原理图的有关知识

工作机械的电气控制线路可用原理图表示。它是用图形符号、文字符号和线条连接来表明各个电器元件的连接关系和电路的具体安排的示意图，如图 10—26 所示。工作机械的电气控制线路由电源电路、控制电路、信号电路和保护电路等组成。

（1）电源电路　从电网向工作机械的电动机等供电的电路。

（2）控制电路　控制工作机械操作（通过控制电动机或电磁阀等），并对电源电路起保护作用的电路。

（3）信号电路　用来控制信号器件（如信号指示灯、声响报警器等）的工作电路。

（4）保护电路　由参与预防因接地故障引起不良后果的全部保护导线和导体组成。图 10—27 所示点动控制线路中，由电网 L1、L2 和 L3 经旋转开关 QS、熔断器 FU1、接触器主触头 KM 至三相笼型异步电动机 M 组成动力电路；由熔断器 FU2 启动按钮 SB 和接触器线圈 KM 组成控制电路；本线路还有电动机外壳接地的保护电路；但无信号电路。

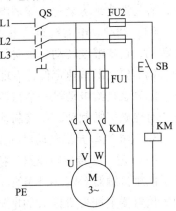

图 10—26　点动控制线路示意图

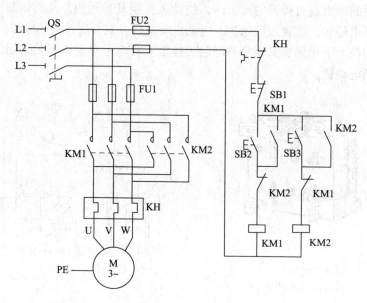

图 10—27　接触器联锁正、反转控制线路

2. 三相笼型异步电动机的启动、制动

（1）启动　电动机接通电源后转速从零增加到稳定转速的过程，称为启动。若加在电动机定子绕组上的启动电压是电动机的额定电压就称全压启动（也称直接启动）

由于电动机刚接通电源瞬间，转子尚未转动但旋转磁场已经产生，且磁场以 n_1 的转速切割转子导体，使转子导体中产生很大的感生电流。同时在定子绕组中也会出现很大的启动电流。通常全压启动时，启动电流是额定电流的 4～7 倍。启动电流过大会产生以下严重后果：

1）使供电线路的电压降增大，负载两端的电压在短时间内下降，不但使电动机本身的启动转矩减小（甚至不能启动），而且影响同一供电线路上其他电气设备的正常工作。

2）使电动机绕组发热，特别是启动时间过长或频繁启动时，发热就更为严重。这样，容易造成绝缘老化，缩短电动机的使用寿命。

（2）制动　电动机断开电源后，由于转子及所带动机件的转动惯性，不会马上停止转动，还要继续转动一段时间。这种情况对于有些工作机械是不适宜的（如起重机的吊钩需要立即减速定位，万能铣床要求主轴迅速停转等），就需要制动。

制动就是给电动机一个与转动方向相反的转矩，促使它很快地减速和停转。制动的方法有电磁抱闸制动、反接制动、能耗制动。

3. 三相笼型异步电动机的正、反转控制线路

（1）正、反转控制线路　接触器联锁的正、反转控制线路如图 10—27 所示。它采用了两个接触器 KM1 和 KM2，分别控制电动机的正转和反转。从主电路可以看出，这两个接触器主触头所接通的电源相序不同，KM1 按 L1—L2—L3 相序接线，KM2 则按 L3—L2—L1 相序接线，所以能改变电动机的转向，并相应地设置了两条控制电路：按钮 SB2 和线圈 KM1 等组成正转控制电路；按钮 SB3 和线圈 KM2 等组成反转控制电路。

必须指出，主触头 KM1 和 KM2 决不允许同时闭合，否则将造成电源两相短路事故。为了保证只有一个接触器得电和动作，在 KM1 控制电路中串接了 KM2 的常闭辅助触头，在 KM2 控制电路中串接了 KM1 的常闭辅助触头。

（2）工作原理（设 QS 已合上）

1）正转控制

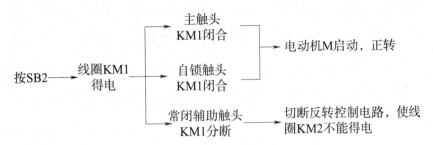

2）反转控制

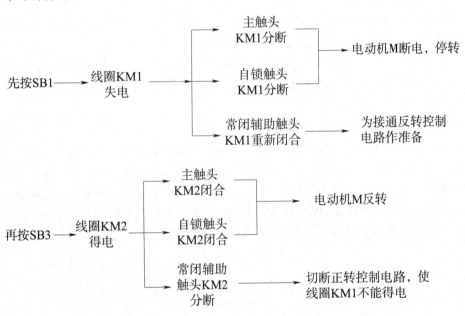

从上面分析得出：当接触器 KM1 线圈得电动作时，因常闭辅助触头 KM1 分断，使接触器 KM2 不能得电；同样，当接触器 KM2 线圈得电动作时，因常闭辅助触头 KM2 分断，使接触器 KM1 不能得电。只有接触器 KM1 线圈失电复位后，接触器 KM2 才有条件得电。这种相互制约的作用称为联锁（或互锁），所用的常闭辅助触头称为联锁触头（或互锁触头）。因为联锁的双方为接触器，所以这种控制方式称为接触器联锁。

接触器联锁的优点是安全可靠。如果发生一个接触器主触头烧焊的故障，因它的联锁触头不能恢复闭合，另一个接触器就不可能得电而动作，从而可靠地避免了电源短路的事故。它的缺点是，要改变电动机转向，必须先按停止按钮，再按反转启动按钮，这样虽然对保护电动要有利，但操作不够方便。

三、直流电动机电气控制的基本方法

把直流电能转换成机械能，并输出机械力矩的电动机称为直流电动机。它用于动力设备的最大特点是转矩大，能够均匀平滑地调节转速。因此，在需要调节转速的生产机械中，常用直流电动机来拖动。

1. 启动

如果把直流电动机直接接入电源启动，由于启动瞬时的反电动势 $E_{反} = 0$，而电枢电阻又很小，由 $I_{枢} = \dfrac{U - E_{反}}{R_{枢}} = \dfrac{U}{R_{枢}}$ 可知起动电流是很大的。例如 Z_2—52 电动机的额定电流为 40.8 A，电枢电阻为 0.52 Ω，若接在 220 V 直流电源上，直接启动的电流将高达 $I_{枢} = \dfrac{220}{0.52} = 424$ A。这样大的电流将在换向器和电刷间产生强烈的火花，有可能烧毁换向器和电刷。因此，直流电动机在启动时必须采取限流措施。为了获得较大的启动转矩，又不使换向器受到严重损伤，通常都把启动电流限制在额定电流的 1.5 ~ 2.5 倍。具体方法是：

（1）在电枢电路中串接启动变阻器，随着电动机转速的上升再逐渐将变阻器切除。这种方法适用于容量不大和经常启动的直流电动机。

（2）降压启动，即先降低电枢电压来启动直流电动机，当电动机启动后再将电枢电压逐渐提高到额定值。这种方法适用于容量较大的他励式直流电动机。

2. 反转

实现直流电动机反转的方法是：

（1）只改变电枢绕组中的电流方向，而保持励磁绕组中的电流方向不变。

（2）改变励磁电流方向而保持电枢电流方向不变，如图 10—28 所示。由于励磁绕组的匝数较多，电感较大，在切断电源时会产生较大的自感电动势，容易烧坏电路中的电器或击穿励磁绕组；同时改变励磁电流方向的时间较长，因而改变励磁电流方向的过程比较缓慢，在实际工作中一般多采用改变电枢两端的电压极性来改变电动机的旋转方向。

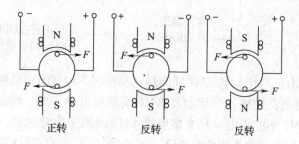

图 10—28　改变直流电动机旋转方向的方法

3. 制动

直流电动机的制动和交流电动机相似，也有机械制动和电力制动两种。由于电力制动的力矩大、操作方便，所以应用较广。

（1）能耗制动　图 10—29 所示为并励直流电动机的能耗制动原理图。当开关接通

1 时，励磁和电枢两个电路都有电流，电动机按一定方向旋转。当开关接通 2 时，励磁电路仍然接在直流电源上，励磁电流的大小和方向都不变，即电动机内的主磁通不变。而电枢电路断电后，电枢靠惯性切割磁力线运转，此时电动机已变成发电机。于是在电枢电路中便产生一个与电流方向相反的电流。这个电流使电枢受到一个与原转矩方向相反的制动转矩而迅速停止转动。由于这种方法是将电枢所储存的动能以电能的形式消耗掉，所以称为能耗制动。

（2）反接制动　图 10—30 所示是反接制动原理图。开关接通 1 时，电动机按一定方向转动；开关接通 2 时，突然改变了电枢两端的电压极性，从而改变电磁转矩的方向，达到了制动的目的。由于电枢电压突然反向的瞬间，直流电动机仍按原方向转动，电枢的反电动势方向不变，则此瞬间的电枢电流很大，是全压启动电流的两倍，是额定电流的几十倍。这可能使换向器与电刷间产生强烈火花而造成事故。所以采用反接制动时必须在电枢电路中串入一个附加电阻（见图 10—30）来限制电枢电流。采用反接制动还需注意：当电动机的转速减慢到 $n \approx 0$ 时，就应立即切断电枢电源，否则直流电动机将会反向转动。

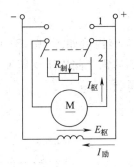

图 10—29　并励直流电动机的能耗制动

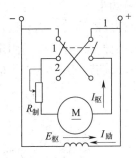

图 10—30　直流电动机的反接制动

4. 调速

直流电动机的调速方法包括电枢串联电阻调速；并励电动机改变磁通调速；改变电枢电压调速。

改变电枢回路的电压进行调速，必须配置专用的调压设备。在工业生产中，常用他励直流发电机作直流电源的直流电动机拖动系统。这种系统称为发电机—电动机拖动系统，简称 F—D 系统。虽然 F—D 系统能使生产机械的转速在很大范围内均匀调节，但设备复杂，造价较高，所以又限制了它的使用范围。

第三节　机构与机械零件知识

一、静力学基础知识

1. 静力学基本概念

在静力学中，经常用到力和刚体这两个概念。

（1）力的概念　自然界的物体是互相联系、互相影响的。力就是物体与物体间相互作用的一种表现。

由实践经验可知，力对物体的作用效果决定于三个要素：力的大小、力的方向、力的作用点。这三个要素中，任何一个改变时，都会改变力对物体的作用效果。因此，力是矢量。

（2）刚体　在任何力的作用下保持大小和形状不变的物体称为刚体。在工程上机械零件受力发生微小变形（可以忽略），可作为刚体。

2. 静力学公理

（1）二力平衡公理　作用于刚体上的两个力，使刚体处于平衡状态的充分与必要条件是：这两个力的大小相等，方向相反，且作用在同一直线上（简称二力等值、反向、共线）。

（2）作用与反作用公理　两个物体间的作用力与反作用力总是成对出现，且大小相等、方向相反，沿着同一直线，分别作用在这两个物体上。

（3）三力平衡汇交原理　刚体受不平行的三个力作用而平衡时，这三个力的作用线必在同一平面内且汇交于一点。

3. 铰链约束

由铰链构成的约束，称为铰链约束。固定铰链支座构造如图10—31所示，用圆柱销连接的两构件中，有一个是固定件，称为支座。圆柱销3固连于支座1上，构件2可绕圆柱销中心旋转。图10—31c是固定铰链支座的简图。

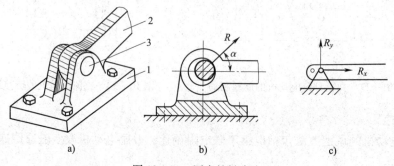

图 10—31　固定铰链支座

a) 结构图　b) 受力情况　c) 简图

固定铰链支座约束能限制物体（构件2）沿圆柱销半径方向的移动，但不能限制其转动，其约束反力作用线必定通过圆柱销的中心，但其大小 R 及方向 α 均为未知，如图10—31b所示，需根据构件受力情况才能确定。在画图和计算时，这个方向待定的支座约束反力，常用相互垂直的两个分力 $\overline{R_x}$ 和 $\overline{R_y}$ 来代替，如图10—31c所示。

4. 物体的受力分析和受力图

研究物体的平衡或运动问题时，首先必须分析物体受到哪些力的作用，并确定每个力的作用位置和力的作用方向，这个分析过程称为物体的受力分析。为了清楚地表示物件的受力情况，需要把所研究的物体（称为研究对象）从周围的物体中分离出来，单独画出它的简图，并画出作用在研究对象上的全部外力（包括主动力和约束反力），这种表示物体受力的简图称为受力图。

例 10—1　水平梁 AB 用斜杆 CD 支撑，A、C、D 三处均为光滑铰链连接，匀质梁重 $\overline{G}$，其上放置一重为 $\overline{Q}$ 的电动机，如图 10—32 所示。如不计杆 CD 的自重，试分别画出杆 CD 和梁 AB（包括电动机）的受力图。

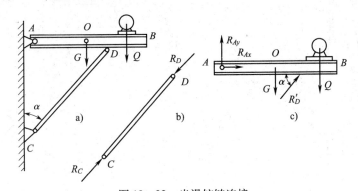

图 10—32　光滑铰链连接
a）结构图　b）二力杆 CD 受力图　c）梁 AB 受力图

解　（1）先分析斜杆 CD 的受力情况。由于斜杆的自重不计，因此，只在杆的两端分别受到铰链 C 和 D 的约束反力 $\overline{R}_C$ 和 $\overline{R}_D$ 的作用。显然 CD 杆是一个二力杆件。根据二力平衡公理，这两个力必定沿同一直线，且等值、反向。由此可确定 $\overline{R}_C$ 和 $\overline{R}_D$ 的作用线应沿 C 和 D 的连线。由经验判断，此外杆 CD 受压力。斜杆 CD 的受力图如图 10—32b 所示。

（2）取梁 AB（包括电动机）为研究对象，它受 $\overline{G}$、$\overline{Q}$ 两个动力作用。梁在铰链 D 处受有二力杆 CD 给它的约束反力 $\overline{R}'_D$ 的作用。根据作用与反作用公理，$\overline{R}'_D = -\overline{R}_D$。梁在 A 处受固定铰链支座给它的约束反力 $\overline{R}_A$ 的作用，由于方向未知，可用两个大小未定的垂直分力 $\overline{R}_{Ax}$ 和 $\overline{R}_{Ay}$ 代替。梁 AB 的受力图如图 10—32c 所示。

例 10—2　图 10—33 所示为一压榨机构的简图。它有三个活动构件：杠杆 ABC、连杆 CD 和滑块 D。在杠杆的端部（手柄处）加一力 $\overline{F}$，试分别画出杠杆、连杆和滑块的受力图（设不计各杆件的自重和接触处的摩擦）。

解　（1）取连杆 CD 为研究对象。它是一个二力杆件，铰链 C 和 D 的约束反力 $\overline{S}_C$ 和 $\overline{S}_D$ 必等值、反向，并沿两铰链中心的连线（是拉力还是压力可直观判断）。连杆 CD 的受力图如图 10—33b 所示。

（2）取滑块 D 为研究对象。滑块受连杆的作用力 $\overline{S}'_D$，工件的反作用力 $\overline{Q}$ 以及导轨的法向反力 $\overline{N}$ 的作用。由 $\overline{S}'_D$ 的方向可判断，滑块 D 与导轨的右侧接触，所以反力 $\overline{N}$ 方向向左。滑块 D 的受力图如图 10—33c 所示。

（3）取杠杆 ABC 为研究对象。杠杆受到主动力 $\overline{F}$、连杆的反作用力 $\overline{S}'_C$ 以及固定铰链支座 B 的反作用力 $\overline{N}_B$ 的作用，根据三力平衡汇交原理，$\overline{N}_B$、已知力 F 和 $\overline{S}'_C$ 必汇交于一点 K。杠杆 ABC 的受力图如图 10—33d 所示。

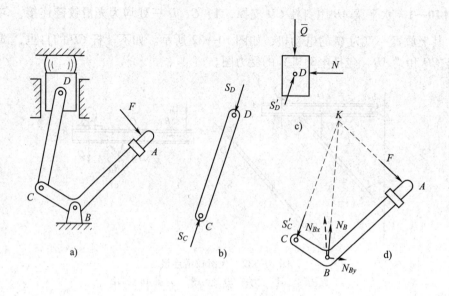

图 10—33　压榨机构

a）机构图　b）二力杆 CD 受力图　c）滑块 D 受力图　d）杠杆 ABC 受力图

二、常用机构

1. 平面连杆机构

平面连杆机构是由一些刚性构件用转动副和移动副相互连接而组成的机构。最常用的是由四根杆（四个构件）组成的平面四杆机构。

在铰链四杆机构中的两连架杆，如果一个杆为曲柄，另一个杆为摇杆，就称为曲柄摇杆机构。在这种机构中，通常曲柄 AB 为主动件（原动件），并做等速转动。摇杆 CD 为从动件，做变速往复摆动。图 10—34 所示为牛头刨床进给运动，即曲柄 AB 转动时，连杆 BC 带动带有棘爪的摇杆 CD 绕 D 点摆动。与此同时棘爪推动棘轮，使与棘轮连接在一起的丝杠做有规律的间歇转动，从而完成工作台的横向间歇运动。

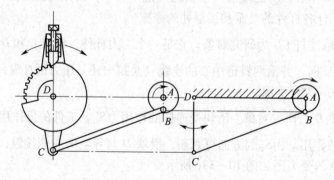

图 10—34　牛头刨床进给机构及简图

2. 凸轮机构

（1）凸轮机构的应用　在自动化机械中，广泛地采用各种凸轮机构。它的作用主要是将凸轮（主动件）的连续转动，转化成从动件的往复移动或摆动。

图 10—35 所示的自动车床进刀机构中，当凸轮按顺时针方向回转时，推动摆杆摆动，再经齿轮齿条，使刀架和刀具向左移动而完成送刀动作。凸轮由 1、2、3、4 四段曲线组成，它们的作用是分别使刀具做快速接近、工作进刀、快速退刀、停止等待四个循环动作。

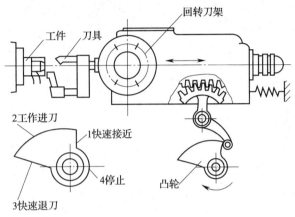

图 10—35　自动车床的进刀凸轮

（2）从动杆的等速运动规律

1）从动杆运动的基本参数　图 10—36 所示的凸轮机构中，从动杆在最低位置时（见图 10—36a），从动杆尖顶 a 点以凸轮的最小半径 $r_0 = Oa$ 所作的圆称为基圆，r_0 称为基圆半径。当凸轮按逆时针方向转过一个角度 δ 时（见图 10—36b），从动杆将上升一段距离，即产生一位移 s。当凸轮转过 δ_0 时，从动杆到达最高位置（见图 10—36c），此时从动杆的最大升距称为行程 h。如果将从动杆的位移 s 与凸轮转角 δ 的关系用曲线表示（见图 10—36d），此曲线称为从动杆的位移曲线。

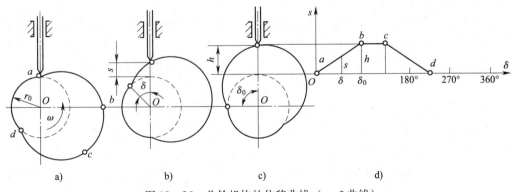

图 10—36　凸轮机构的位移曲线（$s—\delta$ 曲线）

2）等速运动规律　图 10—37 所示的凸轮机构中，凸轮以角度 ω（常数）按逆时针方向作等角速度转运。当凸轮的转角从 0 开始均匀地增加到 δ_0 时，从动杆以速度 v（常数）等速地从起始位置上升，其行程为 h。由理论力学可知，等速运动中位移（从动杆的位移）s 与时间 t 的关系为：

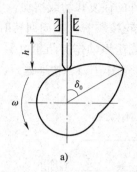 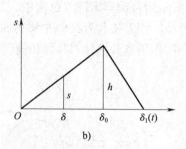

图10—37 等速运动的位移曲线

$$s = vt \qquad (10—1)$$

同样凸轮的转角 δ 与时间 t 的关系为：

$$\delta = \omega t \qquad (10—2)$$

由（10—1）、（10—2）两式消去 t，可得：

$$s = \frac{v}{\omega}\delta \qquad (10—3)$$

上式中 v 和 ω 都是常数，所以位移 s 和转角 δ 成正比关系。因此，从动杆的位移曲线为一斜直线（见图10—37b）。

在 s—δ 曲线的转折处，由于速度发生突变，将使从动杆的瞬时加速度 a 在理论上趋于无穷大，以致引起无穷大的惯性力，使凸轮机构发生刚性冲击，引起强烈的振动。因此，这种运动规律只适应于低速的场合。为避免刚性冲击，通常是修改位移曲线，使其在转折处变为与直线相切的圆弧过渡。

3. 蜗杆传动

（1）蜗杆传动的组成　蜗杆传动由蜗杆和蜗轮组成，如图10—38所示。它们的轴线在空间交错成90°。通常，蜗杆是主动件。

常用的蜗杆，犹如一个梯形螺杆，轴向截面呈直边齿条形（牙形角为40°），在垂直于轴线的剖面上为阿基米德蜗杆，如图10—38a所示。它是目前应用最广的一种蜗杆。蜗杆与螺纹一样，有单头、多头及左旋、右旋之分，加工方法也和螺杆的加工方法一样。

蜗轮的形状如斜齿轮，它的螺旋角 β 的大小、方向与蜗杆螺旋升角 λ 的大小、方向相同（$\beta = \lambda$）。蜗轮一般是用与蜗杆形状相同的滚刀切制的。在主平面内，蜗杆的形状呈标准的直边齿条形，故蜗轮在主平面内的齿形亦为一般的渐开线齿形，如图10—38a所示。为了改善齿面接触情况，蜗轮轮齿沿齿宽方向为圆弧形，如图10—38b所示。

（2）蜗杆传动的传动比　图10—39中，设蜗杆头数为 Z_1、转速为 n_1，蜗轮齿数为 Z_2、转速为 n_2。观察图中节点 p 处时，因蜗杆每转过1周便有 Z_1 个齿经过 p 点，故每分钟将有 $n_1 Z_1$ 个齿经过 p 点；同样地，蜗轮每转1周有 Z_2 个齿轮过 p 点，故每分钟有 $n_2 Z_2$ 个齿经过 p 点。在啮合过程中，这两个数目必然相等。即：

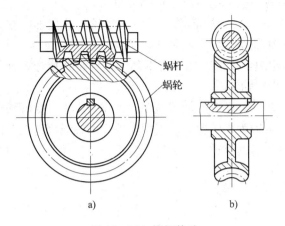 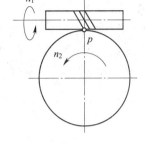

图 10—38　蜗杆传动　　　　　　　　　图 10—39　蜗杆传动示意图

a）主平面内为渐开线齿形　b）齿宽方向为圆弧形齿形

$$n_1 Z_1 = n_2 Z_2 \tag{10—4}$$

故传动比为：

$$i = \frac{n_1}{n_2} = \frac{Z_2}{Z_1} \tag{10—5}$$

蜗杆的头数一般为 $Z_1 = 1 \sim 4$，头数少则传动比大，但此时螺旋升角 λ 小，效率较低。头数越多时，则加工越不易。一般分度机构中多用 $Z_1 = 1$，动力传动中则常用多头蜗杆。

（3）蜗杆传动的特点　与齿轮传动相比，蜗杆传动有很多不同点：

1）传动比大　蜗杆传动的传动比大，一般动力传动中 $i = 8 \sim 60$，在分度机构中 $i = 600 \sim 1\,000$。

2）工作平稳　蜗杆的齿是连续的螺旋形，故工作平稳，噪声小。

3）可以自锁　在蜗杆传动中，蜗杆如同螺旋杆。蜗轮与蜗杆齿间的作用力关系也和螺旋传动一样。螺旋可以是自锁的，蜗杆传动也可以自锁，即蜗轮不能带动蜗杆（条件为蜗杆蜗旋升角 λ 小于当量摩擦角 ρ'，即 $\lambda < \rho'$）。

4）效率低　蜗杆传动的效率较低，一般 $\eta = 0.7 \sim 0.9$，自锁时 $\eta < 0.5$，这就限制了传递的功率（一般不超过 50 kW）。当连续工作时，要求有良好的润滑和散热。

5）不能任意互换啮合　在直齿圆柱齿轮传动中，由于模数和压力角都已标准化了，切制模数相同而齿数不同的齿轮，只要用一把齿轮滚刀即可，而且具有相同模数的齿轮可以互换啮合。但在蜗杆传动中，由于蜗轮的轮齿是呈圆弧形而包围着蜗杆的，所以切制蜗轮的蜗轮滚刀，其参数必须与工作蜗杆的参数完全相同（即不仅模数、压力角相同，滚刀与蜗杆的分度圆直径、蜗杆的头数、升角 λ 也都要求相同），因此蜗轮滚刀的专用性大，而且，仅是模数相同的蜗杆与蜗轮是不能任意互换啮合的。

4. 轮系

在许多机械中，为了获得较大的传动比和变换转速等原因，通常需要采用一系列互相啮合的齿轮传动系统。这种一系列齿轮所构成的传动系统称为轮系。

（1）轮系的分类　轮系的结构形式很多，根据轮系运转时各齿轮的几何轴线在空间的相对位置是否固定，轮系可分为定轴轮系和周转轮系两大类。

1）定轴轮系　轮系在传动时各齿轮的轴线位置均固定不动，这种轮系称为定轴轮系（或普通轮系）。图10—40a所示即为定轴轮系。

2）周转轮系　轮系在传动时至少有一个齿轮的轴线绕另一齿轮的固定轴线回转，这种轮系称为周转轮系。图10—40b所示即为周转轮系，图中齿轮2的轴线绕齿轮1的轴线回转。在应用上，周转轮系可把两个运动合成一个运动，或把一个运动分解成两个运动。

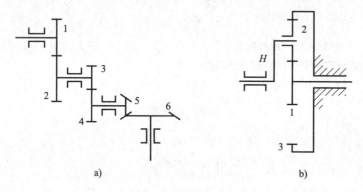

图10—40　轮系

a）定轴轮系　b）周转轮系

（2）定轴轮系的传动比及其计算　轮系中首末两轮的转速之比称为定轴轮系的传动比。图10—41所示为一圆柱齿轮组成的定轴轮系，齿轮1为首轮（主动轮），齿轮7为末轮（从动轮）。设轮系中各齿轮的齿数分别为 Z_1、Z_2、Z_3、Z_4、Z_5、Z_6、Z_7，各齿轮的转速分别为 n_1、n_2、n_3、（$n_3 = n_4$）、n_4、n_5、n_6、（$n_6 = n_5$）、n_7，则轮系的传动比为：

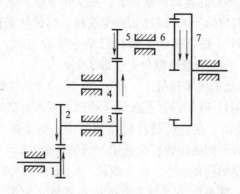

图10—41　定轴轮系传动比分析

$$i_{17} = \frac{n_1}{n_7} = i_{12} \cdot i_{34} \cdot i_{45} \cdot i_{67} = (-1)^3 \frac{Z_2 Z_4 Z_5 Z_7}{Z_1 Z_3 Z_4 Z_6}$$

由此可知定轴轮系的传动比等于其各对啮合齿轮的传动比的连乘积或所有从动轮齿

数的连乘积与所有主动轮齿数连乘积之比。其正负号决定于外啮合齿轮的对数，奇数对的外啮合齿轮取负号，偶数对的外啮合齿轮取正号。图 10—41 中有三对（奇数对）外啮合齿轮，故取负号。说明该轮系首、末两轮旋转方向相反。

根据以上分析，可以推出定轴轮系传动比计算的普通公式：

$$i_{1K} = \frac{n_1}{n_K} = i_{12} \cdot i_{34} \cdot i_{56} \cdots i_{(K-1)K}$$

$$= (-1)^m \frac{Z_2 \cdot Z_4 \cdot Z_6 \cdots Z_K}{Z_1 \cdot Z_3 \cdot Z_5 \cdots Z_{(K-1)}}$$

式中　$i = (-1)^m \dfrac{\text{各级齿轮副中从动轮齿数连乘积}}{\text{各级齿轮副中主动轮齿数连乘积}}$,

m——轮系中外啮合圆柱齿轮副的数目。

例 10—3　图 10—42 所示轮系中，已知主动轮 1 的转速 $n_1 = 2\,800$ r/min，各齿轮齿数分别为 $Z_1 = 24$、$Z_2 = 20$、$Z_3 = 12$、$Z_4 = 36$、$Z_5 = 18$、$Z_6 = 45$。求齿轮 6 的转速的大小及转向。

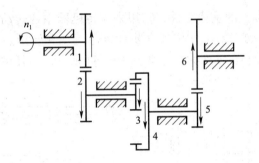

图 10—42　带有内齿轮的定轴轮系传动比计算

解　由图 10—42 可知此轮系为一定轴轮系，故可根据公式进行计算。外啮合齿轮的对数 $m = 2$，设齿轮 6 的转速为 n_6，则

$$i_{16} = \frac{n_1}{n_6} = (-1)^m \frac{Z_2 \cdot Z_4 \cdot Z_6}{Z_1 \cdot Z_3 \cdot Z_5} = (-1)^2 \frac{20 \times 36 \times 45}{24 \times 12 \times 18} = \frac{25}{4}$$

所以

$$n_6 = n_1 \times \frac{1}{i_{16}} = 2\,800 \times \frac{4}{25} = 448 \text{ r/min}$$

三、机械零件的结构及应用

1. 螺纹连接

连接螺纹大多为三角形螺纹，而且是单线的。一般连接使用米制普通螺纹，因为普通螺纹的截面是等边三角形，强度高，自锁性能好。尤其是细牙螺纹，因为其小径大而螺矩小，所以强度更高，自锁性能更好，但细牙螺纹较容易磨损和滑牙。

常用螺纹连接的基本形式有：螺栓连接，双头螺柱连接和螺钉连接三种形式，如图 10—43 所示。

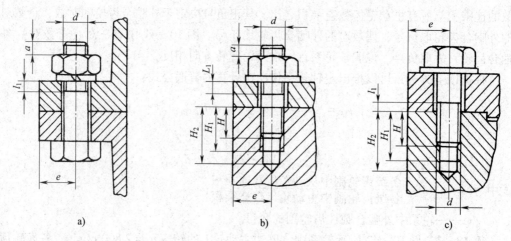

图 10—43　螺纹连接的基本形式

a）螺栓连接　b）双头螺柱连接　c）螺钉连接

2. 轴、键、销

（1）轴　轴是机器上的重要零件，它用来支持机器中的转动零件（如带轮、齿轮等），使转动零件具有确定的工作位置，并且传递运动和转矩。按照轴的轴线形状不同，可以把轴分为曲轴和直轴两大类，如图 10—44 所示。常用的直轴，根据所受载荷不同，可分心轴、转轴和传动轴三种。

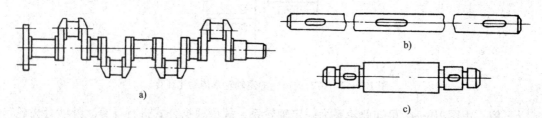

图 10—44　轴的种类

a）曲轴　b）光轴　c）台阶轴

1）心轴　心轴仅用来支承转动零件，即只受弯曲作用而不传递动力（如车箱轴）。

2）转轴　转轴既支承转动零件又传递动力，即同时承受弯曲和扭转两种作用（如机床变速箱中的轴）。

3）传动轴　传动轴仅传递动力，即只受扭转作用而不受弯曲作用或弯曲很小（如桥式起重机中的传动轴）。

（2）键　键连接主要用于连接轴与轴上的零件（如带轮和齿轮等），实现周向固定并传递转矩。键连接根据装配时的松紧程度，可分为紧键连接和松键连接两大类，如图 10—45 所示。

1）紧键连接　紧键连接有楔键连接和切向键连接。键的上、下面是工作面，并制成 1:100 的斜度，楔键连接的对中性差，在冲击或变载荷下容易松脱，常应用在低速及对中性要求不高的场合。切向键对轴颈削弱严重，且对中性不好，常应用在轴径较大（$d > 60$ mm）、对中性要求不高和传递转矩较大的低速场合。

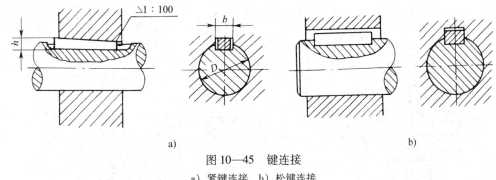

图 10—45　键连接

a）紧键连接　b）松键连接

2）松键连接　常用的松键连接有平键、半圆键、花键。工作时靠两侧的挤压作用传递转矩。平键适用于高速、高精度和承受变载冲击的连接。半圆键可以在轴槽中沿槽底圆弧摆动，这样能自动地适应轮转毂的装配，一般多用于轻载、锥形轴与轮毂的连接。花键连接的键齿较多，能够传递较大的载荷，并沿轴向移动的导向性好，所以一般应用于载荷较大、定心精度要求较高的静连接和动连接。

（3）销　销的基本形式有三种，即圆锥销、圆柱销、开口销。销连接可以用来定位、传递动力或转矩，以及作为安全装置中的被切断零件，如图 10—46 所示。

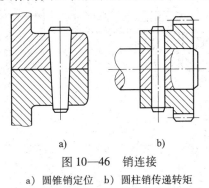

图 10—46　销连接

a）圆锥销定位　b）圆柱销传递转矩

3．联轴器、离合器

联轴器和离合器是把两根轴连接在一起，以便将主动轴的运动及动力直接传递给从动轴。联轴器只有在机器停转后，并经过拆卸才能把两轴分离。而离合器可以在机器运转过程中，将传动系统随时分离或接合。

（1）联轴器　联轴器可分为固定式和可移式两大类。典型的固定式联轴器有刚性凸缘联轴器、套筒联轴器两种。常见的可移式联轴器有十字滑块联轴器、万向联轴器等数种。如图 10—47 所示。

（2）离合器　离合器可分为侧齿式离合器和摩擦离合器。摩擦离合器是靠轴向压力使两摩擦盘接合，在工作时产生足够的摩擦力，从而传递转矩。摩擦离合器根据摩擦表面的形状，可分为圆盘式、多片式和圆锥式等类型。

侧齿式离合器如图 10—48 所示。离合器的齿形常用的有梯形、锯齿形、矩形。锯齿形的只能传递单向转矩；矩形的只能用于手动接合；梯形的接合容易，并可消除牙侧间隙，以减少冲击，齿根强度好，能传递较大的转矩，所以应用很广。

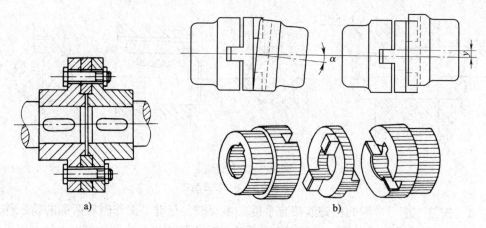

图 10—47 联轴器

a）凸缘联轴哭 b）十字滑块联轴器

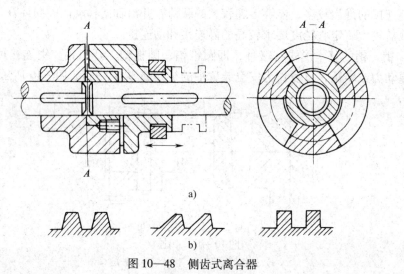

图 10—48 侧齿式离合器

a）结构 b）常用齿形

4．滑动轴承、滚动轴承

轴承在机器中是用来支承轴的。轴与轴承直接接触的部分，称为轴颈。根据轴颈和轴承之间摩擦性质的不同，轴承可分为滑动摩擦轴承（简称滑动轴承）和滚动摩擦轴承（简称滚动轴承）两类。

（1）滑动轴承 图 10—49 所示是一种滑动轴承（承受径向载荷）。它主要由轴承座、轴瓦、紧定螺钉和润滑装置等组成。工作时，轴颈与轴瓦间产生滑动摩擦，为了减小摩擦，须在摩擦面间加入润滑油。

（2）滚动轴承 图 10—50 中，滚动轴承一般由内圈 1、外圈 2、滚动体 3 和保持架 4 组成。内、外圈的凹槽一方面限制滚动体的轴向移动，起滚道作用；另一方面又能降低球与内、外圈之内的接触应力。保持架的作用是将相邻滚动体隔开，并使滚动体沿滚道均匀分布。轴承工作时，轴承内圈和轴颈装配在一起，外圈装在机座或零件的座孔内，通常是内圈随轴一起转动，外圈固定不动。

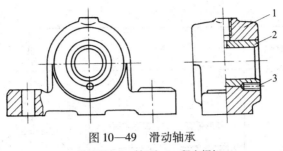

图 10—49　滑动轴承

1—轴承座　2—轴瓦　3—紧定螺钉

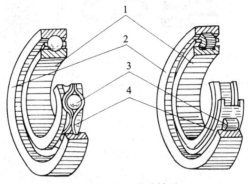

图 10—50　滚动轴承

1—内圈　2—外圈　3—滚动体　4—保持架

5．弹簧

弹簧是机器中应用很广泛的一种零件。它的主要用途有：使零件之间保持接触，以控制机器的运动（如凸轮机构、阀门、离合器中的弹簧）；能够吸收振动及缓和冲击能量（如车辆中的缓冲弹簧）；储存能量（如钟表中的发条）；测量载荷（如弹簧秤、测力器中的弹簧）。

弹簧的基本形式见表 10—2。按照载荷的形式，弹簧可分为拉伸弹簧、压缩弹簧、扭转弹簧和弯曲弹簧四种。按弹簧形状，又可分为螺旋弹簧、环形弹簧、碟形弹簧、盘簧和板弹簧等。

表 10—2　　　　　　　　　　　　　弹簧的基本形式

按载荷分 按形状分	拉伸	压缩		扭转	弯曲
螺旋形	圆柱形螺旋 拉伸弹簧	圆柱形螺旋 压缩弹簧	圆锥形螺旋 压缩弹簧	圆柱形螺旋 扭转弹簧	

按载荷分 按形状分	拉伸	压缩		扭转	弯曲
其他	—	环形弹簧	碟形弹簧	盘簧	板弹簧

第十一章　高级钳工专业知识

第一节　精密量仪的结构原理和应用知识

一、精密量仪的结构原理

1. 合像水平仪

合像水平仪的优点是测量读数范围大。当被测工件的平面度误差较大或因放置的倾斜角度较大而又难于调整时，若使用方框式水平仪就会因其水准气泡已偏移到极限而无法测量。而合像水平仪，因水平位置可以重新调整，所以能比较方便地进行测量，而且精度较高。合像水平仪的结构和工作原理如图11—1所示。

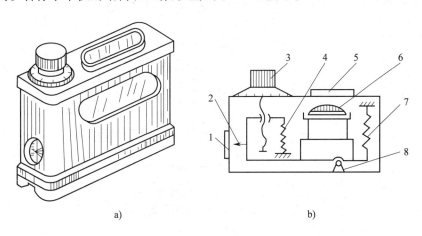

a)   b)

图11—1　光学合像水平仪

a) 外观图　b) 结构原理图

1—指针观视口　2—指针　3—调节旋钮　4、7—弹簧　5—目镜　6—水准器　8—杠杆

合像水平仪的水准器安装在杠杆架上，转动调节旋钮可以调整其水平位置。气泡两端圆弧通过光学零件反射到目镜，形成左右两个半像。当水平仪处于水平位置时，A、B两部分像就重合（见图11—2a）。若水平仪不在水平位置时，A、B两部分像就不重合（见图11—2b）。

例如，一平面被测量后，指针观察窗口所指刻度为1 mm，调整旋钮所示的刻度值为35格，则被测表面在1 000 mm长度上相对水平面的倾斜误差为1.35 mm。若平面只有400 mm长，则在此长度上的误差为：

$$\Delta H = \frac{1.35}{1\ 000} \times 400 = 0.54\ \text{mm}$$

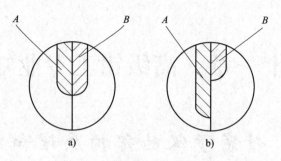

图11—2 光学合像水平仪气泡图

a）重合 b）不重合

2. 光学平直仪

光学平直仪是一种精密光学测角仪器，通过转动目镜，可同时测出工件水平方向及和水平垂直的方向的直线性，还可测出拖板运动的直线性。用标准角块进行比较，还可以测量角度。光学平直仪可以应用于对较大尺寸、高精度工件和机床导轨的测量和调整，尤其适用于对V形导轨的测量，具有测量精度高，操作简便的优点。光学平直仪的外形结构如图11—3所示，其光学原理如图11—4所示。

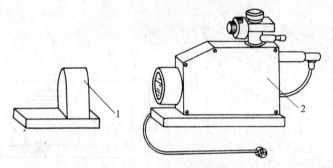

图11—3 HYQ03型光学平直仪

1—反射镜 2—光学平直仪本体

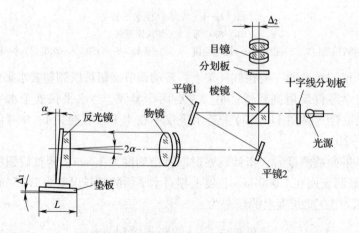

图11—4 光学平直仪工作光学原理图

　　光学平直仪是由平直仪本体（包括望远镜和目镜等）和反射镜组成的。光源射出的光束经十字线分划板，形成十字像，经过棱镜、平镜 1、平镜 2 和物镜后，变成平行光束射到反光镜上，随即又从反光镜反射到分划板。如果导轨的直线度误差为 Δ_1，而使反光镜偏转 α 角，那么返回到分划板的十字像就不重合，而且相差一个 Δ_2 的距离。可通过调节测微手轮，使目镜中视物基准线与十字像对正，测微手轮的调整量就是 Δ_2 的大小。如果反光镜的平面与物镜光轴垂直，返回到分划板的十字像即重合，从而证明该段导轨没有误差。

　　测微手轮的刻度值有两种，一种以角（″）表示，即测微手轮的一圈是 60 格，每格刻度值为 1″。另一种以线值表示，即测微手轮一圈是 100 格，每格刻度值为 0.005 mm/1 000 mm（或 0.001 mm/1 000 mm；0.000 5 mm/1 000 mm）。

　　3. 测微准直望远镜

　　测微准直望远镜是根据光学的自准直原理制造的测量仪器。它用来提供一条测量用的光学基准视线。图 11—5 为凹透镜调焦测微准直望远镜的光学系统，物镜 1 固定在镜管上，调焦透镜 2 可移动，设置于物镜 1 的后面。通过调焦透镜的作用，可使物镜前的目标聚焦在十字线平板 3 上，形成倒立的像。通过后面的四个透镜 4，用来使十字线平板上的倒立像形成正像，透镜中的第四个透镜将正像放大。国产 GJ101 型测微准直望远镜的示值读数每格为 0.02 mm。测微准直望远镜的光轴与外镜管口间轴线的同轴度误差不大于 0.005 mm，平行度误差不大于 3″。这样，以外镜管为基准安装定位时，既严格确定了光轴位置，也确定了基准视线位置。

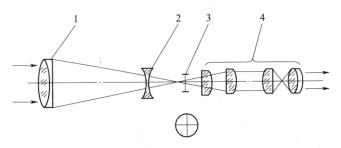

图 11—5　测微准直望远镜光学系统
1—物镜　2—调焦透镜　3—十字线平板　4—四个透镜

　　建立测量基准线的基本方法，是依靠光学量仪提供一条光学视线，同时合理选择靶标，并将靶标中心与量仪光学视线中心调至重合。此时在量仪与靶标之间，建立起一条测量基准线。装配中可将测量对象旋转，在量仪与靶标之间进行测量和校正。

二、装配中的精密测量

　　1. 直线度测量

　　平面直线度误差测量，广泛采用间接测量法（节距法）。它是将被测平面分成若干段，然后测量各段对理想水平面的倾斜角度值，并通过绘制坐标图来确定平面的直线度误差。测量仪器有水平仪、合像水平仪、光学平直仪等。

　　在用合像水平仪或自准量仪测量直线度误差时，在合像水平仪或自准直仪 1 的反射镜2下应放一只脚底座3（见图11—6），从而保证被测表面能在规定的分段长度上进行测量。测量时，水平仪或反射镜随同底座从一端到另一端应逐段依次测量来获得各段量仪的示值读数。同时应综合考虑选择测量底座两支承面的中心距大小及每段之间的联系，否则就不能正确测量出误差。另外，若测量分段太多，将会引起计量累积误差。

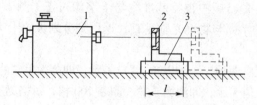

图11—6　量仪的安放

1—自准直仪　2—反射镜　3—脚底座

（1）用作图法求直线度误差　图11—7所示为1 600 mm长的导轨直线度的测量。先将导轨分成8段，然后用精度为0.02 mm/1 000 mm的方框水平仪，测得以下不同读数：+1，+2.5，+1.5，+2，+1，0，-1.5，-2.5。按读数作出坐标图，如图11—8所示。可以直接从坐标图中找到该导轨的最大误差，为5.5格，换算成直线度误差为：

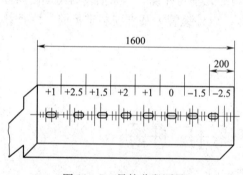

图11—7　导轨分段测量

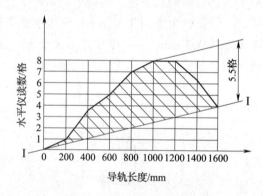

图11—8　导轨直线度误差曲线

$$\Delta H = 5.5 \times \frac{0.02}{1\ 000} \times 200 = 0.022\ \text{mm}$$

以上方法测出的直线度误差比较直观，导轨哪一段误差最大，哪一段呈凸形或凹形，一目了然。

（2）用计算法计算直线度误差的步骤如下：

1）求读数的代数平均值。

2）求相对值，即在原每一读数上减去代数平均值。

3）求逐项累积值，每一测量位置上的累积值，等于该位置的相对值与该位置前所有相对值的代数和。

4）找出最大值与最小值之代数差，即为该导轨的最大直线度误差。

仍然以图11—7所示测量导轨为例。将所有读数相加，然后所求的平均值为：4/8＝0.5。在原每一读数上减去一个平均值得：+0.5，+2，+1，+1.5，+0.5，-0.5，

-2，-3。求逐项累积值是：$+0.5$，$+2.5$，$+3.5$，$+5$，$+5.5$，$+5$，$+3$，0。可以看出，最大读数误差为5.5格，换算成高度误差为：

$$\Delta H = 5.5 \times \frac{0.02}{1\,000} \times 200 = 0.02 \text{ mm}$$

2. 平面度测量

精密机床的工作台面或基准平板工作面的平面度测量，对小型件可采用标准平板研点法和带指示表的表架等检验（见图11—9a、c、d），对较大型件可采用水平仪、自准直仪按一定的布点和方向逐点测量（见图11—9b、e），然后记录读数，并换算成线值。

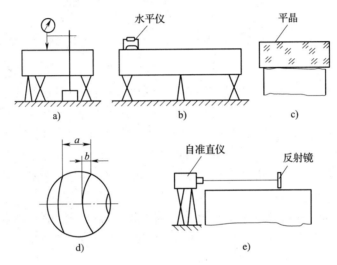

图11—9　平面度误差的测量

测量平面度误差时，一般是沿被测表面两对角线及其他直线上等距布置测点。布点形式通常有米字形和网格形两种。根据在各点测得的读数值用计算法（或图解法）按最小条件确定平面度误差。对角线法测量平面的平面度的方法：对角线法的过渡基准平面是通过被测表面的一条对角线，且平行于被测表面的另一对角线的平面。矩形被测平面测量时的布线方式如图11—10所示。其纵向和横向布线应不少于三个位置。用对角线法，由于布线的原因，在各方向测量时，要用不同长度的支承底座。测量时首先按布线方式测出各截面上相对于端点连线的偏差，然后再算出相对过渡基准平面的偏差，平面度误差就是最高点与最低点之差。

3. 垂直度测量

图11—11所示为用测微准直望远镜和光学直角器，测量机床立柱导轨对水平导轨的垂直度。其测量方法如下：

（1）建立水平的测量基准线　在水平导轨上（见图11—11）放置一把90°角尺，将测微准直望远镜调焦，转动望远镜直至垂直十字线与直角尺边重合。同时将望远镜光轴视线调整至与水平导轨平行。

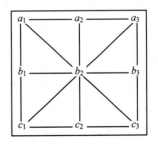

图11—10　对角线法测量平面度的布线方式

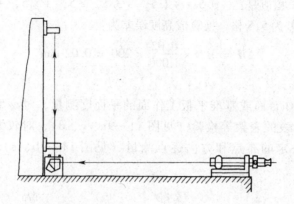

图 11—11 用测微准直望远镜和光学直角器测量导轨间的垂直度

（2）调整光学直角器 将光学直角器安装在调整台上，再将调整台放在机床导轨上进行调整。要求光学直角器的出射窗口中心至立柱表面的距离与采用的可调靶标底座面至靶标中心的距离相等，棱镜入射表面与望远镜光轴视线（即测量基准线）相垂直。

（3）调整靶标中心与测微准直望远镜的十字线重合 将装有靶标的可调靶标底座安放到立柱导轨上，并靠近光学直角器的一端，调整靶标位置，使靶标中心与测微准直望远镜的十字线对中。

（4）测量检验 移动靶标至立柱导轨上端，此时检查靶标中心是否与测微准直望远镜的水平十字线重合。如果不重合。其不重合度即为垂直度误差。

4. 分度误差测量

图 11—12 所示为用经纬仪测量机床回转台的分度误差。其基本步骤和方法如下：

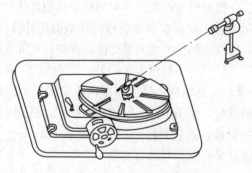

图 11—12 用经纬仪测量分度误差

（1）先用水平仪调整转台平面，使转台处于水平位置，水平误差不应超过 0.02 mm/1 000 mm。然后利用带螺纹的专用心轴，配装于转台中心孔中，并将经纬仪同轴作固定连接。

（2）将经纬仪调平。方法是：转动仪器照准部，使长方形水准器与任意两个旋螺脚的连线平行，以相反的方向等量转动旋螺脚，使气泡居中。将仪器转动 90°，旋转第三个旋螺脚，也使气泡居中。用上述方法反复调整直至仪器旋转到任意位置，水准气泡最大偏离值不大于 1/2 格数。

（3）调整望远镜管使之处于水平位置。方法是：转动换像手轮，使目镜中显示垂直刻度盘影像，调整测微手轮，使读数微分尺在零分零秒，调节望远镜微动手轮，使垂直刻度盘中的 90° 与 270° 刻线对准，再将望远镜锁紧。

（4）将被测转台的刻度盘与游标对准零位，同时使微分刻度值及游标盘精确地对准零位。

（5）平行光管用可调支架放置在离经纬仪约 3 m 处，以经纬仪为基准，调整望远镜调焦手轮，使目标影像清晰，无视差存在。调整平行光管使其光轴与经纬仪望远镜管光轴同轴，并使平行光管的十字线与望远镜分划板的十字线对准。

（6）测量时，先记录经纬仪水平度盘的读数，然后将被测转台按分度刻度转过一个规定的测量角度，随即将经纬仪反向转过一个同等角度（作为标准量），并用微动手轮调节，使平行光管的十字线重新对准望远镜的十字线，记录一次读数。重复操作，在整个圆周上依次测量。

将各分度误差列表记录，取正测和反测中相应各分度点的读数平均值，并从每个平均值中减去起始读数的平均值，即为各分度刻度的误差值，其中最大正负值之差值即为最大分度误差值。

5. 平行度测量

平行度误差包括面对面、面对线、线对线、线对面四种，测量方法各不相同。图 11—13 所示是面对面的平行度误差测量。将被测零件放在平板上，用平板的工作面模拟被测零件的基准平面作为测量基准。对被测实际表面上的各测点进行测量，指示表的最大与最小读数值之差，即为被测实际表面对其基准平面的平行度误差。

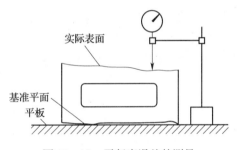

图 11—13　平行度误差的测量

在机床装配时，机床的立柱、横梁等零件以及导轨一般都要求与其传动轴线或丝杠轴线保持平行。在检查导轨与轴线的平行度时，可采用图 11—14 所示的方法，利用垫铁在导轨上移动，千分表装于垫铁上，在传动轴孔或丝杠轴孔内插入检验心轴，使千分表触头在心轴的上母线或侧母线之上检查轴线与导轨表面的平行度。有些中小零件，亦可在平板上测量，先找正导轨面与平板面平面的平行度，然后再在心轴上拉表，检查其平行度。

6. 同轴度测量

（1）回转法　回转法可用来检查卧式铣床刀杆支架孔对主轴轴线的同轴度及插齿机主轴轴线对工作台锥孔轴线的同轴度。将千分表固定在主轴上，使千分表测头触及被检孔或轴的表面（或插入孔中的检验棒的表面），如图 11—15 所示。旋转主轴检验，或分别在平面 a—a 和平面 b—b 内检验。千分表的读数最大值的一半，就是同轴度的误差。

因机床工作时被测部件处于夹紧状态下，在检验时，也应使其处于夹紧状态，以保证检验误差的真实性。

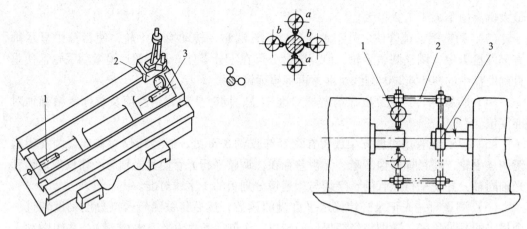

图 11—14　检查导轨与轴线的平行度　　　　图 11—15　同轴度回转检验法
1、3—检验心轴　2—千分表垫铁　　　　　1—千分表　2—千分表架　3—轴环

（2）堵塞法　当检查滚齿机滚刀杆和托架轴承轴线与滚刀主轴回转轴线的同轴度时，因位置很紧凑，千分表的回转难于实现，故采用堵塞法检测。

图 11—16 中，在滚刀主轴锥孔中紧密地插入一根检验棒，在检验棒上套一配合良好的锥形检验套，并在托架轴承孔中装一锥孔检验衬套，衬套的内径应等于锥形检验套的外径。将千分表固定在机床上，使千分表测头触及在托架外侧检验棒的表面。将锥形检验套插入和退出衬套进行检验。千分表的锥形套进入和退出衬套的两次读数的最大差值就是同轴度的数值。在检验棒相隔 90° 的两条母线上各检查一次。

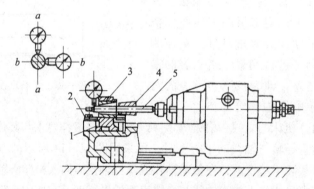

图 11—16　同轴度的堵塞检验法
1—滚刀心轴托架　2—压板　3—外锥套
4—内锥套　5—滚刀心轴

第二节　大型设备的装配知识

一、大型机床结构特点和主要性能要点

大型机床按其导轨主运动即工件的运动方式不同，可分为：

1. 具有直线运动导轨副的机床（如龙门刨床、龙门铣床、卧式车床等），床身多采用多段拼装连接而成，且导轨副一般为 V 形，特点是导轨长，面积大，安装精度要求高，刚度低，热变形大，是装配中要把握的关键部件之一。

2. 回转运动导轨副的机床（如立式车床和滚齿机等）的床身具有环形导轨的形式或装有滑动轴承的环形平面——V 形导轨。这类机床的主运动即工作台的回转精度，取决于定心主轴轴承的配合精度、环形导轨体的几何精度以及回转轴线与环形导轨的相关精度。

3. 移置式运动的机床（如落地镗床、坐标锉床、钻床等）在加工过程中，工件一般不作相对的主进给运动（对刀具而言）。进给主要由刀具系统的运动实现，但是要求工件有很高的移置定位精度。其结构较为复杂，各部件的动、静刚度均直接影响被加工工件的精度。

机械制造业中大型机床一般是小批量生产的。这类设备的制造工艺技术复杂，特别是大型机床导轨的加工，由于缺乏规格更大的工作母机加工或因工装、装夹、刀具等多种原因，大多数是采用人工刮研的工艺方法。在刮研过程中，因需多次合研配刮导轨副，就要进行频繁的拆装、反吊、校验找正工作，消耗了大量的装配辅助时间。因此，研配技术在大型机床装配更显重要。

二、大型机床的装配工艺要点

1. 大型机床多段拼接床身工艺要点

（1）刮削接合面 多段床身接合组成的床身整体，为保证连接后的床身整体导轨全长在垂直平面内的直线度误差，不致因分段装配则产生过大的累积误差，就应对接合面进行修整刮削。刮削的方法如图 11—17 所示。将床身的接合面 6 用枕木 4 适当垫高，将平板 5 吊起后进行研点并刮削。接合面刮削端垫高的目的是使接合面略有倾斜，研点时可减小对平板施加的推力，同时也使刮削比较方便。

刮削精度要求：对导轨面 1、2、3 垂直度为 0.03 mm/1 000 mm，接触点为 4 点/（25 mm×25 mm）。

在刮削另一段床身的接合面时，其垂直度误差方向应相反，以使这两段导轨彼此连接后，导轨的直线性趋向一致。图 11—18 为刮削后垂直度的检查方法。

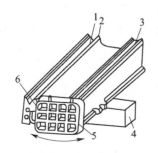

图 11—17 接合面的刮削

1、2、3——导轨面 4—枕木 5—平板

6—床身接合面

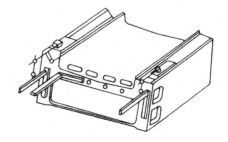

图 11—18 接合面与导轨垂直度的检查

（2）床身的拼接　床身各段刮削完毕进行拼接时，由于吊装后接合面处总会有较大的缝隙，此时不允许直接用螺钉强行拉拢并坚固，以免因床身局部受力过大而变形或损坏。应在床身的另一端，用千斤顶等工具使其逐渐推动拼合，然后再用螺钉紧固。连接时要检查相连床身导轨的一致性，检查方法如图11—19所示，即用百分表对导轨面上的接头进行找正，保证接头处的平滑过渡。导轨拼接并用螺钉坚固后，接合面处一般用0.04 mm厚度的塞尺检查不允许通过。最后铰定位销孔，配装定位销。

（3）刮削V形导轨面　刮削前先要自由调平床身的安装水平到最小误差。在自由状态下，对床身进行粗刮和半精刮，然后均匀紧固地脚螺钉，并保持半精刮后的精度不变，再精刮床身至符合规定要求。由于使用的V形研具不是很长，在刮削过程中应注意随时控制V形导轨的扭曲。

（4）刮削平导轨　用较长的平尺进行研点，刮削时既要保证直线度的要求，还应控制平面的扭曲（由于平面较宽，容易产生扭曲）。

平导轨刮削的精度要求：在垂直平面内的直线度为0.02 mm/1 000 mm，单面导轨扭曲度为0.02 mm/1 000 mm，接触点为6点/（25 mm×25 mm）。平导轨对V形导轨平行度的检查方法如图11—20所示。

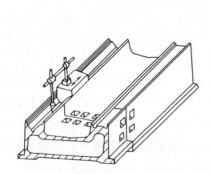

图11—19　导轨接头处的检查

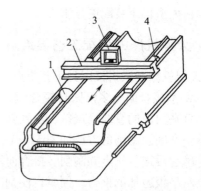

图11—20　平导轨对V形导轨平行度的检查

1—检验棒　2—平行平尺　3—框式水平仪　4—检验平尺

（5）刮削床身导轨的注意事项　大型机床床身导轨的刮削，其调整工序和刮研工序是同地进行的。由于床身是由多段拼接而成，床身导轨长、结构刚度低、变形情况复杂，只能边刮边调，确保安装精度。

紧固床身时，应该均匀地从床身中间段延伸至两端，顺序进行。床身紧固后，导轨的误差曲线形状，必须与自由调平时保持一致，即在公差范围内。不允许因装配调整过程而引起的床身变形产生新的误差。因此，在部装和总装中要进行多项反复的调整，对所获得的导轨精度误差曲线进行分析，排除装配误差，达到机床装配技术要求中的各项精度指标。

2. 大型机床立柱的安装工艺要点

（1）双立柱顶面等高度的检查　例如龙门刨床、龙门立式年床等双立柱安装时，左、右立柱顶面的等高度要求为0.1 mm。由于尺寸较大，一般测量方法难以实施，测量可采用如图11—21所示的方法进行。

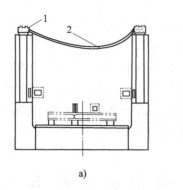
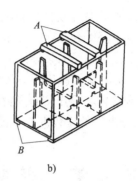

图 11—21　双立柱顶面等高的检查

1—水箱　2—软管

先按图 11—21b 所示制作两只等高水箱，其 A、B 两面的平面度要求为 0.01 mm，两只水箱的等高度为 0.03 mm。将两只等高水箱 1 分别置于两立柱顶面，箱内盛适量的水，用软管 2 将两水箱连通，这样，两水箱的水位便保持同一高度，如图 11—21a 所示。然后用深度千分尺的工作面靠在水箱顶部的 A 面上，逐渐旋转千分尺测量杆，当测量杆端面刚触及水面时（水面产生微动），其读数便是 A 面至水面的距离。左、右立柱上测得的读数之差，便是两立柱等高度的误差。

（2）双立柱导轨面同一平面度的检查　左、右立柱安装在床身时，必须使导轨面 1、2 在同一平面内，其精度要求为 0.04 mm。由于两立柱相距较远，可采用拉钢丝法进行测量检查，如图 11—22 所示。

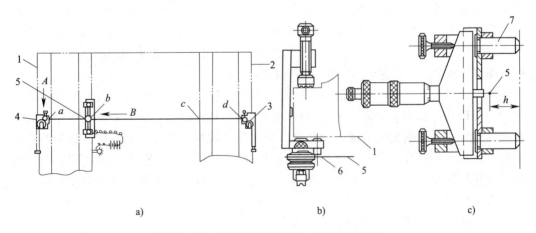

图 11—22　双立柱导轨面同一平面度的检查

1、2—导轨面　3、4—左、右钢丝架　5—钢丝　6—小轴　7—胶木杆

将左、右钢丝架 3、4 分别装夹在左、右立柱的同一高度（近似等高即可），用砝码或重物将 φ0.3 mm 的钢丝 5 拉直，并使钢丝刚好接触小轴 6 的端面，以保证钢丝两端与立柱导轨面 1、2 等距（见图 11—22b）。

用测量装置分别在 a、b、c、d 四处进行测量，根据测得的四个读数便可得知两立柱导轨面的同一平面度的误差。测量装置可用深度千分尺（连同附件，特制），利用上面的两根等长的胶木杆7与立柱导轨面接触（见图11—22c）。为了读数方便，测量时可利用一低压直流电路配合进行。电路的直流电源为3 V（或6 V）的干电池，导线的一端接在与深度千分尺相通的某导体上，导体的另一端连接3 V（或6 V）的小灯泡而触及立柱面。测量时，旋转深度千分尺的棘轮盘，使其测量面刚触及ϕ0.3 mm钢丝时，电路接通，小灯泡发亮。千分尺的读数便表示导轨面在该处的一定距离（不必换算）。将a、b、c、d四处测得的读数进行比较，便可得误差值。

第三节　精密设备的装配知识

一、精密机械的结构特点和主要性能要求

在机械加工中，零件的尺寸、几何形状和相对位置关系的形成，取决于工件和刀具在切削过程中的相互位置关系。而工件和刀具装在夹具和机床上，并受到夹具和机床的约束，因此，机床、夹具、刀具和工件就构成了一个系统。为了保证零件的加工精度，机床本身的精度至关重要。金属切削机床的运动包括主体运动和进给运动。因此，精密机床的精密性也就依靠这两个运动来保证，具体表现为传动部分和导轨部分的精密性。

1. 传动链精度对加工精度的影响

机床传动链的运动误差，是由传动链中各传动件的制造误差和装配误差造成的。每个中间传动件的误差都会反映到传动链的两端件上，从而产生相对运动的不均匀性，破坏了严格的速比关系。每个传动件对传动链末端件运动的误差影响程度，既决定于传动件本身的误差大小，也与该传动件至末端件的总传动比有关。如果是增速运动，传动件的误差将被放大；而减速运动，其误差被缩小。

例如，齿轮加工机床上的分齿传动链，是由齿轮副和蜗轮副所组成，分齿运动的最后一级传动是精密蜗轮副。因此，传动链中每个齿轮的误差必然要影响到分度蜗轮的运动误差。由于蜗轮副的减速比很大，使得传到蜗杆的各齿轮的累积传动误差充分地缩小，因而最终反映在工件（齿轮）上的误差也就很小。此时，分度蜗轮本身的误差直接传递给工作台而反映在工件上。因此，分度蜗轮必须保证具有很高的制造精度和安装精度。

2. 导轨部分对加工精度的影响

床身是机床的主要基础件。作为导向用的导轨面，是机床各项几何精度的测定基准。床身导轨的几何精度，直接关系到机床的几何精度和工作精度。床身导轨在垂直平面内的直线度误差，直接复映为被加工零件的直线度误差。

机床的滑动部件（工作台、床鞍滑座和溜板等部件）在导轨面上滑动，形成机床工作过程中的进给运动。其运动精度，直接影响加工工件的几何精度和形状位置精度以及加工表面的表面粗糙度和波纹度等。对于精密加工机械，它的位移精度要求更

高。因此，对这些部件的运行均匀性、平稳性以及几何精度等提出了更严格的要求。移动部件的运动精度是由摩擦副的摩擦特性和传动机构传动链的刚度决定的。例如工作台滑动导轨，正常时是处于混合摩擦的条件下运行的；在低速范围内，常出现一种低频振动现象，这一平行于工作台运动方向的振动，即运动的不均匀性现象，通常叫做工作台"爬行"。

滑动部件的不均匀位移及振动除影响加工精度外，还会使刀具寿命降低，使导轨产生咬合现象，从而形成划痕，影响机床的精度和寿命。

二、精密机械的装配工艺要点

1. 传动部分的装配工艺要点

提高机床的传动链精度的途径是：提高分度蜗轮副的传动精度；消除传动链中的传动间隙；提高传动链中主要传动零件的几何精度；提高关键传动零件的扭转刚度；提高齿轮加工机床工件回转定心精度等。对于装配工作，要提高传动链精度，主要依靠各传动件的安装准确性来解决。

（1）径向圆跳动的补偿　为了减小传动齿轮安装后的径向圆跳动，可以分别测出齿轮和轴的径向圆跳动及其相位，然后根据误差相抵消的原则，将齿轮和轴的跳动相位错开至180°位置后进行装配，齿轮在轴上的径向圆跳动就可得到部分补偿。

（2）传动齿轮副误差的补偿　对于传动比为1∶1的齿轮副，主动轮与从动轮转过一齿时的传动误差，是主动轮与从动轮的齿距差。显然，当一个齿轮的最大齿距与另一齿轮的最小齿距处于同一相位时，产生的传动误差为最大。此时，应将其中一个齿轮转过180°安装，便可使啮合后的传动误差减至最小。

（3）影响蜗轮副啮合精度的因素　以蜗轮轴线倾斜为最大，蜗杆轴线对蜗轮中间平面偏移为其次，而中心距误差为最小。因此，在装配时应尽量减小上述前两项的误差。

（4）保证分度蜗轮副的装配精度的工艺分析　分度蜗轮副是齿轮加工机床的关键传动元件。由于精密机床用的齿轮必须具有较高的精度，因此，用以制造高精度齿轮的加工机床（如滚齿机、插齿机和磨齿机等）势必应有更高的精度，而影响齿轮加工精度的主要因素之一，便是分度蜗轮副的精度。

精密的齿轮加工机床的分度蜗轮副，是按0级的高精度等级制造的。蜗杆其余部分的制造精度一般为：轴颈的圆柱度为0.005 mm，轴向螺距最大累积误差为±0.005 mm，轴颈与轴承（通常为铜套）的配合间隙为0.005 mm。蜗轮其余部分的制造精度一般为：相邻齿距差为0.005 mm，累积齿距差为0.02 mm。蜗杆装在蜗杆座中的结构如图11—23所示，蜗轮与工作台装在一起，带动工作台旋转。

（5）分度蜗轮副的装配　装配是在工作台的环形圆导轨已获得较高的定心精度后进行的。其工作内容主要包括调整蜗轮副的接触精度和调整并保证较小的啮合侧隙。

1）侧隙的调整　通常采用蜗杆径向可调结构或轴向可调结构来实现。图11—24所示为蜗杆径向可调结构。这种蜗杆传动一般是待蜗轮2装合在刮研好的工作台3上精加

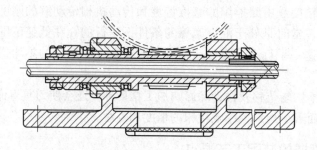

图 11—23　蜗杆安装情况

工蜗轮齿面后，按齿面接触斑痕分布情况，配合蜗杆 1 齿面，在检验机上按一定的中心距，检查蜗轮齿面的接触斑痕，达到正常接触，然后进行装配，并配磨调整垫片 4（补偿环），以保证蜗杆轴线位于蜗轮齿的中央截面内，配钻、铰蜗杆座与底座的定位销孔。检查侧隙大小，通常将百分表测头沿蜗轮齿圈切向接触于蜗轮齿面或工作台上相应的凸面，固定蜗杆，摇摆工作台（或蜗轮），百分表上的读数差值即为侧隙的大小。

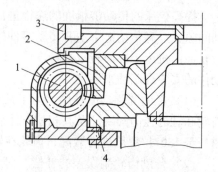

图 11—24　蜗杆径向可调结构

1—蜗杆　2—蜗轮

3—工作台　4—调整垫片

　　图 11—25 所示为蜗杆轴向可调结构。这种结构必须是变齿厚蜗杆，即蜗杆两侧螺旋面的导程是不同的。这种蜗杆的传动优点是，容易调整侧隙，并且调整时不改变中心距，因而也就不改变接触精度和运动精度。根据侧隙需要的减小量，将垫圈 1 磨薄，使蜗杆的齿厚端向图示箭头方面移过一个相应的量即可。

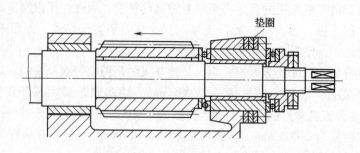

垫圈

图 11—25　蜗杆轴向可调结构

　　2）蜗轮副接触精度的调整　因蜗轮齿面是一个复杂的空间曲面，目前还无法直接检查，故装配时，只有借助于对蜗轮齿面接触斑痕的检查来判断装配质量。精密机床的分度蜗轮副齿面接触斑痕一般要求在齿长方向不少于 70%，齿高方向不少于 60%。图 11—26a 所示的斑痕形成于传动过程中的中断啮合面上，说明蜗轮或蜗杆各沿齿高方向具有较大的齿形误差；图 11—26b 所示的斑痕是由于接触线分段接触所形成的，说明蜗杆沿螺旋方向，蜗轮沿齿长方向各有较大的齿形误差。出现这种情况，往往采用配对研磨或加载跑合来纠正，以保证蜗杆的齿形能较好地与蜗轮的齿形吻合，达到理想的接触质量。

2. 导轨部分的装配工艺要点

精密机床工作台的直线移动精度，在很大程度上取决于床身导轨的精度。用刮研方法提高导轨几何精度和接触精度，是目前最为普及、有效的一种工艺方法。特别是在不具有精密导轨加工机床的条件下，人工刮研法是唯一的提高床身导轨精度的方法。刮研法能够使导轨的精度达到 0.005 mm/1 000 mm ~ 0.01 mm/1 000 mm。刮研精度决定于钳工操作的熟练程度和精密测量工具的正确使用。目前广泛采用电子水平仪，光学及激光准直仪等，其精度值能达到微米级。用刮研方法提高导轨精度时，通常要求精度在导轨全长上不超过 0.04 mm/1 000 mm。检查方法如图 11—27、图 11—28 所示。在刮研导轨以前，应先检查相邻各段接头端面的平面性及导轨一致性，检查方法如图 11—29 所示。

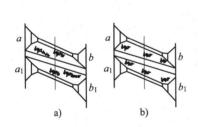

图 11—26　蜗轮齿面接触斑痕

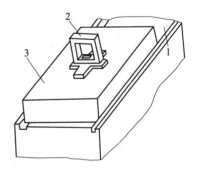

图 11—27　检查平导轨的扭曲

1—平导轨　2—水平仪　3—检具

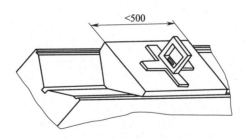

图 11—28　检查 V 形导轨的扭曲

床身安放在原基础上进行刮研时，应在刮研前测量出误差曲线。在它的凸起处采用"分层刮削"的方法，从最高点顺序向两边进行。每刮 2 ~ 3 遍，要检查床身的误差曲线。对于每一段床身导轨在水平面内直线度误差，一般不能用调整的方法消除，而要用刮研方法达到精度要求。在进行最后精刮时，应使接触研点均匀，刮研的花纹统一整齐。最后复查床身几项综合精度，均应达标。

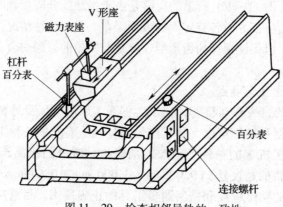

图 11—29　检查相邻导轨的一致性

第十二章 高级钳工相关知识——提高劳动生产率的措施

第一节 时间定额的概念及其组成

劳动生产率是指在单位时间内所生产的合格产品的数量，或者指用于生产单件合格产品所需的劳动时间。提高劳动生产率的途径很多，如改进产品的结构设计、提高毛坯的制造质量、改进机械加工方法、改善生产组织形式和劳动管理制度等，但这些途径和方法都必须以保证并提高产品质量和降低产品成本为前提。因此，劳动生产率与时间定额有着密不可分的联系。

一、时间定额的概念

时间定额是指在一定的生产技术和生产组织条件下，规定生产一件产品或完成一道工序所需消耗的时间。时间定额的衡量标准必须科学、先进、合理。时间定额是安排生产计划、进行成本核算的基础，是安排工资计划和按劳计酬的主要依据，也是开展劳动竞赛、组织技术比武等工作的重要标尺。

二、时间定额的组成

完成零件一个工序的时间定额称为工序单件时间定额（T_d）。工序单件时间定额一般包括下列组成部分：

1. 基本时间（T_j）

基本时间是直接改变生产对象（工件）的尺寸、形状、相对位置、表面状态或材料性能等工艺过程所消耗的时间。简言之，就是从工件上切去多余材料层所消耗的时间。它包括刀具切入和切出的时间在内，一般可用计算方法确定。例如，对于车削，可采用下式确定：

$$T_j = \frac{(L + L_a + L_b)i}{nf} \tag{12—1}$$

式中　L——加工表面长度，mm；

L_a——刀具的切入长度，mm；

L_b——刀具的切出长度，mm；

i——进给次数（由加工余量和背吃刀量而定）；

n——工件转速，r/min；

f——刀具进给量，mm/r。

2. 辅助时间（T_f）

辅助时间是指为实现工艺过程所必须进行的各种辅助动作所消耗的时间。它包括装卸工件、校正工件、启停机床、改变切削用量、对刀、试切、测量工件等所消耗的时间。

3. 布置工作地时间（T_{fw}）

布置工作地时间是指为使加工正常进行，工人照管工作地（如更换刀具、磨刀、清理切屑、收拾工具等）所消耗的时间。

4. 生理休息时间（T_x）

生理休息时间是指工人在工作班内为恢复和满足生理上的需要所消耗的时间。上述各时间的总和即为工序单件时间定额 T_d：

$$T_d = T_j + T_f + T_{fw} + T_x \tag{12—2}$$

5. 准备与终结时间（T_z）

准备与终结时间是指工人为了生产一批产品或零部件，进行准备和结束工作所消耗的时间，包括熟悉图样和工艺文件，领取毛坯材料、安装工艺装备、调整机床、交付查验、发送成品、归交工艺装备等。设一批零件数量为 n，分摊在每个工件上所消耗的准备与终结时间 T_z/n，则成批生产时工序单件时间定额（T_d）为：

$$T_d = T_j + T_f + T_{fw} + T_x + T_z/n \tag{12—3}$$

很显然，在大批量生产时，T_z/n 很小，可忽略不计。

第二节　缩短基本时间的措施

从工艺技术角度上说，如何缩短基本时间是提高单位时间内工人平均生产量或创造价值的根本措施。毫无疑问，它对提高劳动生产率具有重要意义。

一、提高切削用量

由基本时间计算公式可知，提高切削速度、增加进给量和背吃刀具以及减少加工余量、缩短刀具的工作行程都能减小加工的基本时间。因此，采用高速和强力切削是提高机械加工劳动生产率的有效措施。

目前，普遍采用硬质合金刀具来提高切削速度。硬质合金硬度为 74 ~ 82HRC（89 ~ 94HRA），允许工作温度为 800 ~ 1 000℃，甚至更高。另外，陶瓷刀具的硬度为 91 ~ 94HRA，在高速切削时，热稳定性好，一般在 1 200 ~ 1 450℃条件下仍能保持好的切削性能。近年来研制出的一种聚晶立方氮化硼刀具，硬度高，仅次于金刚石，热稳定性好，在高于 1 300 ℃时仍可切削。它适用于高硬度金属（如调质、淬火钢）的精加工、高强度钢和耐热钢的精加工和半精加工。

磨削加工的发展趋势是采用高速磨削和强力磨削。高速磨削的主要特点是：生产效率高，可大大缩短基本时间；加工精度高，并能获得较细的表面粗糙度。强力磨削是通过加大进给量和提高磨削速度来提高效率的磨削方法。它的主要特点是：磨削深度大，一次磨削深度可达 6 mm 以上，生产效率高。

　　总之，提高切削用量可使基本时间缩短，但切削用量的提高，将引起工艺系统弹性变形、振动和温度的变化。为了适应这种变化，必须就机床的刚性、驱动功率和机床的结构、工艺装备等作较大的调整和改进。

二、多刀多刃加工、成形加工

　　在一个工序中，对一个工件的几个不同的表面同时进行加工或者用成形刀具同时加工几个表面，使这些工步或进给合并，可以使许多表面的加工基本时间重合，从而缩短机械加工的基本时间。这种工步或进给合并是机械加工中用得较广的提高生产效率的方法，特别是在大批量生产中更是如此。图 12—1 反映了工步、进给合并加工的情形。应该注意的是，粗加工工步不宜与精加工工步合并。

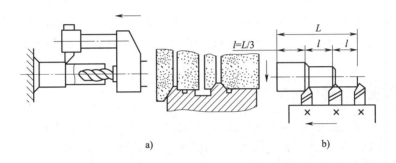

a)　　　　　　　　　　　　　b)

图 12—1　工步、进给合并

a）工步合并　b）进给合并

三、多件加工

　　多件加工就是一次加工几个工件，它可分为顺序加工、平行加工和顺序平行加工三种方式。

　　1. 顺序加工

　　图 12—2 所示为在滚齿机上顺序加工若干齿轮的情况。这种方法的主要优点是可减少刀具在每个工件上的切入和切出时间，从而缩短基本时间。另外，还可节约安装和夹紧时间，从而减少辅助时间。这种方法在滚齿机床、龙门刨床、平面磨床和铣术上应用较广。

　　2. 平行加工

　　图 12—3 所示为在卧式铣床上用一组刀具同时加工几个平行排列的工件的情形。平行加工时，所需要的基本时间仍和加工一个工件时相同，那么分摊到每个工件上的基本时间就可减少到原来的 $1/n$（n 为平行加工的工件数）。

　　3. 顺序平行加工

　　顺序平行加工是顺序加工和平行加工的综合，兼有上述两种加工方式的特点，这种加工方法主要适用于大批量生产，其切削效率最高。

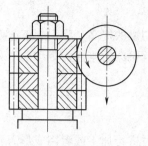

图12—2　顺序加工

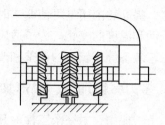

图12—3　平行加工

<h1 style="text-align:center">第三节　缩短辅助时间的措施</h1>

辅助时间在单件时间中占有较大比重，单件小批量生产时甚至超过基本时间。缩短辅助时间可采取两方面的工艺措施：一是直接缩短辅助时间；二是使辅助时间与基本时间重合。

一、直接缩短辅助时间

1．广泛采用先进夹具，以缩短装卸工件的时间。对大批量生产的工件，可采用高效率的专用夹具（如气动、液压驱动的夹具和联动夹紧装置的夹具）。对于小批量生产的工件，可尽量采用通用可调夹具或组合夹具。

2．采用定程装置和刀具微调机构，以减少加工过程中对刀、试切和测量工件的时间。

3．在机床设备上配备数字显示装置，可在加工过程中把工件尺寸变化的情形连续显示出来，并能准确地显示出刀架的位移量。对操作者来说，可大大缩短停机测量的时间，同时也保证了零件尺寸加工精度。

4．采用各种辅助工具，减少更换和装夹刀具的时间。

二、辅助时间与基本时间重合

1．采用两个相同的夹具交替工作或采用转位夹具交替工作

例如在多刀半自动车床和外圆磨床上，以心轴定位加工工件时，可采用两个同样的心轴，一个心轴在机床上工作，另一个心轴用来装卸工件，这样就实现交替连续加工。再如在机床上使用转位夹具或转位工作台时（见图12—4），可在一边加工一个工件，在另一边装夹另一个工件。切削完毕后，使夹具或工作台转位180°位置，即可对另一个工件进行加工。

2．采用连续加工

图12—5所示是在立式铣床上进行连续铣削加工的情形。机床上有两个主轴，能够顺次进行粗铣和精铣。采用连续加工，装卸工件的全部辅助时间与加工的基本时间重合。因此，能显著地提高劳动生产率，这尤其适用于大批量生产中。

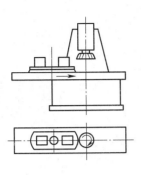

图 12—4　转位夹具

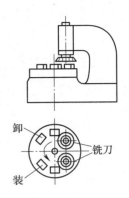

图 12—5　连续铣削加工

3. 采用在加工过程中测量工件的装置

图 12—6 所示是外圆磨床上采用的测量装置。该装置的弓形架 1 上装有两个与工件相接触的硬质合金接触头 2，量杆 3 在弹簧 4 的作用下压向工件。磨削时工件尺寸的变化可经过量杆 3 和触头 6 在千分表 5 上反映出来。操作人员可随时根据千分尺的读数来控制机床。这种测量方法的进一步发展就可实现加工过程中的自动化测量。

另外，采用各种快换刀具、刀具微调装置、专用对刀样板、自动换刀装置，提高刀具和砂轮的耐用度，有规律地布置和安放工具、夹具、量具等，均可缩短布置工作地时间和服务时间，对提高劳动生产率均有实际意义。采用先进的加工设备（如应用液压仿形机构以及数字控制机床），能够逐步实现加工、测量的自动化，在批量生产中，是提高劳动生产率的必然发展趋势。

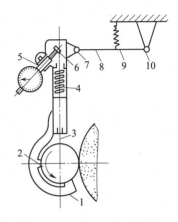

图 12—6　加工过程中测量
工作的装置

1—弓形架　2—硬质合金接触头
3—量杆　4、9—弹簧　5—千分表
6—触头　7、10—支点　8—支架

第 **6** 部分

高级钳工技能要求

第十三章　高级钳工操作技能

第一节　錾削、锯削、锉削（三）

一、操作技能水平要求

1. 加工工艺综合分析能力

掌握运用划线、錾削、锯削、锉削等手工加工方法，制作各种形状复杂的高精度镶嵌零件。对畸形、疑难加工零件，具备制作辅助样板和辅具，制定合理的加工工艺和选择正确的检测计算方法的能力。

2. 操作技能水平

錾削、锯削零件，尺寸公差控制在 0.5 mm 范围内。锉削 100 mm × 50 mm 的平面，尺寸公差控制在 0.02 mm 范围内，表面粗糙度达到 Ra1.6 μm。

二、高精度镶嵌零件的加工制作

做好高精度镶嵌零件配合的关键是加工凸件，特别是完成翻配和转位配合的凸件。加工时，不要以达到单项公差合格为满足，应尽量减小公差带宽度，越接近公差带中间值越好，这有利于配合凹件的加工。以图 13—1 所示的十字块镶嵌零件为例，下面对加工工艺过程进行分析比较。

1. 十字块镶嵌零件中凸件的加工和检测方法

十字块凸形件各加工面都为直线型平面，加工简单，测量方便，主要以划线、钻削、锯削、錾削和锉削加工完成。选用量具和测量方法不同，加工过程也不一样。

（1）加工凸件，并用千分尺测量

1）先将坯件的一组相邻面（基准面 A、B）锉削好，尽量提高两面间的垂直度，并以此为基准划好全部加工线。

2）分别锉好 A、B 面的两个对面，保证对面的平行度，邻面的垂直度。因为对面将成为以后加工中的测量基准，所以应控制对面相距尺寸 50 mm 的公差带尽量接近中间公差。

3）按划线留锉削余量，锯去两个对角，并分别以外周四面为测量基准，锉好锯掉的两内角的四面，保证其与基面距离 35 mm，公差值可通过尺寸链计算确定。为保证其翻转配合，要对称分布被锯掉部分的尺寸公差。

4）锯去另外两对角，锉削两内直角的四面，控制好尺寸 $20_{-0.021}^{0}$ mm 的公差带。

用千分尺测量凸件的缺点是，测量基准二次转移，增大了测量误差。相邻两内直角面直线度难保证，根部也因千分尺测量头较大而难以测准确。

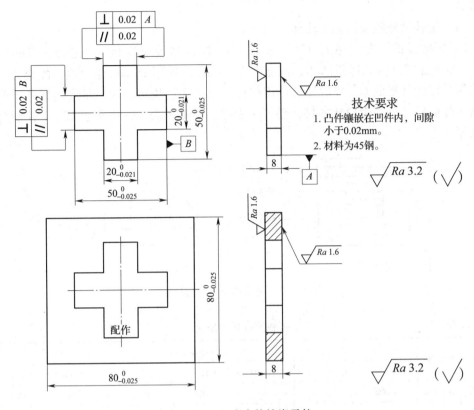

图 13—1 十字块镶嵌零件

（2）加工凸件，并用深度千分尺测量

1）锉坯件一组相邻面（*A*、*B* 面），保证其垂直度。以 *A*、*B* 面为基准划完加工线。

2）按划线分别将 4 个内直角全部锯去，使零件成十字块形，留出锉削余量。

3）以 *A*、*B* 面为测量基面，分别锉 *A*、*B* 面的两个相对面，控制尺寸 50 mm 的公差带，保证 *A*、*B* 面的相对面的平行度及邻面的垂直度。

4）分别锉 4 个内直角的 8 个面，保证深度尺寸 15 mm，其公差值通过尺寸链计算确定。

该办法的优点是，8 个内直角面易测量，有利于相邻内直角面的直线度控制。但是深度千分尺测量较难掌握，易产生误差，应反复测量。

（3）加工凸件，用杠杆百分表和量棒或量块组比较测量

1）分别锉好基面 *A*、*B*，尽量提高其垂直度，并以 *A*、*B* 面为基准，划完加工线。

2）分别锯去 4 个内直角，使零件成十字块形状，留出锉削余量。

3）以 *A*、*B* 面为测量基准，锉削其相对面。用杠杆百分表和 50 mm 的量棒或量块组进行比较测量，控制对面相距尺寸 50 mm 的公差。

4）分别以外围 4 个面为测量基准，锉削 4 个内直角的 8 个面，用杠杆百分表和 35 mm 量棒或量块组进行比较测量来控制其公差，公差值通过尺寸链计算获得。

由于杠杆百分表测量点小，灵敏度高，能保证相邻内直角面的直线度，所以加工精

度较高。

（4）用辅助样板辅助加工凸件

1）用薄板做一套间隙式样板（见图 13—2a）和校对样板（见图 13—2b）。用 20 mm 量块配锉间隙式样板凹槽，深度大于 15 mm。再用 15 mm 量块组，配合刀口尺透隙测量锉削外平面 C。校对样板可用杠杆百分表和量块组比较测量或用杠杆千分尺测量。样板尺寸公差带应比零件公差带窄一些，可参考表 13—1 和表 13—2 控制公差带宽度。

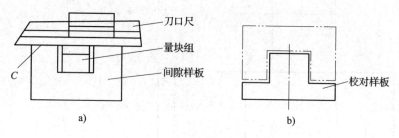

图 13—2　间隙样板和校对样板

表 13—1　　　　　　　　　　　　　　　　样板直线尺寸公差

样板公差类别	零件公差/mm						
	≤0.06	>0.06 ~0.1	>0.1 ~0.18	>0.18 ~0.3	>0.3 ~0.5	>0.5 ~0.8	>0.8
样板制造公差	0.006	0.01	0.015	0.025	0.04	0.06	0.1
校对样板制造公差	±0.002	±0.003	±0.004	±0.006	±0.01	±0.15	±0.025

表 13—2　　　　　　　　　　　　　　　　样板圆弧半径公差

样板公差类别	零件公差/mm			
	≤0.1	>0.1 ~0.2	>0.2 ~0.4	>0.4
样板制造公差	0.02	0.04	0.06	0.1
校对样板制造公差	±0.005	±0.01	±0.015	±0.025

2）配锉凸件　锉凸件毛坯基面 A、B，保证其垂直度，并划完加工线。按划线锯去 4 个内直角，使零件成十字块形状，留锉削余量。锉削 A、B 面的相对面，用百分尺测量，保证尺寸 50 mm 的公差，然后用间隙样板和校对样板配锉 4 个内直角的 8 个面。

对于复杂形状曲面构成的零件及要求翻配或转位配合的零件的加工，这种方法比较好。

2. 十字块凹形件的加工

十字块凹形件可用凸形件来配锉，其过程如下：

（1）锉削外周四面达到尺寸要求，保证相对面平行度和相邻面垂直度。以其中两相邻面为基准划十字中心线及全部加工线。

（2）钻 4 个 φ18 mm 工艺孔，然后将内部锯成十字形内腔，留锉削余量 1 mm

左右。

（3）按划线粗锉各面，留精锉余量。

（4）先精锉相邻两直角的公共内直线面，保证直线度符合要求。再用凸件配锉对面，控制直线度、间隙在要求范围内。锉削过程中要兼顾相关面的垂直度或平行度，以及各面的加工余量。

（5）用以上相同方法配锉另一对公共内直线面，保证其直线度、间隙符合要求。

（6）用凸件分别配锉两组相距 50 mm 的对面，保证间隙符合要求。

十字块凹形件也可用图 13—2b 所示的校对样板进行配锉。

在以上锉削过程中，使用方锉加工直角时，应将锉刀的角磨成小于 90°的锐角，避免损伤邻面。

第二节　钻孔与铰孔（二）

一、操作技能水平要求

1. 加工工艺水平要求

（1）掌握不同加工工艺，即加工孔或孔系并能达到的孔径尺寸精度等级、孔的表面质量和孔系的位置精度等工艺知识，并能针对零件的材质、结构和不同精度要求，制定最佳的孔或孔系加工方案。

（2）掌握刀具的刃磨或探索钻型，解决疑难孔的加工。

2. 操作能力要求

钻孔、铰孔或钻、铰孔系，孔径尺寸精度要求达到 IT7 级，孔的表面粗糙度达到 $Ra0.8$ μm。在同一平面上钻削、铰削 5～8 个孔，位置度达到 $\phi0.08$ mm。

二、钻削、铰削高精度孔系的方法及实例

在精密钻床上钻削和铰削精度 IT7 级，表面粗糙度 $Ra0.8$ μm 的孔，一般经过钻孔—粗铰—精铰或钻孔—扩孔—粗铰—精铰加工过程即可达到要求。而钻削、铰削孔系，位置度要求较高时，则需采用相应技术措施，才能满足要求。下面介绍两种钻削、铰削孔系的方法。

1. 用特制量套，配合量块调整零件孔距后钻削、铰削孔系

特制量套外径常取 $\phi10$～$\phi25$ mm，长度 15～25 mm。经过磨削，外圆柱面与端面有较高的垂直度。用量套配合测量控制孔距加工误差的步骤是：

（1）按普通划线方法，划出各待加工孔十字中心线，并打上样冲眼。

（2）在每一个中心位置钻一个可攻制 M5～M8 螺纹的底孔，然后攻制 M5～M8 螺纹。

（3）每个孔用螺栓轻轻固定一个量套。并根据孔距要求用量块组调整量套中心距（见图 13—3a）与零件孔距一致，尺寸可用下式求得：

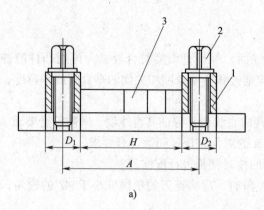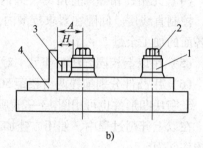

图13—3 量套位置的调整

1—量套 2—螺钉 3—量块组 4—精密角铁

$$H = A - \frac{D_1 + D_2}{2} \tag{13—1}$$

式中 H——量块组尺寸，mm；

A——零件两孔中心距，mm；

D_1、D_2——分别为两个量套实际外径，mm。

若孔系中对某孔距某基准面距离要求较高时，可利用精密角铁配合量块调整量套中心与基准面间距离（见图13—3b）符合零件孔距要求，其尺寸可用下式求得：

$$H = A - \frac{D}{2} \tag{13—2}$$

式中 H——量块组尺寸，mm；

A——孔中心与基准面间距离，mm。

（4）将螺栓紧固，复查孔距尺寸。

（5）用百分表校正钻床主轴中心与量套中心重合后，紧固零件，复查同轴度后拆去百分表。

（6）拆去量套，钻削该孔，并留铰孔余量。

（7）重复（5）、（6）过程钻削其余各孔，留铰削余量。

（8）粗铰、精铰各孔达到图样要求。

该钻削、铰削孔系方法，孔距误差可控制在 ±0.01 ~ ±0.02 mm 范围内。

2. 用量棒、校正销配合量块调整和控制孔距钻削、铰削孔系

图13—4 所示钻模板 1 两角上的孔是已精加工完毕、符合图样要求的，其余各孔都是留有 2~3 mm 的预钻孔。该孔系精加工可按以下步骤进行：

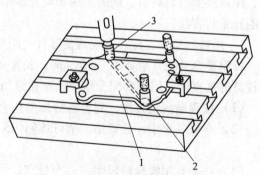

图13—4 用量块、量棒决定孔的位置

1—钻模板 2—校正销 3—量棒

在精加工孔中插入无间隙配合的两个校正销 2，同时在钻床主轴孔内插入量棒 3。在每加工一个孔前，钻模板都要用两组尺寸不同（或相同）的量块，夹在量棒和校正销间调整好孔间距离，紧固零件，卸下量棒，换装扩孔钻扩孔，最后粗铰、精铰各孔。量块组的尺寸可根据被加工孔与基准孔的中心距、量棒直径、校正销直径的实际尺寸，通过计算确定。若利用坐标工作台钻孔，需计算坐标 x、y 方向的尺寸和坐标公差，才能满足加工中孔距位置调整的要求。

孔的排列如图 13—5a 所示时，公差分布取 $\Delta x = \Delta y$，其公差可按下式计算：

$$\Delta x = \Delta y = \frac{L}{x + y}\Delta L \tag{13—3}$$

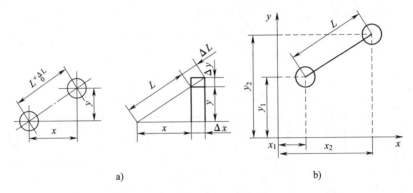

图 13—5　孔的排列图

孔的排列如图 13—5b 所示时，公差分布取 $\Delta x_1 = \Delta x_2 = \Delta y_1 = \Delta y_2 = \delta$，其公差可按下式计算：

$$\Delta L_{\max} = \frac{2\delta(x + y)}{L} \tag{13—4}$$

或

$$\delta = \pm\frac{\Delta L_{\max}L}{2(x + y)} \tag{13—5}$$

式中　x、y——x、y 方向坐标尺寸，mm；

　　　L——孔距基本尺寸，mm；

　　　Δx、Δx_1、Δx_2——x 坐标公差，mm；

　　　Δy、Δy_1、Δy_2——y 坐标公差，mm；

　　　ΔL、$\Delta L_{\max}$——孔距公差和孔距最大公差，mm。

例 13—1　图 13—6 所示钻模板的 $6 \times \phi 18H7$ 孔的加工，可用量棒、校正销配合量块的方法钻孔、铰孔，控制其位置度要求。其步骤如下：

（1）按普通划线方法，将钻板待加工孔中心线划好，并打上样冲服。

（2）按样冲眼用 $\phi 15 \sim \phi 16$ mm 钻头预钻各孔。

（3）扩削、铰削 1 号孔，达到尺寸 $\phi 18H7$ 要求（若此孔距 A 面 51 mm 且有较高位置度要求时，可在钻床主轴孔内插入量棒，用精密角铁、量块组调准中心距离后，扩削、铰削该孔）。

（4）扩削、铰削 3 号孔。钻床主轴孔内换插量棒，并初步对正 3 号孔中心，1 号孔

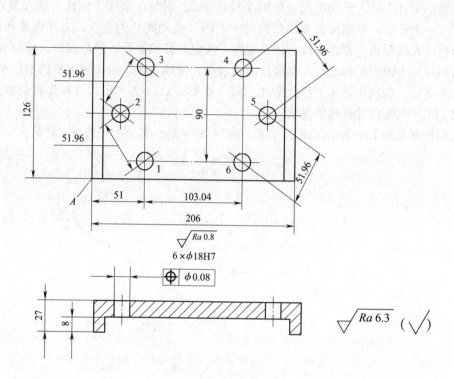

图13—6 钻模板零件图

内插入校正销，用量块组调整二者中心距离为90 mm后，固紧钻模板，卸量棒，换扩孔钻扩孔后，粗铰、精铰该孔至尺寸 ϕ18H7。

（5）扩削、铰削4号孔。钻床主轴孔内换插量棒，并初对4号孔中心，1、3号孔内插入校正销，用两组量块分别调准量棒与3号孔中心距（103.04 mm）、量棒与1号孔中心距（计算值136.81 mm）后，换刀具扩削、铰削该孔至 ϕ18H7。

（6）方法同（5），扩削、铰削6号孔至尺寸 ϕ18H7。

（7）方法同（5），扩削、铰削5号孔至 ϕ18H7。

（8）方法同（5），扩削、铰削2号孔至 ϕ18H7。

第三节 刮削与研磨（二）

一、操作技能水平要求

1. 刮削技能水平要求

高级钳工在掌握中级工刮削操作技能的基础上，还必须具备如下技能要求：

（1）掌握各种标准刮研工具和精密机床导轨的刮研原则、刮研方法及检测手段等。通过绘制曲线图和计算，分析整体零件精度状况，准确判断误差大小和误差分布位置，并制定最佳的零件刮削工艺方案。

（2）刮研各种平板、方箱及其它各种标准刮研工具，精度达到 1 级以上，并进行各项精度检查。

（3）刮研精密机床导轨，接触精度检点检查要求不少于 16 点/（25 mm × 25 mm），导轨直线度误差要求达到在 0.01 mm/1 000 mm ~ 0.015 mm/1 000 mm 范围内，表面粗糙度达到 $Ra0.8$ μm。

2. 研磨操作技能水平要求

（1）在掌握研磨原理，磨料、研具、润滑剂的选用及配制，研磨方法，超精密研磨对工作场地、环境温度的要求，研磨零件的检测等工艺知识的基础上，根据零件的几何形状、材质、精度要求制定研磨工艺方案。

（2）进行各种复杂形状零件的超精研磨，要求尺寸精度控制公差在 0.001 ~ 0.002 mm 范围内，表面粗糙度达到 $Ra0.05 ~ 0.025$ μm 之间。

二、精密机床导轨的刮研

1. 导轨的种类和刮研原则

（1）导轨种类　按运动性质可分为直线运动导轨和旋转运动导轨；根据不同运动要求，又可分为滑动导轨、滚动导轨和静压导轨等。机床导轨都由两个以上的单条导轨组成，称组合导轨。其组合形式按导轨配合面分，有平面与平面、V 形面与平面、V 形面与 V 形面、燕尾形面与平面等。作为旋转运动的导轨称圆形导轨或环形导轨，其截面有平面和 V 形面等。

（2）刮研原则　机床导轨的组合形式尽管不同，但其刮削方法都有共同原则。

1）正确选择基准导轨　机床导轨是机床移动部件的基准。一般基准导轨应比沿其表面移动的部件导轨长。在各类机床上都是以床身导轨或立柱导轨作为基准导轨；对相同形状的台阶导轨，应以原设计基准或磨损量较小的导轨作为基准；对两条相邻的同等重要的导轨，应以面积大的一面为基准。该面是与其它部件接合的面，且是与接合部件精度相关的面。

2）刮削导轨时，一般都是将床身放置在调整垫上支承。要求使床身导轨尽可能地在自由状态下保持最好的水平位置。

3）掌握正确的刮研顺序。正确的刮研顺序是：先刮与传动部件有关联的导轨，后刮无关联的导轨；先刮形状复杂的导轨，后刮简单的导轨；先刮长的或面积大的导轨，后刮短的或面积小的导轨；先刮施工困难的导轨，后刮容易施工的导轨。配刮削时，先刮大零件，配刮小零件；先刮刚度好的导轨，配刮刚度差的；先刮长导轨，配刮短导轨。

4）若被刮削件上有已精加工的基准孔，则应根据基准孔中心线来刮削导轨。

5）在装配过程中，需通过刮削来调整两条以上的导轨间的平行度或垂直度时，应刮削装配部件之间的接触面。

6）被刮导轨的误差分布，应根据导轨的受力情况与运动情况决定。

2. 机床导轨的几何精度及常用测量、计算分析方法

（1）机床导轨的几何精度

1）机床导轨在垂直平面内的直线度　沿导轨长度方向作一假想的垂直平面 M 与导

轨截交，所得的交线 *abc* 为导轨在垂直平面的实际轮廓（见图 13—7）。包容 *abc* 曲线且距离为最小的两平行线之间的数值 δ_1 就是导轨在垂直平面内的直线度误差。它可用水平仪或光学平直仪测量。

2）机床导轨在水平面内的直线度　沿导轨长度方向作一假想的水平面 *N* 与导轨截交，所得的交线 *efg* 为导轨在水平面内的实际轮廓（见图 13—8）。包容 *efg* 曲线且距离为最小的两平行线间的数值 δ_2 就是导轨在水平面内直线度误差。它可用光学平直仪或拉钢丝的方法测量。

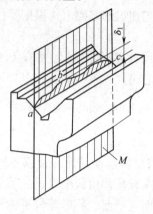

图 13—7　导轨在垂直平面
内的直线度

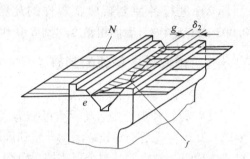

图 13—8　导轨在水平面内的直线度

3）机床导轨间的平行度（即扭曲）　反映两导轨面的不平行程度，以两导轨面在横向每 1 m 长度的扭曲值 δ_3 来评价（见图 13—9）。常用桥板和水平仪来测量磨床床身导轨的平行度，用测量座和百分表测量车床床身导轨的平行度。

4）机床导轨的垂直度　它是反映两导轨间不垂直程度的。不同类型的导轨，其垂直度形式和检查方法也不同。图 13—10 所示为外圆磨床床身的横向导轨的垂直度检查。

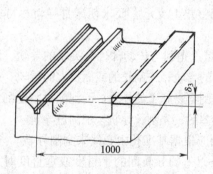

图 13—9　导轨间的平行度

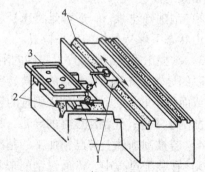

图 13—10　导轨间的垂直度
1—测量座　2—纵向导轨　3—方框角尺
4—横向导轨

（2）用水平仪和光学平直仪检查机床导轨直线度实例

1）用水平仪检查机床导轨的直线度　方框式水平仪是测量工作中使用较为广泛的

一种精密量具。它的测量精度高，使用方便，但只能测量导轨在垂直平面内的直线度，而不能测量导轨在水平面内的直线度。以下举例介绍检测步骤及计算方法。

设导轨长度为 1 600 mm，用精度为 0.02 mm/1 000 mm 的方框式水平仪（方框尺寸为 200 mm×200 mm）检查。

①调整导轨水平　将水平仪置于导轨中间和两端位置上，调整导轨水平状态，使水平仪在任一位置气泡都能在显值范围内显示。

②逐段检查并读数　将导轨分成八段，在每 200 mm 段位上读出气泡显示刻度值，假设依次为 +1、+2、-1、0、+3、+1、-2、-2。

③作误差曲线图　在坐标纸上将测得的各段读数按累计（代数和）的坐标值依次标出相应导轨段坐标点，连接各坐标点即为导轨在垂直平面内的直线度误差曲线，连接首尾两点的直线为理想导轨直线，如图 13—11 所示。由图可知，导轨最大误差格数为 4.5 格（图中 α 表示安装水平倾斜角）。

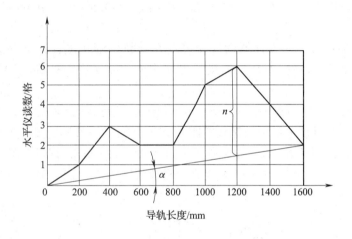

图 13—11　导轨直线度误差曲线

④计算误差值　计算公式如下：

$$\Delta = nil \tag{13—6}$$

式中　Δ——直线度误差值，mm；

　　　n——误差曲线中的最大误差格数；

　　　i——水平仪的精度，0.02 mm/1 000 mm；

　　　l——每测量段长度，mm。

则：
$$\Delta = 4.5 \times \frac{0.02}{1\,000} \times 200 = 0.08 \text{ mm}$$

2）用光学平直仪检查导轨的直线度（见图 13—12）　光学平直仪的目镜可以转动，既能测量导轨在垂直面内的直线度，又可测量导轨在水平面内的直线度。测量垂直面内直线度时，调整目镜上的微动手轮，使之与望远镜平行。测量水平面内直线度时，可将目镜按顺时针方向旋转 90°，使微动手轮与望远镜垂直。检测和数据处理方法举例说明如下：

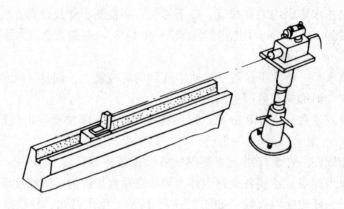

图 13—12　光学平直仪检查导轨直线度

设用精度为 0.005 mm/1 000 mm 的光学平直仪（测量座长度 200 mm）检查 2 000 mm 的导轨。

①调整仪器位置　先将仪器的反光镜放在导轨两端初测，调整平直仪和反光镜位置，观察平直仪目镜，使从反光镜反射回来的十字像在两处都位于目镜视场范围内。

②逐段检查并记下刻度值　从导轨一端开始，逐段移动旋转反光镜的测量座检测。若移动后十字像与目镜中指示的黑线差距离 Δ（见图 13—13a），即表示导轨在该段的误差。转动手轮，使目镜黑线与十字像重合（见图 13—13b），记下此时手轮的刻度值。每隔 200 mm 测量一次可获得十个刻度值。假设依次为 28、31、31、34、36、39、39、39、41、42。

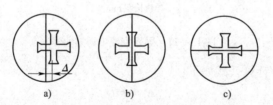

图 13—13　光学平直仪目镜的观察视场图

a)、b) 检查导轨在垂直平面内直线度的图像

c) 检查导轨在水平面内直线度图像

③数据处理　首先将数值简化，即把每个刻度值分别减去该组数中最小的一个刻度值（28），得出一组新的数值为 0、3、3、6、8、11、11、11、13、14。然后求算术平均值：

$$\delta_{平} = \frac{0 + 3 + 3 + 6 + 8 + 11 + 11 + 11 + 13 + 14}{10} = 8$$

再求相对值，即将每一段简化后的数值减去平均值 8，求得各测量段的相对值为 −8、−5、−5、−2、0、3、3、3、5、6。最后求累计值，即将每一测量段的相对值按箭头方向逐项连续叠加，得到各测量段的累计值：

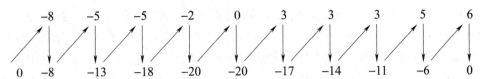

④求导轨直线度误差 最大累计值为导轨的最大误差格数，本例为 20 格，其中"–"表示导轨中凹，"+"号表示导轨中凸，则导轨直线度误差为：

$$\Delta = 20 \times \frac{0.005}{1\ 000} \times 200 = 20 \times 0.001 = 0.02\ \text{mm}$$

（3）机床导轨的接触精度 机床导轨的接触精度要求在每 25 mm × 25 mm 面积内的接触斑点不低于表 13—3 规定的数值。

表 13—3 **机床导轨接触精度**

接触点数 机床精度类别 \ 导轨类别	每条导轨宽度/mm		镶条、压板
	≤250	>250	
高精度机床	20	16	12
精密机床	16	12	10
普通机床	10	8	6

3. 典型导轨的刮削和精度检查

（1）双矩形导轨（见图 13—14a）刮削工艺要点

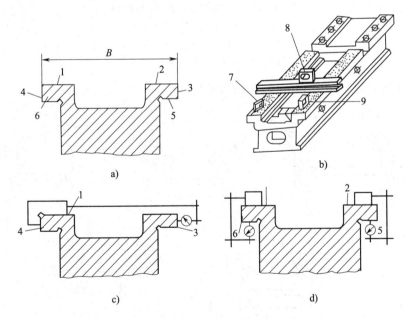

图 13—14 双矩形导轨刮研与检测

1、2—滑鞍用平导轨面 3、6—滑鞍用侧面导轨面 4、5—滑鞍用压板导轨面 7—检查平导轨面 1 在垂直平面内的直线度用水平仪 8—检查平导轨面 1 与 2 的相互平行度用水平仪
9—检查平导轨面 2 在垂直面内的直线度用水平仪

1）用稍小于导轨长度而宽度略大于 B 的标准平板同时配研刮削导轨面 1、2。应保证 1、2 面本身在垂直平面内的直线度和相互间的平行度要求。测量方法如图 13—14b 所示。若导轨较长，则可采用平行导轨分段刮研法刮削，可避免使用过长标准平板。

2）以导轨面 1、2 为基准，用 90°角尺分别配研刮削导轨两侧面 6、3，应保证各面本身的直线度和相互间的平行度要求。测量方法如图 13—14c 所示。

3）用标准直尺分别配研刮削压板面 4、5。保证其自身的直线度和各自与相对面 2、1 间的平行度要求。测量方法如图 13—14d 所示。

（2）磨床床身导轨（见图 13—15a）刮削工艺要点

1）用方形或 V 形直尺配研刮削导轨面 1、2。使之达到在垂直平面和水平面内的直线度要求。用光学平直仪测量直线度误差，如图 13—15a 所示。

2）用标准直尺配研刮削平导轨面 3。保证导轨面 3 本身在垂直平面内的直线度和对 V 形导轨的平行度（即扭曲）要求。测量方法如图 13—15b 所示。

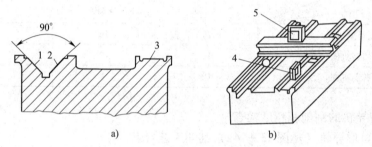

图 13—15　磨床床身导轨刮研与检测
1、2—V 形导轨面　3—平导轨面
4—检查平导轨在垂直平面内的直线度用水平仪
5—检查平导轨对 V 形导轨的平行度用水平仪

（3）车床导轨（见图 13—16a）刮削工艺要点

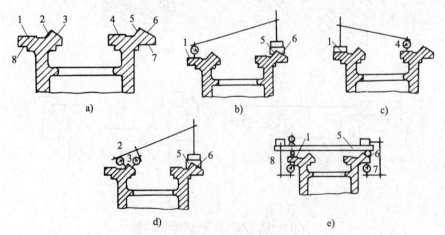

图 13—16　车床床身导轨研刮检测
1—溜板用平导轨面　2、3—尾座用棱形导轨面　4—尾座用平导轨面
5、6—溜板用棱形导轨面　7、8—溜板用压板导轨面

1）刮削溜板用棱形导轨面 5、6（为基准面）。先用标准直尺配研刮削平面 6，再用标准角尺配研刮削平面 5。两面均满足在垂直平面和水平面内的直线度要求。用水平仪分段测量的方法检查导轨在垂直平面内的直线度。用与棱形导轨相配的角度测量座和百分表测量安置在床身上的检查心轴的侧母线，以此来检查导轨在水平面内的直线度。

2）刮削溜板用平导轨面 1。除保证平导轨面 1 本身在垂直平面内的直线度外，还应保证它对棱形导轨 5、6 的平行度要求。垂直平面内的直线度用水平仪检测。检测平行度或水平面直线度，如图 13—16b 所示。

3）刮尾座用平导轨面 4。保证其本身在垂直平面内的直线度和对平导轨面 1 的平行度要求。测量方法如图 13—16c 所示。

4）刮尾座导轨面 2、3。除保证各面本身在垂直平面和水平面内的直线度外，同时要达到对棱形导轨面 5、6 和平导轨面 4 的平行度要求。检查方法如图 13—16d 所示。

5）刮削压板面 7、8。保证其与导轨面 1 和 5、6 的平行度要求。检测方法如图 13—16e 所示。

（4）燕尾形导轨（见图 13—17a）刮削工艺要点　燕尾形导轨的刮削一般是采用支承导轨 A 和移动导轨 B 交替配研刮削的方法。

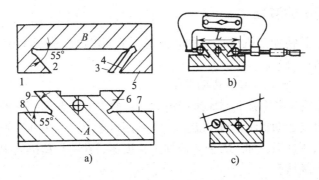

图 13—17　燕尾形导轨刮研检测

1、5—移动导轨 B 的平面　2、4—移动导轨 B 的斜导轨面　3—镶条导轨面
6、9—支承导轨 A 的斜导轨面　7、8—支承导轨 A 的平面

1）先用标准平板配研刮削移动导轨 B 的平面 1、5。

2）以平面 1、5 为基准，配研刮削支承导轨 A 的平面 8、7。

3）以平面 8、7 为基准，用 55°角尺分别配研刮削斜面 9、6。要保证两面相互平行，并控制两面间的距离符合要求。测量方法如图 13—17b、c 所示。

4）以斜面 9、6 为基准，配研刮削移动导轨 B 的斜面 2、4。斜面 4 为镶条支承面，接触精度要求可低些。

5）装上镶条，以斜面 6 配研刮削镶条面 3。要求移动导轨和镶条在支承导轨的全长上移动松紧一致。

第四节　装配（三）

一、操作技能水平的要求

高级钳工应掌握的操作技能如下：

1. 了解常用精密量具、专用机床的性能与结构特点，并会熟练地使用、调整与维护保养。

2. 掌握对复杂零件及工艺装备的制作方法，其中包括难度较高的研磨、珩磨与模具等的制造与装配。

3. 具备一定的工艺编制与简单机械的设计能力，并能提出改进质量、提高效率，降低成本的工艺途径。

4. 从事装配与调整的工作时，应尽可能从整体、从整个系统来考虑如何进行装配与调整，对所装配的对象（如机床传动系统）的原理与结构、功能以及各个部件之间的相互关系能看清、弄懂。能熟练运用已掌握的操作技能装配较复杂、精度较高的齿轮磨床、坐标镗床以及数控机床等。

5. 注重新技术、新工艺、新设备、新材料的了解与应用。

二、齿轮磨床的装配

齿轮磨床是齿轮精加工机床，又称磨齿机。下面以 Y7131 型磨齿机为例，对其部分部件装配工艺进行分析。

1. 机床的特点、磨齿过程及传动系统

Y7131 型磨齿机是采用锥面砂轮来磨齿的。它的主要特点是：展成运动不是用钢带滚圆盘形成的，分度运动也不用分度盘，而是利用机床本身的传动链和一套交换齿轮来实现的。因此，通用性强，加工方便。但加工精度等级在同类型机床中较低，在良好的条件下，可达到 5 级精度。

Y7131 型磨齿机的磨齿循环过程如图 13—18 所示。磨齿时，每磨一个齿槽两侧面的齿形，工件来回循环一次。在每一个意向行程中，砂轮是单面磨削的，所以磨齿效率较低。

2. 工作台环形圆导轨 1、2 的刮研（见图 13—19）

先以精度较好的上导轨作基础，用着色剂涂在下导轨上，然后上、下导轨连续回转对研。这样下导轨显示出的不均匀的接触区域及硬点即为刮削的部位。由于两锥面的刮削量不等。（如表面 1 刮去 0.01 mm，锥面 2 就必须刮去 0.027 mm），因此，在刮削时必须控制刮削量，直至导轨的两个锥面在圆周上均匀接触（密合为佳）。再以相同方法，以下导轨作基准来刮上导轨，刮研控制量应少些。如此在上下反复精刮几次后就能达到很高的圆度要求（环形圆导轨的圆度误差主要反映在工件的齿距累积误差上）。

在达到圆度要求后，将上下导轨清洗擦净。然后用氧化铬抛光剂均匀地涂在上导轨，转动工作台对上下导轨进行抛光以降低其表面粗糙度。抛光后仔细清洗，并涂上润滑油，以工作台能用手指拨动徐徐转动即可。

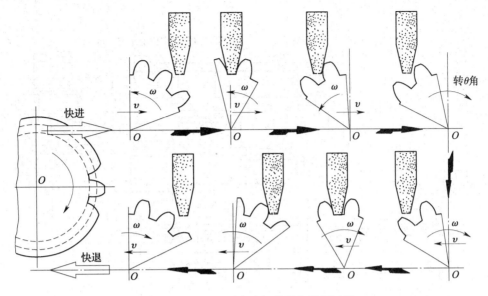

图 13—18　Y7131 型磨齿机的磨齿循环过程

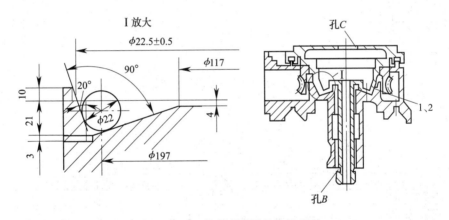

图 13—19　工作台环形圆导轨的刮研

3．分度定位装置行星机构的装配

分度定位装置如图 13—20 所示。行星机构（见图 13—21）中差动齿轮对工件的齿形及相邻齿距误差影响较大，因此差动齿轮的精度应不低于 6 级，且应采用误差相削法来提高装配精度。分别检查差动齿轮 1、2 及 3、4 的节圆直径径向圆跳动及其最大值的方向并做好记号，将齿轮 1 与 2 的最大径向圆跳动方向调整至同一相位，齿轮 3、4 亦如此，然后将齿轮 1 与 2 装上紧固螺钉及定位销。将成对的差动齿轮副 1、2 和 3、4 相对于齿轮 5、6 啮合，使差动齿轮 1、2 的径向最大圆跳动处的相位与齿轮 3、4 之间相位差 180°。在对称的两对差动齿轮装好以后，以双手通过花键轴使齿轮 5、6 获得相反方向的扭矩。这时，如果两对差动齿轮不能同时与齿轮 5 及齿轮 6 相啮合，则会使差动齿轮 3、4 之间产生相对转运。然后拆下齿轮 3、4，在已经扭转一定角度的情况上钻铰，钻攻销孔及螺孔，装好定位销及紧固螺钉。

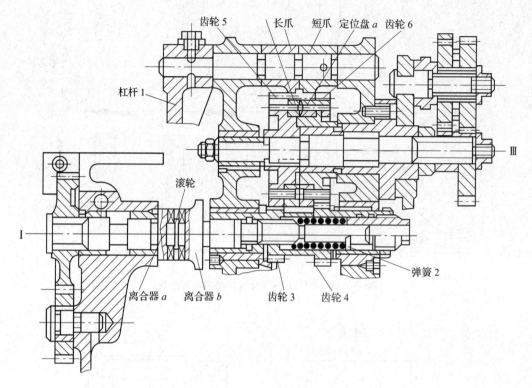

图 13—20　分度定位装置

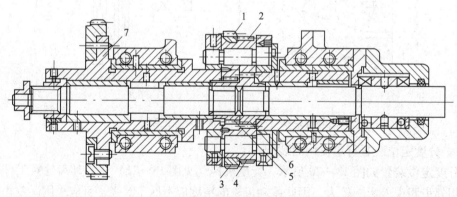

图 13—21　行星机构

　　检查齿轮 5 的节圆直径径向圆跳动及其花键轴花键部分的径向圆跳动，也以相位差 180°的方法进行装配。

　　检查体壳的 φ120 mm 外圆（见图 13—22）的径向圆跳动与齿轮 7 的节圆直径径向圆跳动，亦用误差相消法装配。

　　4. 磨具的装配工艺

　　Y7131 型齿轮磨床的磨具结构如图 13—23 所示。

　　（1）轴承的选择和预加载荷的调整　轴承选用 D 级 36207 角接触球轴承，按要求

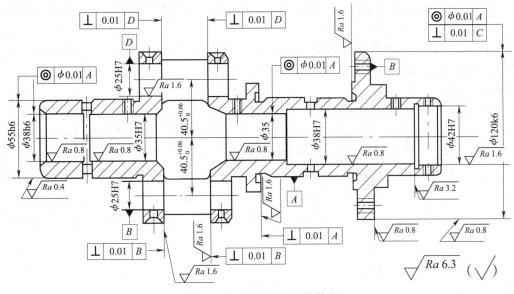

图 13—22　行星齿轮机构体壳

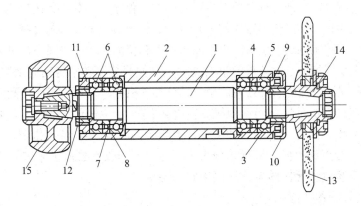

图 13—23　Y7131 型齿轮磨床的磨具装配图

1—主轴　2—套筒　3—前滚动轴承　4、7—外隔圈　5、8—内隔圈　6—后滚动轴承　9—前内环螺母
10—螺纹盖　11—后外圈螺母　12—后内环螺母　13—砂轮　14—砂轮夹板　15—带轮

选出两只一组，共三组，并编好组号。检查每只轴承内圈和小圈的径向圆跳动最高点，做好记号。将轴承按组分别进行预加载荷的调整。轴承预加载荷的方法：

1）在外隔圈的隔 120° 的三个方向分别钻三个 $\phi4$ mm 孔。将轴承按背靠背方向安装，中间垫好内、外隔圈，下部放一内隔圈，上部压大约 150 N 的压重。

2）用 $\phi1.5$ mm 左右的钢丝顺次通过 $\phi4$ mm 小孔触动内隔圈，检查内外隔圈在两轴承端面间的阻力，凭手感判断内外隔圈的阻力应相似，如图 13—24 所示。否则，要加以调整，即将阻力大的一只隔圈用研磨方法加以修正。

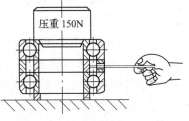

图 13—24　轴承的预加载荷

（2）磨具的装配与调整　以误差相消法来减少或抵消轴承圈偏心对主轴回转精度的影响。

1）将所有轴承内环的径向圆跳动最高点与主轴装砂轮端的轴颈径向圆跳动的最低点处在同一直线方向上对准。同时，所有轴承外环的径向圆跳动最高点也应在套筒孔内对准成一直线。

2）主轴、套筒以及轴承等零件仔细清洗后，按上述误差相消法的安装方向装入主轴，再用汽油仔细清洗，在轴承内涂以润滑脂（以锂基润滑脂或 $3^{\#}$ 白色特种润滑指为好），推入套筒，再装后一组轴承及螺母等零件。

3）装好以后，分别测量前后两锥部的径向圆跳动。研磨螺纹端盖，使主轴装配精度达到以下要求：装砂轮端的主轴锥面径向圆跳动为 0.003 mm；主轴的轴向窜动为 0.002 mm。总装后，用手旋转主轴时应感觉均匀无阻滞。空运转试验要求 2 h 轴承温度不应超过 15℃，且不应有不正常噪声。

三、数控机床的装配

数控机床是采用计算机利用数字进行控制的高效能自动化加工机床。在数控机床上加工零件时，需先编写零件加工程序单，将零件的加工程序（用数字代码来描述被加工零件的工艺过程、零件尺寸和工艺参数）输入计算机，经计算机的处理与计算，发现指令，控制机床运动，自动将零件加工出来。零件的粗加工和精加工往往在同一台机床上，一次装夹自动完成整个切削加工过程。进给量的变化是靠伺服装置和本身变速来实现的。所以，数控机床是一种灵活性极强、高效能的全自动化加工机床，是今后机床控制的发展方向。

数控机床机械部分的装配与常规机床有许多共同点。由于数控机床大量采用电气控制，箱体结构简单，齿轮、轴承和轴类零件数量大为减少，甚至不用齿轮，由电动机直接带动主轴或进给滚珠丝杆，机械结构大为简化。下面仅就数控机床进给驱动系统中常用的无间隙传动装置和元件的装置加以扼要的说明。

1. 滚珠丝杆副的装配

滚珠丝杆副与滑动丝杆副比较，摩擦损失小，效率高，寿命长，精度高，使用温度低，启动扭矩和运动时扭矩相近，可以减小电机启动力矩及运动的颤动。因此，目前普遍用于数控机床及其它精密机床的传动机构中。

滚珠丝杆副的结构形式很多，主要区别在于螺纹滚道型面形状和循环方向以及消除轴向间隙的调整预紧方法等三方面。

（1）常见的螺纹滚道型面形状（见图13—25）有单圆弧和双圆弧两种。

（2）滚珠循环方式　按滚珠在整个循环过程中与丝杆表面接触情况，滚珠的循环方式可分为外循环和内循环。

（3）消除轴向间隙和调整预紧的方法　原理同普通丝杆螺母传动。但滚珠螺旋传动精度更高，要求用微调来达到准确的间隙或过盈。常用的调整预紧方法有下列三种：

1）垫片调隙式（见图13—26）　调整垫片2的厚度 Δ，可使螺母1产生轴向移动，以达到轴向间隙的消除和预紧目的。这种方法的优点是结构简单，可靠性高、刚性好。缺点是精确调整比较困难。

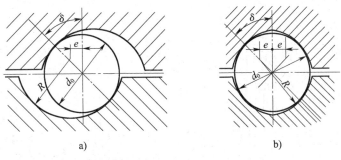

图 13—25　滚道型面形状

a) 单圆弧　b) 双圆弧

2）螺纹调隙式（见图 13—27），旋转两个圆螺母 2 就可调整轴向间隙和预紧。这种方法的优点是结构简单，工作可靠，调整方便。其缺点是不很精确。

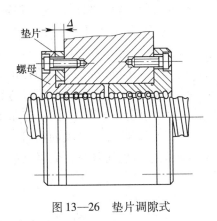

图 13—26　垫片调隙式

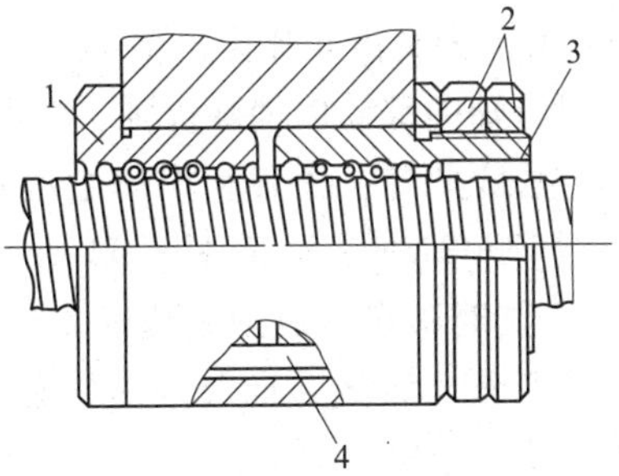

图 13—27　螺纹调隙式

1、3—螺母　2—圆螺母　4—键

3）齿差调隙式（见图 13—28）　调整时先取下内齿轮（它们是两个相差一齿的内齿轮），将两个螺母相对螺母座同方向转运一定的齿数，然后把内齿轮复位固定。此时，两个螺母之间产生相应的轴向位移，从而达到调整的目的。当两个螺母按同方向转过一个齿时，其相对轴向位移量 ΔS 为：

$$\Delta S = \left(\frac{1}{Z_1} - \frac{1}{Z_2}\right)t = \frac{1}{Z_2 Z_1}P \qquad (13—7)$$

式中　P——螺距，mm；

　　　Z_1、Z_2——齿数，$Z_2 = Z_1 + 1$。

假设 $Z_1 = 99$，$Z_2 = 100$，$P = 8$ mm，则　$\Delta S = 0.8$ μm

这种方法的特点是调整精度很高，但结构复杂，加工工艺性和装配性能较差。

另一种调整方法，是采用辅助套筒法（见图 13—29）。调整时，先将螺母退到丝杆右端辅助套筒上，将两个螺母沿轴向拉出，同向转过数齿后，推入螺母座。使内外轮啮合，将螺母和螺母座一起，旋回丝杆螺纹滚道中。若仍有间隙，须重新调整，直至合适为止。

2. 齿轮副

为了保证传动精度，数控机床上使用的齿轮精度等级都较普通机床高，传动结构要能达到无间隙传动。齿轮与轴的键连接也应是过盈配合。下面介绍几种常用的消除传动

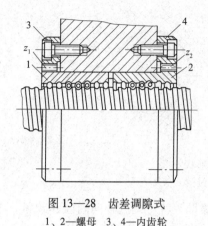

图13—28 齿差调隙式
1、2—螺母 3、4—内齿轮

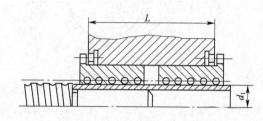

图13—29 采用辅助套筒调整

间隙的结构。图13—30a所示为直齿正齿轮传动，利用双片齿轮在圆周方向加弹簧力，使之相互错开以消除间隙，但因弹簧力限制，一般只适用于传递小扭矩的场合。图13—30b所示为斜齿双片齿轮传动，图中左半齿轮和花键轴固定，右半片斜齿在弹簧力作用下可沿轴向移动以消除齿隙，这种结构最为常用。图13—30c所示为移动轴距消除齿隙的方法。此外，还有利用偏心消除齿隙的方法。圆锥齿轮也可按同样原理消除齿隙，如图13—31所示。图13—32所示为齿轮齿条消除传动间隙的例子，图中齿条6与齿轮4、5同时啮合，由预紧装置7在齿轮1上加预载，使齿轮2、3及其同轴固定的齿4、5分别按图示箭头方向转运，从而使齿轮4、5与齿条左右齿面张紧。伺服电动机可直接与齿轮1连接。

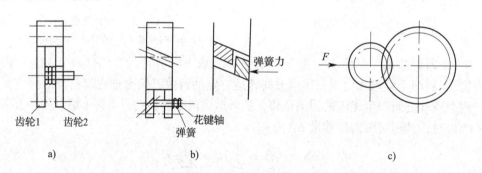

图13—30 有预紧力的齿轮传动装置

3. 低摩擦因数的导轨 机床导轨是机床基本结构之一。机床的加工精度和使用寿命很大程度上决定于机床导轨的质量，对数控机床导轨则有更高的要求：高速进给时不振动，低速进给时不"爬行"，有较高的灵敏度，能在重负载下长期连续工作，耐磨性要高，精度保持性要好等。现代数控机床使用的导轨，从类型来说虽仍是滑动导轨、滚动导轨和静压导轨三种，但在材料和结构上已有了"质"的变化，不同于普通机床的导轨。

（1）聚四氟乙烯导轨软带 采用聚四氟乙烯导轨软带粘贴机床导轨面，具有摩擦特性、耐磨性、减振性、工艺性都较好的特点，广泛应用于中、小型数控机床的运动导轨。常用的进给移动速度为15 m/min以下。图13—33所示为某数控机床的工作台的横

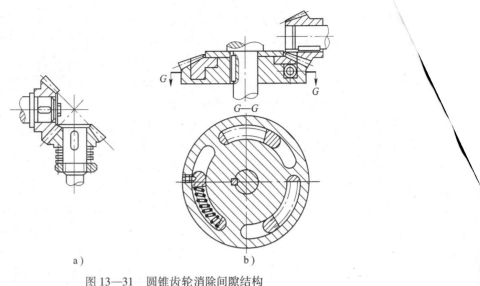

图 13—31　圆锥齿轮消除间隙结构

a) 轴向弹簧调隙法　b) 周向弹簧调隙法

剖面图，作为移动部件的工作台导轨各面（包括下压板和镶条）都粘贴有聚四氟乙烯导轨软带。

导轨软带使用工艺较简单。首先将导轨粘贴面加工至表面粗糙度 $Ra3.2 \sim 1.6~\mu m$。有时为了使对软带起定位作用，导轨粘贴面加工成 0.5 ~ 1 mm 深的凹槽，如图 13—34 所示。用汽油或丙酮清洗粘接面后，用粘接剂粘合。加压固化 1 ~ 2 h 后再合拢到配对的固定导轨或专用夹具上，施以一定的压力，并在室温下固化 24 h，取下清除余胶，即可开槽和进行精加工。

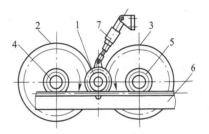

图 13—32　齿轮齿条传动的

齿隙消除法

1、2、3、4、5—齿轮

6—齿条　7—预紧装置

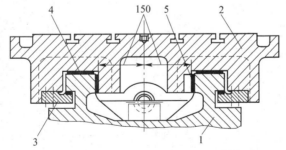

图 13—33　数控机床工作台和滑座横剖面

1—床身　2—工作台　3—下压板　4—导轨软带　5—贴有导轨软带的镶条

（2）滚动导轨　滚动导轨具有摩擦因数低（0.003 左右），动、静摩擦差小，且几乎不受滑动速度变化的影响，精度保持性也很高等优点，在数控机床中应用很广。但在控制系统中若导轨摩擦因数太小或有间隙存在，切削时易产生振动。这时最好采用成对

，或滚动—滑动混合式导

……式及滚柱式的滚动导轨支承结

……示为导轨结构和一种简便易行的预

……13—36a 中的预紧调整垫片厚度可根据实

……起磨，一般对滚柱导轨每一个滚柱导轨支承

……02 ~ 0.03 mm 的过盈量，对滚珠导轨支承加

0.015 ~ 0.2 mm 的过盈量。图 13—36b 是一种用于

大型龙门移动式数控铣床上的镶钢粘接导轨结构，

导轨基体用 45# 钢制成，在与滚动导轨支承接触处用环氧粘接剂粘接四块轴承钢淬硬的镶钢片 A、B、C、D。这种钢片有小燕尾，既便于加工又克服了采用直槽形在使用时易翘起的缺点。整个导轨加工后用螺钉装在床身上，在调整好垂直及水平方向的直线度后，用有填充剂的环氧树脂填满导轨与定位键周围的间隙中，待固化后即可使用。制造较容易，并能获得很高的直线性精度，特别适用于大型高精度数控机床。

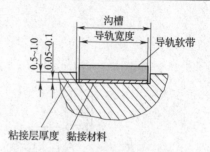

图 13—34　软带导轨的粘接

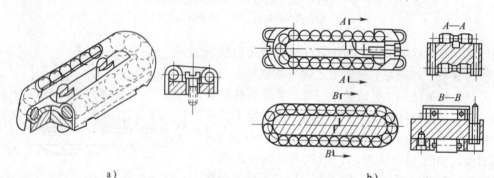

图 13—35　滚动体循环式滚动导轨（滚动导轨支承）

a)　滚珠式　b)　滚柱式

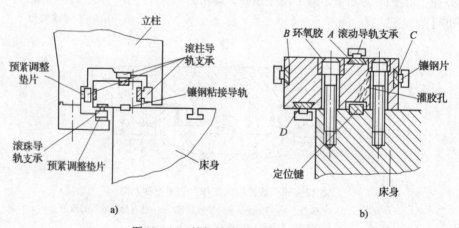

图 13—36　镶钢粘接导轨结构及应用

a）用垫片法预紧导轨支承　b）矩形镶钢粘接接长导轨